U0523596

汉译世界学术名著丛书

行为主义

〔美〕约翰·B.华生 著

潘威 郭本禹 译

John B. Watson
BEHAVIORISM
本书根据 N. N. Norton 出版公司 1930 年修订版译出

汉译世界学术名著丛书
出 版 说 明

我馆历来重视移译世界各国学术名著。从20世纪50年代起,更致力于翻译出版马克思主义诞生以前的古典学术著作,同时适当介绍当代具有定评的各派代表作品。我们确信只有用人类创造的全部知识财富来丰富自己的头脑,才能够建成现代化的社会主义社会。这些书籍所蕴藏的思想财富和学术价值,为学人所熟悉,毋需赘述。这些译本过去以单行本印行,难见系统,汇编为丛书,才能相得益彰,蔚为大观,既便于研读查考,又利于文化积累。为此,我们从1981年着手分辑刊行,至2021年已先后分十九辑印行名著850种。现继续编印第二十辑,到2022年出版至900种。今后在积累单本著作的基础上仍将陆续以名著版印行。希望海内外读书界、著译界给我们批评、建议,帮助我们把这套丛书出得更好。

商务印书馆编辑部
2021年9月

献给斯坦利·里索(Stanley Resor)

他对工业和科学所抱有的不竭兴趣

使我得以完成本书

目　录

导言……………………………………………………………… 1

第一章　行为主义是什么？
　　——新旧心理学的比较………………………………… 5

第二章　如何研究人类行为
　　——问题、方法、技术以及研究结果的范例………… 24

第三章　人体
　　——由什么构成，怎样组合与运作……………………… 55
　　第一部分：使行为成为可能的身体构造………………… 55

第四章　人体（续）
　　——由什么构成，怎样组合与运作……………………… 84
　　第二部分：腺体在日常行为中的作用…………………… 84

第五章　人类有本能吗？………………………………………… 99
　　第一部分：探讨才能、倾向及所谓"心理"
　　　　特质的遗传………………………………………… 99

第六章　人类有本能吗？（续）………………………………… 121
　　第二部分：来自人类幼儿研究的启示………………… 121

第七章　情绪
　　——我们的先天情绪有哪些，如何获得新的情绪，
　　　　如何失去旧的情绪………………………………… 149

　　　　第一部分:情绪的研究和相关实验概述 …………… 149

第八章　情绪(续)
　　——我们的先天情绪有哪些,如何获得新的情绪,
　　　　如何失去旧的情绪…………………………………… 178
　　　第二部分:关于情绪如何获得、转变以及失去的
　　　　进一步实验与观察…………………………………… 178

第九章　我们的肢体习惯
　　——它们是怎样开始的;我们如何保持和
　　　　丢弃这些习惯………………………………………… 209

第十章　言语和思维
　　——正确理解言语和思维,打破现在所谓人具有
　　　　"心理"生活的说法…………………………………… 238

第十一章　我们总是用言语来思维吗?
　　——抑或我们整个身体都参与思维活动? ……… 268

第十二章　人格
　　——提出我们的人格只是习惯之产物的观点…… 285

索引…………………………………………………………… 323

图 目 录

a 图　胚胎受精卵 ·· 59
b 图　基因在遗传系统中的排列和活动 ············· 60
c 图　染色体的构造 ····································· 61
d 图　密集的染色体 ····································· 62

图 1　两种类型的上皮细胞 ···························· 65
图 2　由上皮细胞构成的一种腺体 ··················· 66
图 3　结缔组织的细胞 ·································· 67
图 4　两个不完整的横纹肌肉细胞，
　　　其中有运动神经的末梢 ························ 68
图 5　一个平滑肌细胞，有神经纤维伸入其中 ···· 68
图 6　神经元的一种——低级的运动神经元 ······ 69
图 7　轴突的一个部分 ·································· 71
图 8　另一种神经元——感觉神经元或传入神经元 ···· 71
图 9　眼睛中的上皮细胞和神经元素 ················ 74
图 10　一个横纹肌细胞中的感觉神经末梢 ········ 74
图 11　消化道示意图 ··································· 81
图 12　胃的横切面示意图 ····························· 81
图 13　上皮细胞组成肠壁组织 ······················· 85
图 14　短反射弧 ·· 96

图 15	动作流——人类动作日益增长的图解	147
图 16	学习曲线	224
图 17	学习曲线	229
图 18	打高尔夫球中的各种习惯组织	270
图 19	一连串的动觉反应	274
图 20	习惯的标准示意图	274
图 21	示意图	275
图 22	行为主义者的思维理论	283
图 23	行为主义者所谓的"人格"及其发展的情况	290

导　言

回顾自1912年行为主义诞生以来的那段历史，恐怕我们至今还难以明白，为何在那个时候行为主义会经历一场持续不断的暴风骤雨。

关于行为主义，正如我1912年在哥伦比亚大学开设的讲座以及在我最初的著作中所提到的，行为主义乃是一种企图——将那些早已应用于人类以外的各种低等动物身上、被专家学者证明有效的方法与术语，应用到人类研究中。那时和现在我们都相信，人与其他动物的差别只在于人所表现的行为类型不同。

我认为针对行为主义的风暴，是因为大多数人无法认同我的上述观点。我所受到的批评，与达尔文初次发表《物种起源》后遭到许多人反对的情形大概是一样的。人类似乎总不愿将自己等同于其他动物。他们愿意承认人类是动物，但还要强调人类在动物属性之外，还具有"某种别的东西"。正是这"别的东西"引起了麻烦。这"别的东西"和宗教、来世、道德、爱子女、爱父母、爱国家，以及其他类似种种都有密切关系。一些人之所以不同意我的观点，大概就是因为他们相信有这"别的东西"存在的缘故。但是，作为心理学研究者，如果想留在科学领域之内，那么你所描述的人类行为，必须与你描述的正被你屠宰的牛的行为一样才行。可是仅此一点在以往竟吓走了许多胆怯的人，使其不敢走上行为主义的道路，如今也是一样，许多胆怯的人仍然因此不敢踏入行为主义半步。

行为主义之所以受到人们抵制，并不是因为如有些同行所宣称的所谓行为主义者表达观点及研究结果的方式、方法不好。许多人说行为主义者是宣传家，将研究结果发表在大众读物而不是严谨的科学杂志上，而且行为主义者写作的语气，好像别人都对心理学无所贡献的样子，行为主义者就像是极端的布尔什维克主义者。其实，他们说的这些话都是负气的批评。他们之所以有这种负气的批评，是因为他们觉得行为主义是令人讨厌的东西——是对现状的威胁。如果采纳了行为主义，那么旧有的成规就都要取消了——那种令人舒适的内省心理学就要取消了。那种内省的心理学，如果不是和人们旧有的成规相适合，就是用着一种模糊不清的术语使人感到莫名其妙。

反对行为主义的那场暴风骤雨，究竟是怎样的一种情形呢？最初，只是一些批评的文章刊载出来。这些文章中，有的是个人意见，有的甚至是漫骂。我对这类批评向来是不作回应的。当时只有极少的人维护行为主义。为什么没有人站出来替行为主义辩护呢？因为每个行为主义者都在忙于发表自己的实验结果，或忙于发表他经由实验得出的规律，根本没空理会别人的批评。我现在回头看那些批评文章，由于那些针对我们主张的幼稚的误解或错误的评论已经在心理学文献中传播，我更倾向于认为，如果我们真的去作答别人批评的麻烦工作时，一定要先阐明我们的学科。

有一些批评的声音本来是很自然的事情。以前的许多心理学家，他们早就有了配备精良的实验室，而且有许多种讨论内省理论的出版物作为后盾。可行为主义则不然，行为主义不仅需要新的实验室，而且还需要新的名词来阐述其研究结果。甚至有些行为主义的教授在生活中都因此遭受威胁。还有些年轻人，由于早期受到内省心理学倡导者的熏陶，一看见行为主义的理论，便觉得责无旁贷，要执干戈以捍卫他们的领袖。罗巴克（Roback）所著的《行为主义与心理学》（*Behaviorism and Psychology*）一书，就是这样的例子，在那本书中，他所说的有些话完全有失公允。

在经历这一切之后，尽管行为主义诞生十八年以来，已经产生了很大的影响，却至今仍没有为大众所接受。要知道它十八年来的影响之大，我们只要将在它出现之前十五年杂志上所发表的文章，与在它出现之后的十五年至十八年间杂志上发表的文章，一篇一篇地拿来比较；只要将它出现前后所出的著作，拿来比较一下，就可以看出：不但在它出现之后，大家所研究的问题已经变成为行为主义的了，就连大家阐述的文字，也变成行为主义的了。时至今日，没有一所大学不在讲授行为主义的课程。在有些大学，开设这类课程的人赞同它的方法与假设，但在另一些大学，开设行为主义的课程显然是为了批评它。但就这样的事实而言，至少表明年轻的学生们是有"倾向于行为主义"的需要的。本书写作的目的也正是因为一般的青年学生有这种倾向的需要。

此次再版，我对文稿的修改投入了很多时间与精力。相对于第一版的形式与体裁，我与出版者都认为可以做得更好。第一版是以演讲稿的形式结集出版，各方面都略显仓促。在这一版中，为臻于完善，我将第一版中演讲者提醒听众这一类的话都删除了，演讲中所惯用的夸张的表述也删除了。这一版新增了大概100页的内容，都是全新的内容——包括近来各人研究的新结果以及我在理论上的新观点。我在修订中也删除了大概25页至30页过时的、不再适用的内容。尽管做了许多修订，但是我的观点在根本上是没有改变的。

最后，我对于詹宁斯（Jennings）新近出版的著作《人类天性的生物学基础》(*The Biological Basic of Human Nature*)很感兴趣。在本书的写作中，我引用了她对于"基因"（Genes）的精彩描述，在此特表感谢。此外，再次对拉施里（K. S. Lashley）教授、约翰逊（H. M. Johnson）博士以及我的业务助理安妮·云克（Anne Juenker）女士表示谢意，他们对于本书第一版及第二版的完成都提供了极大的帮助。

约翰·B. 华生

1930年8月

第一章 行为主义是什么？
——新旧心理学的比较

当前,美国心理学的主流依然是两个相对立的观点——内省或主观的心理学,以及行为主义或客观的心理学。① 在行为主义出现的1912年之前,内省心理学完全是美国各高校心理学研究的主流。

二十世纪初,内省心理学的著名领袖是哈佛大学的威廉·詹姆斯（William James）和康奈尔大学的铁钦纳（E. B. Titchener）。1910年和1927年,詹姆斯和铁钦纳相继逝世,在此之后,内省心理学便没有为大众所敬仰的领袖了。詹姆斯和铁钦纳的心理学思想虽然有许多不同的地方,但在根本上是一致的。一方面,二人的心理学都渊源于德国；另一方面,也是最为重要的一点,二人都主张意识是心理学的研究内容。

行为主义的主张与他们相左,认为人类心理学的主题应该是

---

① 在最近几十年间,还有两种别的观点也暂时占据优势：杜威（Dewey）、安吉尔（Angell）和裘德（Judd）等人所主张的机能心理学,以及韦特海默（Wertheimer）、考夫卡（Koffka）和苛勒（Köhler）等人所主张的格式塔心理学。在我看来,这两种心理学可以说是内省心理学的"私生子"。机能心理学之所以流行,是因为认为心灵具有适应的机能。在机能心理学家看来,心灵是一种适应的指导者。这些观点的背后,很有贝克莱（Berkeley）的那种旧式基督教哲学的意味（身心交互或身体被神所支配）。

人类的行为。行为主义认为,所谓"意识"既不是一个确切的概念,也并非一个可用的概念。作为一名行为主义者,其所受的是成为一名实验者的训练,因此,行为主义者深深地感受到,相信意识存在的观点几乎类似于在古代相信迷信和魔法。

人类长期的进化,即便现如今,也仍然没有离开原始人有多远——愿意相信魔法。原始人相信念咒语可以降雨,可以得到好的收成,可以捕猎到野兽;一个邪恶的巫医,能够任意地降灾于人,能够制造祸端于一个种族;敌人如果得到你的一片指甲或几根头发,他就能够用咒语来使魔鬼降临到你的身上,支配你的动作。后人也时常对这类魔法故事抱有兴趣,并且不断有新花样出现。每个时代差不多都有新的魔法和表演魔法的人。摩西(Moses)用魔法能够以杖击石取水。基督用魔法能够变水为酒、起死回生。库埃(Couée)有他的字谜魔法。埃迪夫人(Mrs. Eddy)也有类似的魔法。

魔法是永生的。随着时间的推移,这类原始人没有弄清其所以然的口头故事就会被编成民俗。民俗的一些观点后来又被宗教所采纳。宗教随后又将其带入国家的政治和经济的关系中。到了这个时候,魔法便成为一种工具了。公众被迫接受老妪讲的故事,并且将其当成信条不断地传递给后代子孙。

我们大多数人受到这种原始背景的影响程度之高有时令人难以置信。几乎没有人能够避免这种影响。即使在大学的教育中也不会着力纠正这些影响。有时候还会增强它的影响,因为各所大学中所有的教师也都是受过这种影响的。有些著名的生物学家、物理学家、化学家,在走出实验室之后,便又相信起那些来自民俗的宗教概念了。那些概念——来自胆怯的原始人的遗产——导致科学心理学的产生与发展举步维艰。

此类概念的一个例子

此类宗教概念的一个例子是：宗教向来宣称我们每个人都有灵魂，灵魂和身体完全不同，区别于身体而独立存在。它是至高无上的力量的一部分。这种古老的见解影响到哲学上，便成为哲学中的二元论（dualism）。而哲学中的二元论自古代起便影响着人类的心理学研究，使得人类的心理学研究至今还是二元论的。事实上，并没有人曾经遇到过灵魂这种东西，也没有人在试管中看见过它，更不曾有人像在日常生活中和别的东西发生联系那样和灵魂发生过任何联系。可是即便如此，如果有人怀疑灵魂的存在，他便是一个异端邪说者，会遭到一些人的攻击，甚至以前有一段时间，还会被判处死刑。即便如今，有地位的人一般也不敢质疑灵魂的存在。

随着文艺复兴运动的发展，实证科学得以兴起，处在窒闷的灵魂迷雾中的人得到了解脱的机会。研究者可以不涉及灵魂，而去研究天文学，探讨天体，推想天体的运行，推想万有引力以及其他种种。虽然早期的科学家大致都还是虔诚的基督徒，但是他们已经试图将灵魂从其试管中倒出去了。

然而，心理学和哲学的研究内容是非物质的（内省心理学家及哲学家的观点），因此要避免教会理论的影响就困难得多。因此，心灵（或灵魂）与身体两者绝不相同的观念，一直到十九世纪的后期，实际上还是毫无变化地保留着。

在1879年，实验心理学的创始人冯特（Wundt）觉得很有必要建立一种科学的心理学。可是他生长在最明显的二元论哲学的环境中,他依然没有厘清解决身心问题所应走的科学道路。他的心理学(他的心理学以前处于支配地位,现在仍是如此)于是就成为了妥协式的。他只用意识这个名词来代替灵魂。他认为意识并不会像灵魂那样完全不可观察。研究者能够通过偷偷地、突然地观察(内省),出其不意地捕捉到意识。

冯特有很多信徒。四十年前,到莱比锡向冯特学习心理学是很时髦的事情,这就像有一段时间大家都想到维也纳向弗洛伊德学习精神分析一样。当时去莱比锡向冯特学习的美国学生,回国之后各自在霍普金斯大学、宾夕法尼亚大学、哥伦比亚大学、克拉克大学以及康奈尔大学等建立了心理学实验室。这些实验室都是用来研究那种不可解释的(与灵魂类似)所谓意识。

要理解为什么德美学派心理学中的主要概念是非科学的,我们可以先看一下詹姆斯对心理学的界定。"心理学是描述并解释意识状态的学科"。他先给出一个心理学的定义,然后根据该定义再去假设所要证明的东西,这样的错误也只有通过这种循环论证才能得以避免。那么意识究竟是什么呢?我们总要先弄清楚意识是什么。当我们有一个"红色"的感觉的时候,或在我们有一种知觉的时候,或在我们有一个思想的时候,或在我们立志要做某事的时候,或在我们有要达成某种目标的时候,或在我们有某种欲望的时候,我们是在意识着的。

其他所有的内省心理学家都和詹姆斯一样缺乏逻辑。换言之,他们都不曾告诉我们意识是什么,只是基于假设而把一些东西装进意识这个名词里,等到要分析意识的时候,又从意识这个词里拿出他们之前装进去的那些东西。拿出来的即是装进去的,那么既然装进去的东西不同,因而拿出来的当然也不相同。因此,你会看到,有些心理学家分析意识所得到的元素就是感觉、感觉的影子、意象。你也会看到另有一些心理学家,他们的分析所得就不只是感觉,还有所谓的情感元素。还有些人的分析结果,还有意志的元素——就是所谓意识中的意动元素(conative element)。关于感觉的类型,有的心理学家认为有几百种,有的心理学家认为只有几种而已。那些内省心理学家就是在这样的情况下分析意识的。现在有很多书详细介绍过那种不可捉摸的"意识"。但是,他们都是怎样去分析意识的呢?他们既不像分析化学上的化合物那样,也不像研究植物生长那样。他们认为,化合物和植物都是物质的东西,研究物质的方法不能用来研究意识。只有内省法——一种向内观察个体内心发生状况的方法——能用来分析意识。

　　内省心理学家的主要假设,就是认为存在"意识"这样一个东西,并且能够用内省法来分析。这个假设的结果就是有多少个心理学家就有多少种个人的分析。这导致心理学研究既无法以实验的方法解决心理问题,也无法将研究方法加以标准化。

行为主义者的出现

　　时至1912年,客观的心理学者或行为主义者不再愿意去做冯特式的研究了。他们觉得,自从冯特建立他的实验室以来,心理学已经毫无头绪地虚度了三十几年,这足以说明德国式的内省心理学建立在错误的基础假设之上——任何包含着宗教式身心问题的心理学都难以获得可证实的结论。因此,他们决定,如果研究者不想放弃心理学,就必须将它改造成一门自然科学。他们看到其他科学家在药物、化学和物理学领域不断取得进展。每一个新发现都是如此重要。每个在实验中分离出的新元素,也都可以在另一个实验室中被分离出来;每个新元素的发现都会迅速影响其他各类学科的研究。你只需注意一下无线技术(wireless)、镭(radium)、胰岛素(insulin)、甲状腺素(thyroxin)等就足以证明我所说的。如此分离出的元素以及那种明白确定的方法,已经影响到人类的发展进程了。

行为主义者首先所做的努力,是使"心理学的研究内容及方法"和"实证科学的研究内容及方法"相一致,他们力图抛弃旧心理学中所有的中世纪概念,重新提出心理学的研究内容。行为主义者从他的学科词汇中剔除了所有主观的名词,诸如感觉、知觉、意象、欲望、意志,甚至在主观意义下使用的思维和情绪这两个名词也要抛弃。

行为主义者的宣言

行为主义者会问:为什么我们不把能够观察到的事物作为心理学研究的真正领域?我们应该专心研究能够观察到的东西,并寻求其规律。那么我们所能观察到的是什么呢?我们可以观察行为——有机体所做的或所说的。我想同时说明,这里的说就是做——都是行为。默默对自己说话的行为(思维)和打棒球这种客观行为是一样的。

行为主义者时常放在心中的准绳或尺度是:我能不能依据"刺激与反应"来描述我所观察到的行为?所谓刺激(stimulus),是指外界环境中的任何东西,以及身体组织内部所产生的任何变化。后一类的刺激类似于我们阻止动物发生性行为,或不让其进食,或不让其筑巢的时候,它身体内部所产生的变化。所谓反应(response)是指动物所做的任何动作——例如转向或避开光线;受到声音惊吓而跳起;以及较高级的有着复杂组织的动作,例如建造高楼、绘画、抚养孩子、写作以及其他类似的行为。

行为主义者的若干具体问题

你将会看到,行为主义者和别的科学家是一样的。他的唯一目标就是收集有关行为的事实——从而证实他的资料——再使其服从逻辑和数理(每个科学家的工具)的规范。行为主义者将新生儿带到实验用的育婴房中,然后提出问题:婴儿这个时候正在做什么? 导致他这样做的刺激是什么? 他们发现,抚摸面部的刺激会引起"将嘴巴转向刺激那一边"的反应。乳头的刺激会引起吮吸的反应。将一根木棍放置在手掌中的刺激会引起抓握的反应。如果将木棍提起,婴儿的全身也跟着被提起,而抓握的手就支持着全身的重量。在婴儿眼睛前面施加一个快速移动的阴影刺激,在婴儿长到65天之前,他不会发生眨眼的反应。用苹果、糖果或别的东西刺激婴儿,在婴儿长到120天之前,他不会做出向前获取食物的反应。一个受到良好教养的婴儿,无论在哪一个年龄阶段,如果给他施加蛇、鱼、黑暗、燃烧的纸、鸟、猫、狗、猴子等刺激,他都不会发生我们称之为恐惧(fear)的反应(这种反应,为客观起见,我们可以称之为X反应)。这里所说的恐惧反应是指以下这些动作:呼吸急速停止,全身僵硬,将身体向后转离开刺激物,跑开或爬离刺激物。

另一方面，有两种东西是能引起恐惧的，这就是大的声响和失去扶持。

现在，行为主义者观察育婴房之外长大的儿童，却发现有很多东西都能引起恐惧反应。于是，科学的问题产生了：如果婴儿出生时只有两种刺激能引起恐惧反应，为什么在婴儿长大以后会有那么多的刺激都能引起恐惧反应呢？这个问题并不是一个思辨问题。它是能够用实验来解答的，而且解答它的实验是能够重复演示的，在任何实验室都可以做这个实验，研究者只要仔细观察，就能够得到相同的结果。为了使你认同这一说法，我们暂且先来看一个简单的实验。

一个婴儿，从来没有见过蛇、鼠、狗之类的东西，或者虽然见过，但是并没有受到这些东西的惊吓。现在，你如果将一条蛇，或一只老鼠，或一条狗放在他的面前，他的反应将是抚摸它、捏捏它。这样做至少 10 天之后，你就可以确定：这个婴儿通常的反应是向狗走去而不是跑开（积极的反应），并且无论在什么时候，狗这种刺激不会引起婴儿的恐惧反应。确定这样的事实之后，你可以去找一个钢条，在婴儿的身后，用其他东西重重敲打钢条，使它发出巨大的声音，这个时候你可以看见婴儿立刻出现了恐惧的反应。现在，你可以试试这样做：在你把狗给婴儿看，而婴儿要去抚摸它的时候，你在婴儿的身后重重敲打钢条发出响声。这样做了大概三四次以后，就会出现一种新的而且重要的变化。狗这种刺激也能够引起钢条响声所引起的恐惧反应了。在行为主义心理学中，我们称之为条件作用的情绪反应（conditioned emotional response），属于条件反射的一种。

条件反射的研究使得我们易于在一种完全自然科学的基础上说明儿童害怕狗这一现象，完全不需要涉及意识或任何别的所谓心理的过程。一只狗很快跑向一个儿童，向他跳过去，把他扑倒在地，同时还大声地向他吠叫。这样多次的刺激的结合，足以使儿童一看见狗就吓得跑开。

还有许多其他类型的条件作用的情绪反应。例如与爱（love）相关的一系列反应。婴儿的母亲，通过爱抚婴儿，轻晃婴儿，在洗浴的时候刺激婴儿的生殖器，以及其他类似的行为，会引起婴儿产生拥抱、嬉笑、欢呼等非习得的原始的反应。这些反应在不久之后就会被条件作用了。婴儿只要一看见母亲，就会像和母亲接触一样引起爱的反应。愤怒（rage）的反应也是如此。引起非习得的原始的愤怒反应的刺激，是将婴儿的运动器官束缚使其不能自由运动。但是后来，如果婴儿的保姆把他抱得不舒服，他一看见保姆就会气得僵直。由此我们知道，原来婴儿所有的情绪反应是如此简单，后来的家庭生活又是如何把婴儿的情绪反应变得更为复杂的。

行为主义者不但研究婴儿，也要研究成人。我们要用什么方法来系统地条件作用于成人呢？例如，我们要使用什么方法来系统地教导成人养成职业习惯，养成科学的习惯呢？我们以为，肢体的习惯（技术与技能）和喉部的习惯（语言和思维的习惯）都要养成，并且要使它们互相联结，这样才能称之为学习。在职业习惯养成之后，为保持较高且一直增强的工作效率起见，我们还应该建立怎样的一种刺激调整的系统呢？

除了关注职业习惯之外，我们还要了解个体的情绪生活。他有多少情绪是儿童期遗留下来的？其中哪些部分和他现在的工作相冲突？我们如何能使这一部分消退；也就是说，如果有取消条件作用的需要时就取消，如果有条件作用的需要时就施加条件作用。我们对一个人通常到底要养成多少情绪习惯，或者说要养成哪些类型的内脏（visceral）习惯还不太了解（所谓内脏习惯，是指我们的胃、肠、呼吸器官、循环器官等变得条件化了——养成习惯）。我们现在所知道的是这些习惯的数量很多，而且很重要。

当今世界有很多人都感受到商业活动中不安定的痛苦，或感受到家庭不和睦的痛苦。他们之所以感受到这类痛苦，恐怕是因为内脏习惯的不足和不良，而不是因为能力或技术不行。人格的适应是其中一个重要问题。有些青年男女能力很强，但是因为他们不善与人交往，所以一入职便落得一个失败的下场。

行为主义取向遗漏了心理学研究的任何内容吗？

在简单概述了行为主义的心理学问题研究方法之后，或许有人会说："人类行为的确很值得这样去研究，但是研究行为并不是心理学的全貌，这样会遗漏很多研究内容。难道人类没有感觉、知觉或概念吗？难道人类不会遗忘吗？没有记忆吗？无法想象东西吗？对于曾经看过的、听过的东西，没有视觉意象或听觉意象吗？我无法看到和听到我在自然界中不曾看过或听过的东西吗？我不能够注意或不注意吗？我不能酌情而立志要做或不做什么事情吗？不是有些东西会引起我的快感，而另一些东西又会引起我的反感吗？我们从小就信仰的一切东西，怎么似乎全被行为主义抹去了。"

因为受到内省心理学的熏陶（我们大多数人都曾受此熏陶），

你自然会有上述疑问,你自然会感受到把旧名词取消而从事行为主义研究的艰难。行为主义是一壶不会被装进旧瓶中的新酒。在你更深入地了解行为主义之前,请不要急于抵制行为主义,暂且接受行为主义的主张。然后,你便会觉得你现在所提的问题早已得到满意的自然科学式的解答了。你所常用的那些主观的名词,如果行为主义者再来问你它们的意义是什么,你会惊讶地不知如何作答。不但如此,到了那时,行为主义者还会让你了解到,你其实并不清楚那些名词的意义,以前使用它们只是未予斟酌而已。

通过观察他人来了解行为主义

观察他人是行为主义的基本出发点。通过观察他人你立刻就会觉得,以前那种自己观察自己的内省法,不但不是研究心理最容易和最自然的方法,而且其实根本是不能用的方法。自己观察自己,得到的只是一些最基本的反应而已。反之,如果你去观察你的邻居的行为,你很快就可以为他的行为给出相应的理由,也可以知道为他提供怎样的情境(就是施加刺激)可以导致怎样的预期行为。

行为主义的定义

现在的各类定义已经不像以前那么通俗了。任何一门科学的定义,例如物理学,都应该包含所有其他科学的定义。行为主义的定义也是如此。现在要给出一个科学的定义,我们所能做的工作就是对整个自然科学中我们所特别认为是自己要研究的那一部分做出界定。

行为主义，正如你根据我们上述初步讨论可以了解到的，就是以人类全部的顺应(adjustments)作为研究对象的自然科学。行为主义最亲密的科学伙伴是生理学。这样解释行为主义恐怕你会怀疑行为主义如何与生理学相区别。二者当然是有区别的，不过其区别在于研究主题的不同，而不在于学科的根本或者研究的中心观点。生理学特别关注动物生理上各个部分的作用——如，消化系统、循环系统、神经系统、排泄系统、神经与肌肉的反应等。至于行为主义，虽然也很注意这些部分的作用，但它真正所关注的是整个动物每天的所作所为。

行为主义者对人类所作所为的关注，比旁观者的关注程度要高得多——行为主义者想要操纵人的行为，这与研究物质的科学家想要支配其他自然现象是一样的。行为主义心理学的任务是要能够预测和控制人的活动。要达到这一目标，它就必须采用实验的方法来收集科学的资料。只有这样，训练有素的行为主义者才能够在知晓一定刺激的时候，预测个体所要产生的反应，并在个体有了一定的反应时，推测引起反应的情境或刺激。

我们进一步了解一下"刺激"和"反应"。

刺激是什么？

如果我突然将一束强光照向你的眼睛，你的瞳孔会迅速地收缩。如果我将房间中的光源全部关闭，你的瞳孔又会扩张。如果忽然听到一把枪在身后走火发出枪声，你会吓得跳起来，或者还要转过头来。如果硫化氢的刺激性气味忽然出现在房间里，你会捏起鼻子，还要赶紧逃离房间。如果我忽然把房间的温度升高，你就会出汗,将衣服的纽扣解开。如果我又降温,你又会做出相反的举动。

此外,我们身体内部也有和外界同样多的刺激。例如,你快要吃饭的时候,胃里的肌肉会因为没有食物的缘故,发生有节律的收缩和扩张。你把食物吃下去,这种动作就没有了。如果我们让一名被试吞下一个气球,这个气球和外部仪器相连接,那么我们就可以看到胃在没有食物和有食物的时候的活动情况。在男性身上,因为某种体液(精液)的压迫,会导致他发生性活动。在女性身上,或许因为某种化学物的发现,也可以使她产生明显的性反应。我们的手臂、腿和躯干的肌肉,不仅承受着随血液而来的刺激,也受到自身反应的刺激——也就是说,肌肉处于不断的紧张中。紧张程度的任何增长,例如做出一个动作,都会紧接着产生一个刺激从而引起原来那块肌肉或身体其他部分的肌肉发生反应;即使紧张的程度降低了,例如在肌肉松弛的时候,它也受到刺激。

因此,我们可以了解到,有机体总是被刺激所攻击着的——有的刺激从眼睛而来,有的从耳朵,有的从鼻子,有的从嘴巴——凡此种种,都是我们环境中的所谓客体。同时,身体内部组织(tissues)也时刻受到组织变化所带来的同样的攻击。这里,请不要误以为身体内部和身体外部的区别很大,或者身体内部的变化比外部的变化要神秘。

由于进化,人类具有了感觉器官——各个特殊化的区域容易感受特殊的刺激——例如,眼、耳、鼻、舌、皮肤、半规管等都是。①

---

① 在第三章我们将可以看到感觉器官是如何构造的,它们与身体其他部分的关系是怎样的。

13 除此之外，还有整个肌肉系统，含有横纹肌（例如，手臂、腿、躯干等处所具有的大的、红的肌肉）以及无纹肌（例如，形成肠、胃及血管等中空管状结构）。肌肉不仅是反应器官——也是感觉器官。在后面的讨论中我们将了解到，横纹肌和无纹肌在人类的行为上承担重要的职责。我们有很多亲密的反应及个性的反应，其刺激都是由于肌肉在内脏所导致的组织上的变化而引起的。

如何扩大刺激的范围

在行为主义研究的问题中，有一个是关于如何扩大个体反应的刺激范围。你在刚刚看到扩大刺激范围这个问题的时候，可能会怀疑我们前面所说的反应能够预测的观点。如果你观察人类行为的发生发展，你会发现，尽管有许多刺激可以引起新生儿的反应，但另外也有许多刺激不能引起他的反应。无论如何，后面这一类刺激，起初总是无法引起它们在婴儿的未来生活中所能引起的反应。例如，你如果给新生儿一支粉笔，一张纸，或者一份贝多芬的乐谱，你不会看见他发生反应。换言之，习惯的养成必须在别的刺激成为有效刺激之前才行。我们将在后面讨论如何促使无法引起反应的刺激成为能够引起反应的刺激。我们通常用来描述这一方法的名词是条件作用（conditioning）。关于条件作用的反应，我们将在第二章中详细介绍。

14 因为条件作用在人类幼儿早期就会出现，所以关于"预测未来的行为反应是什么"这个行为主义的问题，就会变得很难解决。例如，看见一匹马通常不会引起恐惧反应，但是在三四十人之中，总有一个人是不敢靠近马的。研究行为主义的人，虽然无法在一看见你的时候就预测你所害怕的情境,可是,如果他看见你已经有这种反应发生了,他就可以把你以前获得这种反应的情境分析出来。尽管预测反应的细节十分困难,但是我们可以在日常生活中依据其原理来推断他人将要做什么。我们之所以能够和别人和睦相处,所依据的原理也是如此。

行为主义者所谓的反应是什么

我们已经讲过,有机体从出生至死亡,时刻都在被身体外部和内部的刺激攻击着。在被各种刺激攻击的时候,有机体会作出反应。它会反应。它会活动。有些反应非常微妙,我们需要用仪器才能观察到。它可以只是呼吸的变化,或只是血压的升高和降低,也可以只是眼睛的运动。不过,我们通常所看到的反应都是整个身体的活动,手臂、腿、躯体的活动,或是所有肢体部分的联合运动。

有机体因刺激而起的反应往往具有适应的意义,尽管并不全是。在我们看来,所谓适应,只是有机体通过调整其生理状态,从而使刺激不再引起反应。这种说法可能听起来有点复杂,我在这里举一个容易明白的例子。例如,我饿了,胃在收缩,使我坐卧不安。这时如果我看见前面有一棵长满苹果的树,我就会爬上树去摘苹果吃。等到吃完之后,胃的收缩停止了。这时尽管树上还有很多苹果,但是我不会迫切地要去摘苹果来吃了。再例如,我被冷风吹着。这时我会找地方避风,等到风过去为止。如果我是在一个旷野中遇到冷风,我恐怕还会挖个洞来躲一躲。通过躲避风,它再也不能刺激我作出进一步的动作了。又例如,受到性刺激的男性,他可以不计时间而去求得他所钟爱的女性。但是在性行为完成之后,他的那种不断寻求异性的动力就消失了。女性也不能再刺激他使其发生性行为了。

行为主义者对于反应的重视,常常使其蒙受批评。有些心理学家甚至认为行为主义者只关注记录肌肉的细微反应。没什么比这个想法更不靠谱的了。我再重申一遍:行为主义者的主要兴趣是整个人的行为。行为主义者整天都在观察一个人的日常情况。如果被观察者所做的工作是砌砖,那行为主义者就想观察他在各种不同的情境之下,所砌的砖的数量有什么不同;他能工作多长时间而不会感到疲惫;他需要多长时间才能学会砌砖的技巧;我们能不能提高他的工作效率,或者使他在较短的时间里完成原来的工作量。换言之,行为主义者所感兴趣的反应的方面,是尝试为"他在做什么?"、"他为什么这么做?"这些问题给出常识性的解答。批评者如果明白这一点,就不会误解行为主义者的主张,以至于说行为主义者只是肌肉的生理学家了。

行为主义者认为,任何一种有效的刺激都可以引起一个反应,而且所引起的反应会立刻发生。所谓有效的刺激,是说它有足够的力量,能促使感觉器官产生神经冲动从而到达肌肉的层面。这里请不要与别的心理学家或精神分析学家的说法相混淆。你去阅读他们的理论,你恐怕会相信,个体在今天受到的刺激可能要到明天才会产生反应,或者甚至要到几个月或几年之后才产生反应。行为主义者不相信这类神话式的观念。例如,我给你如下的语言刺激:"明天下午一点请你到 Ritz 餐馆吃午饭。"你会立刻产生这样的反应:"好的,我会准时到的。"说了这句话之后,将会发生什么事情呢？为什么明天下午一点就要到 Ritz 去呢？我们现在不用多讲，只简单说一句："在明天下午一点到 Ritz 去。"我们之前的语言习惯常常会使上述刺激在那里重复着。所以"明天下午一点到 Ritz 去"的行为，并不是今天所受的刺激的结果，而是被那种在语言习惯中重复的刺激所引起的。

反应的一般分类

"反应"一般分为"体外"和"体内"两类——或者最好用"外显"和"内隐"来表示。所谓体外或外显的反应，是指人类平常所做的事情：如弯腰捡网球、写信、走进车里将车开走、在地上挖洞、坐下来写一篇演讲稿、跳舞、和女性嬉戏、和妻子谈情说爱。观察这类反应，无需仪器的帮助。另外还有些动作只限于身体内部的肌肉和腺体的活动。例如，一名饥饿的儿童或成人，会呆呆地站在一个蛋糕店的玻璃橱窗前。这时你恐怕会说："他没有做什么啊"，或者说："他在看玻璃窗里的糕饼。"可是如果用仪器来观察，你就可以看见他的唾液腺在分泌唾液，他的胃在有节律地收缩和舒张，他的血压也在发生显著的变化——无管腺正向血液中分泌化学物质。这些就是体内的或内隐的反应。体内或内隐的反应不易观察，但是，这种不易观察的状态并不是因为它们在本质上区别于体外或外显的反应，只是因为我们的肉眼看不到而已。

另外一种常规分类是将反应分成习得（learned）和非习得（unlearned）的两类。我前面已经说过，引起我们发生反应的刺激，其范围是不断拓展的。同时，行为主义者在研究中也发现，成人所做的动作中，有很大部分都是通过学习而来的。我们曾经习惯认为，成人所做的动作中有一部分是本能的，即非习得的。但是我们现在基本上可以将本能(instinct)这个词丢开了。当然，我们知道，在人类的行为中确实有一部分是不需要学习的——流汗、呼吸、心跳、消化、眼睛转向光线、瞳孔的收缩、听到大的声响之后产生恐惧反应。所以，我们将第二种反应的分类分成习得反应和非习得反应。前者是指一切复杂的习惯及条件作用的反应；而后者则代表着在未有习惯及未曾条件作用之前，婴儿所有的行为。

此外，还有一种纯理论式的分类，是根据反应的感觉器官来分类。我们具有视觉的非习得反应——例如，婴儿一生下来就有将眼睛转向光线的反应。与之相对，也有视觉的习得反应，例如对一个印刷乐谱或一个字所产生的反应。再例如，我们有动觉①的非习得反应，如婴儿因为手被长时间扭曲而产生的痛苦反应。我们也有动觉的习得反应，如我们在黑暗中处理一件困难的事情，走一个弯曲的迷宫就属于这一类。再例如，我们还有内脏的非习得反应，如，3天大的婴儿因为胃中空虚发生收缩时所产生的哭闹。与之相对，我们有内脏的习得反应，如，饥饿的小学生在蛋糕店的橱窗外看着蛋糕时嘴巴里分泌唾液，就是这一类。

对于刺激和反应的讨论，主要是为了向各位介绍行为主义心理学的研究内容。同时，也说明了为什么行为主义心理学的研究目的是：根据一定的刺激能够预测其所引发的反应——或者观察发生的反应，能够推断出引起反应的刺激。

----

① 动觉的感觉就是肌肉的感觉。我们的肌肉中有感觉的神经末梢。在肌肉运动时，这些感觉的神经末梢就会受到刺激。所以，刺激运动的感觉或肌肉的感觉的，就是肌肉运动本身。

行为主义只是研究心理问题的方法论取向，抑或行为主义是心理学的一种现实体系？

如果心理学可以不要"心灵"和"意识"这类术语，如果它能够证明这类东西的存在没有客观依据，那么，如今以心灵和意识这类概念为基础的哲学和社会科学将何去何从呢？行为主义者差不多每天都要被问到这个问题，有的人如此提问的时候是持一种研究的态度，但有些人就不那么客气了。行为主义在以前力争获取心理学研究的一席之地时，是很害怕回答这个问题的。它的理论太新；它所耕耘的土地上种植的庄稼还太少，它甚至都不敢想象将来有一天能够站得住脚，并且能够告诫哲学和社会科学领域应该重新审视其研究内容。因此，当以这样的方式面对那些问题时，它的回答是，"我现在不能让自己担心这样的问题。行为主义现在是解决心理学问题的可靠方法——它确实是心理学问题的一种方法论取向。"如今，行为主义已经根深蒂固了。它找到了研究心理问题的独特方法，并且其结果的形成也越来越充分了。

行为主体可能永远不会宣称要成为一种体系。实际上每个科学领域中的体系都已经过时了。我们从观察中收集事实。我们选择一组事实并得出一些一般性的结论。在几年中，由于有了更好的方法收集实验数据，即使这些初步的一般性结论也需要再次修改。任何科学领域，动物学、生理学、化学以及物理学，都或多或少处在一种变动之中。科学研究程序就是开展实验，通过实验技术收集获取事实，偶尔暂时性地将这些事实归纳形成一个理论或假设。在此基础上来看，行为主义是一门真正的自然科学。

第二章　如何研究人类行为

——问题、方法、技术以及研究结果的范例

分析心理学的问题

为什么人们会做出他们日常的那些行为——作为一名行为主义者应该如何开展科学研究,使得人们今天的行为与昨天的表现有所区别?我们能够通过练习(条件作用)将行为改变到何种程度?这些都是行为主义心理学研究的主要问题。与任何其他的科学工作者一样,要想科学地解答这些问题,行为主义者必须要观察。

心理学的观察有许多不同的层面。我们每天都在对各种行为做随意的观察。通常,我们也不会进行实验来改进观察——只是观察他人的日常生活,我们并不需要在实验控制下借助仪器进行观察。这类观察大致仍处于随意的水平。

举一个非控制的观察为例:一个孩子的母亲正在一张躺椅上睡觉,我走去对她说话,但是我的声音并没有引起她的反应。我再设法让我的小狗在院子里轻轻吠叫,这同样也没有引起她的反应。接下来,我去到她孩子的房间,使她的孩子啼哭,这位母亲立刻从躺椅中起来,并跑到孩子的卧室。

再举另一个类似的例子。我的艾尔谷犬正在我的脚旁边睡觉,如果这时我把纸张揉得沙沙作响,它会有什么反应呢?它会出现呼吸上的微弱变化。如果我将一个笔记本丢在地上呢?这时它除了呼吸变化之外,脉搏也会突然加快跳动,尾巴和爪子也会出现轻微的动作。如果我站起来而没有抚摸它呢?我的狗会立刻爬起来,想要玩耍、打闹或者吃东西。

在上述两个例子中,我操纵了刺激——操纵被观察者所处环境中的事物,从而了解怎样能够使被观察者产生某种行为。

人类这一种族已经存在多年。在漫长岁月里,我们已经陆续收集到很多关于各种刺激影响人类行为的事例。这些事例——并非严格审慎地确认——大体上都是基于对同一现象多次重复的观察。我们从这些材料中引申出一些结论。我们所有的关于人类生活的资料,大多数都是这样得来的。在这里并没有实验的控制。这些资料无论可靠与否,都是我们所知的关于社会的全部。它们指导我们如何"控制"他人的行为。

增加员工的薪水,提供福利——为员工提供廉租房以便他们能结婚成家,再为其建造浴场和娱乐场所。我们始终都在操纵刺激,并将其呈现在各类人的面前,以便引起我们所需的反应——我们希望这些刺激所引起的反应是"适宜的"、"良好的"、"有利于社会进步的"(而且社会所需要的也正是"适宜的"、"良好的"、"有利于社会进步的",因为这类反应不会扰乱社会中业已确立的传统秩序)。

然而,另一方面,常识性的观察者(commonsense observer)的工作又是反过来的。个体总是在做某些事,在反应和行动着。观察者要使他的方法产生社会效益,要使一个反应能够在其他时间再现(可能还要使其能够在其他人身上产生),他就需要探索引起这种特定反应的情境。

实验控制下的观察

到目前为止,我们所讲的都是无需实验的方法。这种观察以及由此得出的结论是缺乏科学的准确性的。现在,让我们采取一种更加复杂的行为——只有引入实验控制才能够理解的行为。在一间挤满观众的教室,你试着随便看看某个男生和女生,你会发现他们大多是在打哈欠,与睡神做斗争。为什么他们会想睡觉呢?——因为演讲的内容很愚蠢?还是因为教室里通风不好呢?以前对于这个问题的解答通常是:"在一个人多拥挤的房间,氧气消耗得很快——这导致我们呼吸的空气中含有大量的二氧化碳,而二氧化碳对身体会产生影响——它使人打哈欠,想要睡觉休息。如果二氧化碳的浓度很高,甚至会导致死亡。"现在,如果我们对这种解释不满意,打算用实验来研究,那会是什么情形呢?我会将一些被试安排在一个房间里,等到房间中二氧化碳的浓度已经高过一间拥挤的戏院里的浓度,被试都想睡觉的时候,我就设法为房间供给氧气。我们发现这些被试仍然想要睡觉。但是,当我把风扇打开,加快空气的流通,为房间降温,他们就睡意全无了。因此,我们可以说:个体打哈欠和想睡觉的反应,是因为身体周围的温度升高导致的——特别是在衣服和皮肤之间停滞不动的空气温度的升高——虽然二氧化碳的浓度稍稍增高也是事实,但是与个体打哈欠以及想睡觉的反应并没有关系。科学的方法不仅帮助我们找到了引起反应的刺激,而且帮助我们掌握通过取消或改变刺激而去控制反应。

心理学问题的一般本质及其解决方案

我们可以将所有心理学问题及其解决方案都纳于刺激和反应的规范中。我们现在用 S 来代表刺激(stimulus)(或比较复杂的情境),R 来代表反应(response)。接下来,我们可以将心理学问题简要表示如下:

S……………………………………………R
施加　　　　　　　　　　?(有待确定)
S……………………………………………R
?(有待确定)　　　　　　　　　施加

等到问题得以解决的时候,就是如下的情况:

S……………………………………………R
已经确定　　　　　　　　　已经确定

刺激的替代或刺激的条件作用

到目前为止,我们描述的方法是非常简单的。我使大家觉得,引起反应的必要刺激,好像是一种实体,只是在某个地方等着研究者将它找出来并呈现给被试。我也将反应描述得好像是一种固定的东西或实体,当有机体被刺激的时候就会产生。只要稍微对现象有所观察,就知道事实并非如此,以上说法并不准确,公式是需要调整的。我在第一章中曾讲过,有些刺激在最初的时候似乎没有产生明显的效果,即使有,也与它们后来所发挥的效果不一样。让我们用公式来说明这一点。以一个已经固定(非习得)的反应为例,其刺激和反应已知,公式如下:

$$S\cdots\cdots\cdots\cdots\cdots\cdots\cdots\cdots\cdots\cdots\cdots\cdots R$$
电击　　　　　　　　　　　　　　缩手

这个时候,红光的视觉刺激是不会引起缩手反应的。红光甚至不能引起任何明显的其他反应(出现什么样的反应取决于先前的条件作用)。但是,如果我们在给被试看红光的时候,同时或随后再迅速用电击来刺激他的手,经过若干次之后,红光刺激就能引起缩手反应了。红光现在变成一个替代刺激了——无论何时,只要在这样的背景之下,它都可以引起缩手反应。发生了一些事情促成了这样的变化。这种变化,我在前文介绍过,就是条件作用——反应仍然是一样的,但是引起它的刺激的数量,已经被我们增加了。为了说明这种变化之后的新的情形(可能并不准确),我们将这个刺激称为"条件作用的"(*conditioned*)。请各位注意,我们讲条件作用的刺激和条件作用的反应时所谓的条件作用,是针对整个有机体的。

和条件作用的刺激相对的,是无条件作用的(*unconditioned*)刺激。有些刺激,在婴儿一生下来的时候就能引起一定的反应。这类刺激,就是无条件作用的。关于无条件作用的刺激,我们先举个例子:

S······R	
光	瞳孔闭合,转动眼球
敲打膝盖	腿部跳起(膝跳反射)
口中有酸液	分泌唾液
刺痛,灼烧,割破皮肤	身体退缩,哭,喊叫

通过观察婴儿,我们很容易了解到,无条件作用刺激虽然很多,但是与条件作用的刺激相比,却又屈指可数了。条件作用的刺激的数量非常多。受过良好教育的人,能够对大约15000个印刷或书写的字词做出有条理的反应,而这15000个字词中的每一个,我们都可以将其当作一个单独的条件作用的刺激的例子。我们使用的每一件工具,我们回应的每个人,也都同样是很好的例子。能够使个体产生反应的条件作用和无条件作用的刺激的总数是无法估量的。

刺激的替代或者条件作用的作用的确重要,但也决不能言过其实。它们无限地扩大了可以引起反应的刺激物的范围。据我们所知(目前还缺乏实验证据),我们可以用别的刺激物来代替任何一种能引起一个基本反应的刺激。

让我们回顾一下刺激与反应的基本公式:

S······R

由此看来,当我们施加刺激的时候必须考虑它是无条件作用的 U (unconditioned)还是条件作用的 C(conditioned)的。实验告诉我们(如上述例子所示),婴儿一生下来,当酸液滴入口中的时候,会引起唾液的分泌。这是一种天生的或无条件作用的刺激的例子。看见一个热气腾腾的红樱桃馅饼,唾液腺会分泌很多唾液,这是一个条件作用的视觉刺激的例子。孩子听见他母亲轻轻的脚步声,就会停止哭泣,这是一个条件作用的听觉刺激的例子。

反应的替代

我们能够替代反应或决定反应吗?实验告诉我们,所有动物从出生到死亡都会经历反应的替代和条件作用的过程。一只小狗昨天可以使两岁大的小孩做出爱抚、玩耍和欢笑等动作:

    S··R

    看见狗   玩耍,笑

同样是那只狗,但是今天却引起了:

    S··R

    看见狗   尖叫,身体退缩

这是因为发生了一些事情。昨天晚上,小孩在和狗玩耍的时候,被狗狠狠地咬了一口——把他的皮肤咬破,流血了。我们知道:

    S··R

    割伤、灼伤皮肤   身体退缩,尖叫

换言之,狗这一视觉刺激,在根本上还是一样,但是属于别的无条件作用的刺激(割破、刺伤皮肤)的反应却产生了。[1]

反应的条件作用和刺激的条件作用一样重要。不过反应的条件作用更具社会意义。我们中许多人被一些固定不变的情境包围

---

[1] 从实验的观点来看,归根到底,条件作用刺激和条件作用反应之间不存在任何本质性差别。

着,例如,我们生活的家、需要好言安慰并周到照顾的父母、不可理喻的妻子、无法避免的性饥渴(假如嫁或娶了残疾或患有精神疾病的人)、身体畸形(永久性的缺陷),以及其他类似种种。然而,我们对于这种恒常刺激所起的各种反应,大多是没有适应性的,缺乏积极的效果。于是它们就会影响我们的人格,导致我们成为有精神疾病的人。反应能够被决定的事实——条件作用的反应被阿道夫·梅耶(Adolph Meyer)称为替代的反应,有时也被称为纯化(sublimation)——使得我们有了希望,虽然这一希望的实现,可能是体现在后代的身上,而不是我们。目前,无论是条件作用的、替代的或纯化的活动(sublimated activity),都和无条件作用的行为一样,还没有完全建立在心理学基础之上,适合于长久的适应。但我们也看到,许多精神分析学家的治疗也缺乏持久性,由此看来,替代的反应对于有机体来说并不一定是有效的,至少在性的领域中是这样。

我们能够形成或建立全新的反应吗?

我们的大脑在婴儿期之后都还没有出现新的神经通路。神经中的各种联结在婴儿生下来的时候大致都已经建立好了。但是,那时所具备的无条件或非习得反应的数量对于成人来说实在是太少了。然而,对于大多数人来说,我们很少会注意到个体所具备的很多简单的非习得或无条件的反应,如手指和手臂的种种活动,眼球运动,脚趾及腿部的活动,只有受过训练的观察者才会注意到。这些活动是行为的基本要素,我们所有的习得反应都是基于条件作用的过程将这些基本要素进行组织而形成的。因为遇到适宜的刺激(社会为我们提供各种刺激),这些简单的、无条件作用的、由胚胎中带来的反应,就会被连接在一起形成复杂的条件性的反应或习惯,如打网球、击剑、制鞋、育儿和宗教行为等都是如此。我们的复杂动作都是由此整合而成的。在生命之初,个体具有很多简单的、基本的反应单元,比其所需要的还要多。但在这样一种广阔的行为源泉中,虽然数量似乎很多,但是只有少数是实用的。

一个刺激所引起的无条件反应,通常是散乱和缺乏组织的,需要经过条件作用过程或学习过程,才能够成为有组织的、确定的条件作用的反应(或习惯)。我们以白鼠的学习行为为例。假设我们先让白鼠饥饿 24 小时。然后将食物放在一个铁笼中。铁笼的门上有一个旧式的门闩,只要这个门闩被抬起,门就会打开。白鼠在先前不会遇到这种食物在笼子中的情境。因此我们可以认为,白鼠现在表现出的获得食物的种种反应,都是先天具有的、非习得的(当然事实可能并非如此)。这个时候它会做什么呢?它会走来走去,咬笼子的铁丝,把鼻子伸进铁丝网中,试图将食物拉进来,把爪子伸入门中,将头抬起,嗅着铁丝笼。请注意,所有能够解决获得食物这一难题的种种反应,都是以部分反应的形式多次出现的。这些部分的反应都是无条件或非习得行为中的要素,包括:(1)走或跑到门边;(2)把头抬起(假如在一定的角度上可以把门闩抬起);(3)用爪子拉门;(4)爬出门获得食物。在白鼠作出的大量无条件反应中,只有四种动作是必须的——假如给它充分的时间,它将会偶然发现解决问题的方法。但是为了有效地解决问题,这四部分反应必须有间隔并按照某种时间顺序排列——即形成一定的行为模式或整体行为。当整合作用、行为模式或条件作用完成时,除了 1-2-3-4 四种反应以外,其他所有反应都消失了。我们应该将这四种反应称为全新的和条件作用的反应。这一过程通常也被称作习惯的形成(formation of ahabit)。

我们中大多数人都研究过习惯的形成,或者至少了解过有关习惯形成的诸多情况。但是,即便了解有关习惯形成的一切现有数据,我们仍然无法构成一个关于习惯形成的普遍理论。内省主义者和行为主义者都已经在这个领域中开展过研究,以便解决各种事实的问题,例如,加速习惯形成的因素、习惯的正确性、习惯的持久性、年龄对习惯形成的影响;同时形成两个或两个以上习惯的作用;习惯的迁移以及诸如此类的问题。即便如此,还没有一位实验者能做到在解决这些问题的同时,还能从数据中得出习惯形成的指导性理论。

即便在今天,一般所谓"习惯形成"与刺激和反应的条件作用之间的关系也尚不清楚。就我个人而言,我认为习惯形成的过程中几乎没有什么新东西可言,但这也可能是我把这个问题看得简单了。当我们教导动物或人类红灯行而不是绿灯行,或者保持走在正确的通道里而不要走进死路,或者去开启上述问题箱的时候,我认为这仅仅是在建立一种条件反射——刺激仍然保持恒定不变。我们只是努力获得一种"新的"或条件作用的反应而已。但是,如果社会或实验要求改变刺激而保持反应不变的话,正如一个男人长期对某个女性怀有爱意而该女性却对他无动于衷所发生的那样(由此可能会危害他整个生活结构),这时就需要刺激的替代(即精神分析学家称之为"移情")。如果这种替代发生了,我们就有了一个条件作用的刺激的例子。

尽管我们在人类和动物领域对习惯形成的研究缺乏理论指导,但是我们仍然可以从这些研究中获得许多对心理学有价值的资料。可以说,在条件反射法被引进之前,对"习惯形成"的研究已经成为心理学家的主要任务。这种方法的引进导致我们重新审视整个问题,并重新考虑了整个实验的计划。

我们将在下文中进一步讨论"习惯形成"的问题,这一章我们先介绍"条件反射"方面的实验工作。你们将会认识到,大多数实验工作实际上只关心刺激的替代而非反应的替代。相对来说,反应的替代方面的实验工作较少。精神病学家和分析学家所做的许多工作就具有这种特征。通过条件作用形成的反应的抑制是同样重要的问题,但是,目前从人类被试上获得的资料还是相当少的。

条件反射方法:腺体反应中刺激的替代

关于刺激替代的实验研究,在动物领域比人类领域获得了更为深远的发展。我们有必要先回顾一下关于狗的一些研究。条件反射研究是从狗的身上开始的,也最能体现这种方法的准确性。俄国生理学家巴甫洛夫(Pavlov)和他的学生们主要从事这项研究工作。[①]

请先稍稍回忆一下我们可以作出反应的两组不同的组织:

---

① 巴甫洛夫的最新研究可以在他新出版的《关于条件反射的讲演》(*Lectures on Conditioned Reflexes*)中看到完整的介绍。

(1)腺体；(2)肌肉(实际上有两种类型的肌肉,横纹肌和脏腑肌)。

通常被用于实验的腺体是唾液腺。安雷普(G. V. Anrep)博士(巴甫洛夫的一位学生)认为唾液腺相对简单,不像身体肌肉系统那样是混合器官。与肌肉系统相比,唾液腺是身体中更为独立的器官,它的活动比肌肉活动更易进行分级。

我们在前面介绍过,能够引起唾液腺反应的原始刺激或无条件刺激是向口中放入某种食物或酸性物质：

S···R

食物,酸液　　　　　　　　　　　分泌唾液

问题现在变成了如何用一些不能引起分泌唾液反应的刺激物——也不能在狗的身上引起其他明显反应——使得它能够引起分泌唾液的反应。实验显示,视觉刺激例如彩色圆盘和几何图形、简单的声音、单纯的音调和身体接触等,最初都不会引起唾液反应。可是经过条件反射的训练后,这些刺激中的任何一种都可以引起分泌唾液的反应。在训练最初,研究者首先对狗进行一项简单的手术,在狗的腮腺管上做一个永久性的瘘管——开一个小口将腺体通过导管连接到脸颊外以便于观察。手术后,唾液腺分泌的唾液就会通过导管流到外面而不再流向口腔内。这根管子和一台仪器相连,仪器自动记录唾液腺分泌的唾液的滴数。实验中,狗和实验者相互隔离,与其他不受实验者控制的视觉、嗅觉和听觉刺激也相隔离。对于无条件刺激和条件刺激的运用,都是在狗所待的房间外自动进行的。研究者通过一台潜望镜对狗进行观察。

研究发现,只要将条件刺激和食物或酸等无条件刺激同时呈

现在狗的面前，我们就可以用任何刺激来替代食物或酸。而且，实际上甚至可以将条件刺激应用于无条件刺激之前。但是，如果无条件刺激应用在替代刺激之前，就不会形成条件反射。例如，克列斯托夫尼考夫(Krestovnikov)花了一年的时间进行研究，先呈现无条件刺激物，几秒后呈现条件刺激物，结果发现这种做法并不能建立所期望的反应。当条件刺激出现在无条件刺激之前，经过大约20~30次的结合运用以后，就会形成条件反射。至于在应用无条件刺激之前运用条件刺激，就两者的时间间隔而言，其变化幅度从几秒钟到5分钟以上不等。

31　　假设在一个特定情形中，我们试图用触觉刺激引起唾液分泌的反应。我们会在狗的左大腿上施加4秒触觉刺激，然后间隔4秒或5秒以后施加无条件刺激——肉末和饼干。连续应用该程序大约两个月，每天对狗进行4~10次触觉刺激，每次刺激后停顿7~45分钟。两个月结束时，刺激的替代就会形成，触觉刺激(条件刺激)将会像肉末和饼干(无条件刺激)一样导致分泌同样多的唾液。

通过这种简单的程序，我们扩大了狗的反应范围。这个过程与前面的公式不一样，可以书写如下：

S……………………………………R

肉末和饼干　　　　　　例如，在30秒中，分泌唾液60滴

左腿上施加触觉刺激　　（每滴0.01c.c.）

在此我们展示了一个完整的刺激替代的例子，条件刺激引起的反应强度和由无条件刺激引起的反应强度是一样的——在实验误差

(experimental error)允许的范围内。

通过这种简单的程序,我们可以测量出一个动物能够作出反应的刺激的整体范围。例如,假设我们拥有一只形成条件反射的动物,任何波长的光线都可以引起该动物分泌唾液的反应。在促使动物形成条件反射以后,我们接下来设法研究它对于比人眼可视波长更短的光线是否敏感。我们可以根据光谱从绿光开始实验,并逐渐增加刺激光线的波长,直到它不再发生反应为止。从而,我们可以提供动物在较长波长中的反应范围。然后,我们再次建立其对绿光的反应,并逐渐缩短波长,直到它不再发生反应为止。如此,我们就可以提供动物在较短波长中的反应范围。我们可以用同样的方式在听觉刺激领域进行研究。有些研究者已经发现,狗对于音调的反应灵敏度远远超过人类,它们能够对人类可听声音更高的(振动频率)声音作出反应。但是尽管如此,人类和狗还没有在一致的条件下共同进行过相关测试。

腺体的差别反应

采取稍微不同的程序,我们就可以建立差别反应(*differential responses*)。例如,我们已经使得狗对于音调 A 形成条件反射,音调 A 所引起的分泌唾液的反应就像肉末能引起的分泌唾液反应一样。但是同时,其他和音调 A 差不多的音调 B 也能够引起分泌唾液反应(反应泛化)。我们能否就此改变并建立狗的新反应,使它只对音调 A 作出反应而对音调 B 不作出反应呢?显然,在狗对于音调的差别反应能力的限度内,它是能够做到这一点的(对于这一点可能还存在一些疑问)。安雷普宣称,他发现了狗对于极小的音调差别所作出的差别反应。但是约翰逊（H. M. Johnson）用另外的方法进行研究，却发现狗对于音调的区别不会产生任何差别反应。我们研究动物对音调刺激的差别反应的做法是，例如，我们对刺激 A 进行"固定"（fix）或加以更加严格的限制，每次给狗喂食时响起音调 A，但在响起音调 B 时决不喂食。从而，音调 A 能很快引起唾液的充分分泌，而音调 B 却不会引起唾液的分泌。

这种方法对于每一种感觉领域都是适用的。我们可以对下列问题进行正确的解答：狗如何对噪音、波长或气味的差异等作出精确的反应？

安雷普根据对狗的唾液反射研究归纳的一些事实大致如下：

1. 条件反射和所有其他习惯一样，或多或少都是暂时的和不稳定的。如果条件反射反应不再被引起，那么经过一段时间后它就不会起作用了，就会消退。但是，条件反射可以迅速地重建。在狗的唾液反射研究中，研究者观察到一个现象，在相隔两年后又做了一次测试，已经形成的条件反射仍然存在，但并非一成不变。而且，经过一次强化以后就完全恢复了。

2. 替代的刺激可以被固定并被特异化。其他任何同类刺激都不能引起这类反射。如果你让一只狗对节拍器形成条件反射，那么，其他任何噪声都不能引起该反应。

3. 反应的强度有赖于刺激的强度。增加刺激的强度会增加反应的强度。另外，如果一种连续刺激——例如，一种噪声或一种音调——被中断，那么，就会产生像增强刺激同样的效果——反应强度也会增加。

4. 条件反射存在明显的累加效应（summation effect）。如果狗分别对声音和颜色都形成了条件反射,那么,只要同时提供两种刺激,就会明显地增加唾液的滴数。

5. 条件反射是会"熄灭的"(extinguished)(巴甫洛夫认为这些反应不会永久的熄灭)。例如,条件反射在缺乏使用的时候,随之就会出现反应的消退。如果非常频繁地重复进行刺激,也会导致条件反射的消退。在这里,"疲劳"并不是条件反射消退的原因,因为在狗分别对声音和颜色形成条件反射的情况中,如果视觉刺激消退,只靠听觉刺激仍能引起充分的反应。

人类唾液反应中刺激的替代

我前面曾提到,要对狗进行唾液反应的研究,我们必须对其进行一个简单的手术,但这在人类身上是不可能实现的(除了在意外事故的情况中)。拉施里(K. S. Lashley)博士为此开发了一台能够实现该目的的小型仪器。它由一个银制的小圆盘构成,直径大约有五分硬币那样大,厚度为其1/8,一面有槽,这样就形成了两个互不连通的小室。每个小室均有细小的银管通向外面。中央小室放在面颊内表面唾液腺开口处。从这个小室出来的管子将唾液引到口腔外边,并与一台记录器相连。从另一个小室出来的管子通向一台小型抽吸器,使这个小室处于部分真空状态。这样就使整个圆盘紧紧粘在脸颊的内表面上。整套仪器称为唾液量计(sialometer),它要比我所描述的更为舒适。装上量计后,任何人都可以正常饮食和睡眠。

与在狗身上一样,食物或酸液(无条件刺激)也可以引起人的唾液分泌反应:

S···R

食物，酸液　　　　　　　　　　　唾液分泌

同样，在人的身上也可进行刺激的替代。医用滴管这一视觉刺激在开始并不会引起唾液的分泌。但是如果被试看到你将滴管浸入酸液中，然后将这种酸液滴在他的舌头上，他以后一看到滴管就会很快引起唾液的分泌。现在，我们得到如下的公式：

S···R

食物，酸液　　　　　　　　　　　唾液分泌

或

看见滴管

于是，我们就使被试形成了条件反射。同时，我们扩大了人类身上能引起唾液反应的刺激范围。

在人的一生中，类似唾液腺这种形成条件反射的现象显然在大量发生——看到美味佳肴时儿童或成人都禁不住流口水，这就是一个很好的例子。这些条件反射在实验之前是无法观察的。毫无疑问，这里并不存在"观念的联想"(association of idea)的问题——被试不可能"开展关于它们的内省"；他甚至无法告诉你它们是否存在。顺便提醒各位注意一个事实，唾液腺并不处于所谓"自主"(voluntary)控制之下——也就是说，个体并不能"有意"地使它分泌或停止。

其他腺体能否形成条件反射？

我们从巴甫洛夫和他学生的研究工作中了解到，胃腺和其他

内脏腺体也能像唾液腺一样形成条件反射。另有一些研究者也认为，其他内分泌腺，不仅在狗等动物中可以形成条件反射，在人的身上也能形成条件反射。至于其他有管腺是不是也能够形成条件反射，我们还没有开展相关的实验研究。但是我们有理由相信，男性的排尿和性高潮是可以形成条件反射的，关于这一点恐怕又要涉及肌肉的条件反射问题。我们将在后续内容中加以讨论。

另外一个易于进行实验的有管腺（据我所知，目前还没有人拿它做过实验）是泪腺。婴儿的眼泪、戏剧迷的眼泪、罪犯的眼泪，以及装病者的眼泪都是条件反射的真实例子。此外，皮肤的腺体也可以提供有趣的实验可能性。

我们目前还不了解甲状腺、肾上腺、松果腺等无管腺是否可以形成条件反射。但是情绪反应是可以形成条件反射的——而且涉及全身的活动。如果实际情况的确如此，那么无管腺显然也可以依法炮制并发挥作用。我们有充分证据表明情况是如此的。在形成条件反射的情绪反应中，肾上腺和甲状腺明显地改变了它们发挥作用的节律。

横纹肌和无纹肌反应中刺激的替代
——在横纹肌的反应中

俄国生理学家别赫切列夫（Bechterew）和他的学生向我们证实，引起手臂、腿、躯干、手指等横纹肌反应的刺激物同样是可以被替代的。通过一种无条件刺激来产生无条件反应的最简单方法之一是利用割、碰擦的方法。电击也是一种方便的方法。我们的公式原来表示如下：

S⋯⋯⋯⋯⋯⋯⋯⋯⋯⋯⋯⋯⋯⋯⋯⋯⋯⋯⋯R
割,碰擦,　　　　　　　手臂、腿和手指的回缩
烧伤,电击

如果把脚靠在电烤炉上,每次通电时脚都会被电得弹起。我们可以在烟斗敲击膝盖的时候观察到膝跳反射,同样可以在每次实施电击时记录到。

如上所述,一般的视觉或听觉刺激并不会引起脚的突然回缩。例如,普通的电子蜂鸣器的响声并不会引起脚的反射。但是,将蜂鸣器和电击联合起来对被试进行刺激 24～30 次(对有些被试来说,施加刺激的次数甚至要更多),仅使用蜂鸣器就会引起脚的回缩。这里,我们又一次扩大了引起反应的情境的范围。我们的公式现在变成:

S⋯⋯⋯⋯⋯⋯⋯⋯⋯⋯⋯⋯⋯⋯⋯⋯⋯⋯⋯R
电击或蜂鸣器　　　　　　　脚的回缩

卡森(H. Cason)认为,刺激的替代和眨眼是一起发生的。非习得的或无条件作用的公式如下:

S⋯⋯⋯⋯⋯⋯⋯⋯⋯⋯⋯⋯⋯⋯⋯⋯⋯⋯⋯R
(1) 亮光　快速的眨眼(人体反射中速度最快的反射之一)
(2) 物体迅速靠近眼睛
(3) 角膜或者结膜发炎
(4) 眼睑受伤(割、电击等)

电报声码器的声音或者继电器的轻微的嗒嗒声不会引起眨眼

反射。但是,如果眼睑受到电击,并与电报声码器或继电器发出的声音同时发生,那么就会迅速产生刺激的替代。我们很容易注意到,替代刺激相比无条件刺激会引起更为迅速的眨眼反应。

我们很容易看到,这种使得横纹肌反应条件化的方法在帮助我们理解人的构成上,实在是一个很有用的方式。① 横纹肌的反应和泪腺的反应是一样的,我们也能把一个给定的刺激"固定"下来,使得只有它,诸如乐音、噪音、视觉刺激或嗅觉刺激等,才能引起特定的反应。例如,一个听觉刺激——乐音 C 中(256 d.v.),我们可以对它进行精确的固定,使得比它稍高或稍低一点的音调都不会引起反应。

横纹肌和无纹肌反应中刺激的替代
——在无纹肌的反应中

我们有很多研究探索对无纹肌组织进行条件作用。胃的环形无纹肌在胃部食物排空以后出现节律性收缩运动。这些所谓的饥饿收缩是我们所熟悉的最有力的一般刺激。这些刺激所引起的反应就是通常所谓的觅食活动。等到获取并食用食物之后,胃的收缩才能平息下来。这种节律性的收缩运动,本来是在胃中空虚的时候产生的,但是我们可以完全将其改变,使其适应我们正常的用餐时间。对于抚养得当的婴儿,每隔 3 小时喂食一次,婴儿一般就会在 3 小时间隔结束时醒来并开始躁动不安或啼哭。现在把喂食

---

① 在日常生活中,我看见过好多次,偶然与发烫的电熨斗或散热器接触,仅仅一次联合刺激就能使儿童形成条件反射(用视觉刺激代替组织受损的触觉刺激)。我们从孩提时代开始的生活中充斥着这类偶然形成条件反射的例子。

的时间改为 4 小时一次,几天以后,婴儿也就会在 4 小时后醒来。

此领域内最令人感兴趣的实验之一是卡森对瞳孔反射的研究。眼睛里有两组无纹肌纤维,当辐射状肌肉收缩时瞳孔就会放大,当环形肌肉或括约肌收缩时瞳孔会缩小。这种无条件反射的公式是:

S······R

光的强度增加   瞳孔缩小

光的强度减少   瞳孔放大

如同在其他各种反射中一样,这里也会发生刺激的替代现象。我们增加或减少光的强度对被试视网膜的照射,同时用电铃或蜂鸣器刺激被试,结果会使被试形成条件反射,即单独用声音刺激也会引起被试瞳孔的缩小或者放大反应。

人体整体反应中的替代

(条件作用的情绪反应)

在第七章,我将介绍一些实验,用来说明有些无条件刺激能够引起恐惧、愤怒、爱等全身性的反应。这些刺激也是能够条件作用的,就像我们在前面所讨论的简单反射动作的刺激能够条件作用一样。我将在第七章介绍这类研究。这种全身性反应的条件反射现象,说明那些能引起情绪反应(实际上是内脏反应)的刺激是在不断增加的。这种情绪调节的实验研究,使得任何关于情绪的"学说",例如詹姆斯的学说都显得不必要了。

关于刺激替代实验的小结

在本书中,我只会大体描述人体形成条件反射的方式,这里要强调的主要观点是:事实上,每一个能够作出反应的人体器官都可以形成条件反射;这种条件反射在成人的一生中从出生时就每天都在发生(很少能在出生前就发生)。大多数有机体的反应多在无法用语言表达的水平以下发生。腺体和无纹肌组织完全不属于我们所谓的受意志控制的反应系统。我们的行为中充斥着一种或另一种刺激的替代,在行为主义研究之前,我们对此一无所知,直到行为主义者进行了彻底的研究,并且对这些刺激的替代作出了解释。

这一领域完全处于内省主义者的领域之外,他们无法解释这类反应。这又一次证明内省至多只能产生贫乏的和不完整的心理学。随后,我也将试图证明,"内省"只不过是用来谈论正在发生的人体反应的另一名称而已。归根结底,内省并非一种真正的心理学方法。

在个体的态度发展方面,尤其是关于情绪问题,早期条件反射的重要性与我所预想的大体一致。对我们来说,在成人生活中,当一个"新"刺激强加于我们而不引起幼年时的条件反射痕迹几乎是不可能的。这项工作有助于我们理解为什么行为主义者正在逐渐抛弃本能的概念,并代之以身体的倾向和身体的态度(条件作用的)等概念。

其他实验方法

我无法在单独一章中给出行为主义所用的全部实验方法,甚至在行为主义研究中值得使用的客观方法也无法完全提及。在此,我先简单列举几种方法供大家参考。有一些方法以研究学习及学习效果的保持为中心——研究药物、饥饿、口渴和失眠等所产生的影响,又如在学习完成之后研究影响反应发生的条件。还有一些方法是用来研究情绪反应的。例如,各种不受控制的和受控制的词语反应——情绪反应的电流测定研究。研究饥饿和性刺激相对强度的方法(参见华盛顿大学莫斯[Moss]和哥伦比亚大学沃登[Warden]的新近研究)。此外,也有一些方法是在动物身上切除感觉器官或脑的某些部分,以确定感觉器官的作用和神经系统各部分的作用。①(对于这个领域中的人类研究,我们需要等待一些因为意外伤害而导致部位受伤的被试。)

作为一种行为主义方法的所谓"心理"测验

过去的二三十年中,尤其在美国,所谓的心理测验(mental test)如雨后春笋般兴起。心理学家似乎一下都成了测验狂。新兴的测验在热闹了几天之后往往很快被下一种测验加以修正。许多测验近年已经被逐渐淘汰,只有少数几种得以发展和标准化。

编制测验的时候往往会动用几十万名儿童和成人被试。这些测验编制者的耐心和努力令人钦佩。这种测验一旦设计出来,就成为一种工具。这些测验的主要目的是根据个体的表现、年龄以及诸如此类的情况,找出对个体进行分类的大量标准,用以解释缺

---

① 拉施里最近出版的书《大脑的机制和智慧》(*Brain Mechanisms and Intelligence*)是关于这方面的研究。

陷、特殊能力、民族和性别差异等。

在这些测验中形成了两种相当不切实际的想法：(1)宣称存在一种"一般性的"智力的东西；(2)测验能使我们将"天赋"能力和习得的能力区别开来。对于行为主义者来说，测验仅仅是对人类表现进行分级和取样的手段。

社会实验

我们很容易看出来，在所有社会实验中，我们通常有两个一般程序：(1)我们试图回答以下问题，"如果我们使社会情境作出相应的变化，将会发生什么？我们无法肯定情况会有所好转，但是总会比目前的情况要好。让我们作出改变。"当社会情境变得难以忍受时，通常会使我们盲目地陷入行动，而不会引起我所指出的任何与言语相关的反应。

另一程序(2)是："我们想要这个人或这群人做某件事，但是我们不知道如何安排一种情境使他做这件事。"这里的程序稍微有些区别。社会通过盲目地尝试错误进行实验，但是反应是已知和合法的。操作刺激不是为了观察通常会发生什么，而是为了引起特定的行为。你们也许无法很清楚地了解这两种程序之间的差别，我们借助一些例子也许会更好理解。首先，我们都得承认，社会实验目前正以很快的速度进行着——对于轻松自在的凡夫俗子来说，正以惊人的速度进行着。我们以战争作为上述第一种程序的社会实验例子。任何一个人都无法预言，当一个国家发生战争时，该国采取的反应将会带来什么变化。这里处理刺激的方式是盲目的，其盲目的情形就像一个小孩推倒他费尽心思才建造起来的积木一样。

美国的禁酒也无非是对一种情境的盲目的重新安排。酒吧导致了一系列为社会所谴责的行为,社会大众对于将会发生什么情况无法作出任何合理的预测,于是整个情境被彻底摧毁,并通过批准第18号修正案来创造一种新情境。在这里,他们显然期望产生某些结果——禁止饮酒、降低犯罪率、减少婚外恋,等等。① 但是对于任何研究人类本性甚至研究地理的学者来说,他们尽管无法预测将会发生什么情况,但是仍可以预见到哪些结果不会发生。颁布禁酒令的结果,除了在较小的城镇会发生某些期望的效果之外,在大部分地方显然是与其初衷相违背的。在大城市,或在大城市附近(那里法律控制的效果不是很好,而且那里的舆论是一种较差的控制因素),我们的监狱要比以往任何时候都拥挤。犯罪十分猖獗,凶杀案尤其盛行。后者正开始引起人寿保险公司的关注。一家保险公司仅仅在1924年就因为凶杀案的赔偿损失了75万美元。还有成千上万的公民由于参加酒类走私而被枪杀,或者因为酒精中毒而死。所有这些情况都使得禁酒令一再遭到践踏,直接导致人们对法律的恐惧消除了。当一项禁令被不受惩罚地打破后,不仅药品推销员的特殊禁令失去了它的控制性,而且对那位特

---

① 那些在禁酒令颁布以前就嗜酒的成年人,到如今仍然会嗜酒,只不过他们只喝不好的酸酒而已,因为这是既容易运输,又容易隐藏的。至于那些在禁酒令未颁布以前就不好酒的成年人,现在也不会嗜酒。因此,如果像这样盲目地处理刺激,最终居然会导致一次国内战争,在我看来是不足为奇的。美国曾经和英国有过一次战争,为什么呢?在那个时候说,是为了人权问题。那么现在,六千万嗜酒的人,恐怕每天都要向那六千万不喝酒的清教徒说:人权这东西,从禁酒令以来早已被否认,被践踏了。因为那些不喝酒的人,即使将禁酒令取消了,他们也会不喝酒。

殊的药品推销员的所有禁令也会渐渐变得无效。在原始社会里发生的情况到今天又发生了。毫无疑问,人们对所有法律都抱以轻率的态度。

俄国君主制政体的垮台和苏维埃政府的形成是盲目操作情境的又一事例。不论是朋友还是敌人,都无法预言行为变化的结果将会是好的。事实是,这种变化已经阻碍了俄国的工业进步,而且可能已经使俄国人的知识和科技进步倒退数百年。无需进一步的阐述,我们可以将这些问题用一般图式归纳如下:

施加刺激	反应—结果—过于复杂而无法预测
S··R	
推翻君主制,成立苏维埃政府	?
战争	?
禁酒令	?
随意离婚	?
不婚	?
无知双亲抚养的儿童	?
宗教心理为道德标准所替代	?
财富的平均化	?
取消遗产制等	?

在这种社会实验中,社会往往会深陷困境——无法不通过小规模实验摸索着寻找出路。社会并不以任何明确的实验程序来工作。它的行为往往有点像乌合之众,换成另一种说法,即组成团体的个体退步到了婴儿期的行为状态。

与此相似,社会实验在上述程序(2)中进行着。在这里,反应是已知的而且为社会所认可——婚姻、未婚者的克制、参加教会、基督教十诫中要求的积极行动,以及诸如此类的情况,都是这些得到认可的反应的例子。我们可以用以下公式表示：

S	··	R
?		现代财政压力下的婚姻
?		难以进行社会控制的大城市里的自制
?		加入教会
?		诚实
?		按照特殊方式迅速获得技能
?		正确的举止,等

我们的实验包括建立一组刺激,直到从刺激的正确群集中得到特定的反应为止。在尝试安排这些情境时,社会往往像低于人类的动物那样,盲目无章地工作着。实际上,如果有人想归纳出以往两千年中社会实验的特点,那么他就会称这些社会实验为鲁莽的、不成熟的、无计划的,并认为即使有时有计划也是基于某个民族、政治团体、派别或个人的利益,而不是在社会科学家的指导之下——假如存在社会科学家的话。除了可能在希腊历史上的某些时期以外,我们从未有过受过教育的统治阶级。现如今,美国也许是历史上最糟糕的罪犯之一,因为它由一批职业政治家、劳工宣传家和宗教虐待者统治着。

请注意,行为主义心理学的研究,正由浅入深地进行着,目前,对反应如何因刺激而起,以及刺激如何支配反应,行为主义已经获得了许多成果。这些成果将来会对社会很有益处,其有益的程度,恐怕不是我们现在所能评估的。行为主义者相信,他们的心理学是社会进行组织与控制的基础,因此,他们也希望社会学能接受它的原则,并以更加具体的方式重新审视其相关研究。

通过常识性观察我们能够获得什么?

到目前为止,我们主要谈论了技术方法的问题,那么我们能否只通过观察就形成有助于个人的常识心理学呢?答案是肯定的。45 只要我们对人进行系统的、足够长时间的观察,就能做到这一点。任何人,无论他是否研究过心理学,他都已经在心理学方面进行过相当多的思索了。如果我们无法自信地预测反应并推测刺激可能产生的效果,我们在社会生活中又将处于何种地位呢?你越是对他人进行更多的观察,你就越有可能成为更优秀的心理学家——你也越容易与他人融洽相处——更加合理的、调节的生活取决于这种与人们融洽相处的能力,具有这种能力,实际已经完成了合理调整生活的一半工作。为了学会应用心理学的原理,人们不必成为研究条件反应的专家,尽管这种研究对他是有益的。

我的一个朋友在工作上做得不是很好,我打算给他提供一个切实的心理学的建议,于是我花了一周时间和他在一起。他因为在周末做了激烈的运动,所以在周一早上起床时觉得身体酸痛,没有精神。他大声地呻吟着,说他基本上在所有假期中都不开心。在他要去剃须洗浴的时候,我对他说:"将你的手和脚稍微伸展,然后去剃须、洗脸等,接着洗个温水澡,这样你会觉得舒服一点。"他按照我的话去做了。等他下楼吃早饭的时候,他就觉得舒服多了。

可是他吃到的鸡蛋煮得太熟了,因此他叫了女佣过来询问。我注意到女佣的脸色不是很好,似乎在说:"我一点都不喜欢周末的时候来客人,而且我服务得够好了。"我轻声地对主人说:"小心点,这名爱尔兰女佣正烦躁得找地方发火呢,你最好在你妻子醒来时打电话告诉她一下,让她去训斥厨师。"

接下来,我和他去赶火车,因为晚了20秒结果没赶上。他急得直跺脚,并大声骂道:"3个月来,这是火车第一次准点。"他的反应在性质上是孩子气的。等他冷静下来,我们乘下一班火车去上班,任何人都看得出他的情绪低落。他一天的生活从一开始就乱了套。作为一名行为主义者,以前进行过的常识性观察已经向我提供了大量资料,我可以预测,因为一天的开始就不顺利,也因为他自身的性格(temperament),他这一天肯定会过得很糟糕。这种情况从我这里引发出明显的言语反应:"你今天要特别注意和别人接触时的态度,否则你会伤害他人的感情,并导致晨起不顺的一天结束时也很糟糕。"

这番话对他是一个很好的提醒。当他的秘书递信件来时,他面带笑容。他埋头工作不久便沉醉于特别适合他的技术世界中了。快到午餐时间,他也放慢了工作节奏,和同事聊天。我恰巧路过,听到他正在大声申辩。对于他周末家庭生活的观察给了我许多启示。我能够推测出使他烦躁的原因大概是什么。我认为我能再次帮助他改变生活,于是我说:"你没有邀请你妻子到镇上来和我们一起吃午餐真是太糟了。我听说她昨天没有赴琼斯夫妇的午餐约会(他的妻子与琼斯先生关系特别好,令他很是不快),当时你正在外面调试车子。"由于他是一名非心理学专业的人,他的心情显而易见是轻松的,这使他在下一小时处于很好的状态。这里并不需要他对自己进行内省或心理分析,我就可以推测他的缺点和优点,他与孩子相处什么地方出错了,又何以与妻子闹僵了。根据相关原理及特殊的训练,行为主义者可以把这个聪明人在几个星期内重新改造一番,这是毫无疑问的。

但是,恐怕你会说:"我不是心理学家——我难道不能告诫别人这里过得悠闲,那里过得痛苦了吗?"当然可以,但是你对自己的话有把握吗?难道关于你自己的生活,行为主义没有什么可教你了吗?我认为你会承认你仍有许多东西要学习。至少在你学会如何砌砖之前,你是不会尝试在自己的屋顶砌砖的。因此,你必须日复一日地用人格心理学(personal psychology)去观察他人——你必须将你的材料系统化并加以分类——将它们放到逻辑模型中去——并用言语表达你的研究结果,例如,"乔治·马歇尔是我认识的最冷静的人。他始终心平气和,并经常用低沉而平和的音调讲话。我怀疑自己能否学会像一名绅士那样讲话"。这种言语的表述为你提供了一种刺激(含蓄的动觉的词语刺激)。它可能引起变化了的反应,因为无论是他人所讲的话语,还是在你自己喉咙里不出声地默诵的词语都是强烈的刺激。它能迅速引起行为的反应,就像用力掷出石块、具有威胁性的木棒和尖利的刀子能迅速的引起行为反应一样。

如果我是一个实验伦理学家(experimental ethicist),我会向你们指出格言的重要性——经过删减的、干巴巴的言语公式(verbal formulae)如何有力地充当了触发我们反应的刺激物。当这些言语公式经由权威人士——例如父母、老师、顾问传达下来时，其结果尤其如此。另外，如果我们研究伦理学，我想向你们指出，应从个人的充分观察中获得这种言语公式的合理性，而不要盲目地接受二手材料。但是，我认为，我会很快告诉你们不要拒绝这些集体社会实验的结果——现在已具体化为言语公式，并在父子、母子间传递，直到你自己的实验和小规模的社会实验向你提供更有价值的公式为止。换句话说，我在这里试图使你们相信，行为主义者不是反动分子——不反对任何事也不为了任何事，除非它已经开展过实验研究，并像其他科学公式那样被建立起来为止。

想要了解对人类有机体来说什么是"好的"或"坏的"——想要知道如何在适合的道路上引导人类的行为，至少目前来讲非我们能力所及。我们对于人体的构成太缺乏了解，而且还需要教条地遵守所给出的指示和禁令。

第三章 人体

——由什么构成,怎样组合与运作

第一部分:使行为成为可能的身体构造

引言:有些心理学家认为,有关人体的知识对于心理学研究来说并不重要,但行为主义者认为,了解人体大致的构造和机能是很有必要的,而且了解这类知识也比较容易。下面两章我将采用简明易懂的方式介绍一些关于人体的重要事实。

行为主义者对于人体的整体运作方式抱有兴趣:如果你已经具有一些生理学或解剖学的知识,你会发现这些学科的人体研究是将人体加以分解并逐一进行研究——分为消化系统、循环系统、呼吸系统、神经系统等。生理学家在研究人体器官时,大致是先研究一个器官,然后再研究下一个器官。而对于行为主义者来说,则是要研究整个人体的活动。

虽然人体可以完成多种活动,但其功能仍有一定的局限性。这些功能的局限主要取决于构成人体的物质,以及这些物质的组合方式。此处所谓功能的局限是指:人体奔跑的速度是有限的;人体能举起的重量是有限的;人体在不吃不喝不睡的情况下,存活的时间是有限的；人体需要某些类型的食物，否则它只能在一定时间内维持一定的热量，或者在一定时间内耐受一定的寒冷；人体的存活还需要氧气和其他一些物质。花一小时去研究一下，你就能确信，人体虽然可以巧妙地从事许多活动，但它决不是万能的，人体只是一架合乎常规的器官机器。所谓器官机器，这里是指比人类至今创造的一切机器都要复杂百万倍的某种东西。

作为行为主义者，我们对中枢神经系统是否也应该抱有特殊的兴趣呢？鉴于行为主义者一直强调适应是整个人体的运作而不是局部人体的运作，因此他们常常被指责在研究中没有给予神经系统足够的重视。然而，事实上行为主义者对于大脑和脊髓的重视程度几乎完全等同于对横纹肌（striped muscles）、平滑肌（plain muscles）以及各类腺体的重视程度，我不清楚这究竟在哪个地方伤害了内省主义者的感情？各位想要理解这一点就必须记住，对于内省主义者来说，神经系统永远是一件神秘的事物，只要无法用"心灵"的术语解释，他们就将其归为大脑这一神秘事物中。现在许多所谓的生理心理学，充斥着有关大脑和脊髓的精美图示，但事实上我们对大脑和脊髓的功能仍然知之甚少，因此也无法在图示上反映出它们的功能。

对于行为主义者来说，神经系统首先是人体的一个组成部分——并不比肌肉和腺体更加神秘；其次是一种特殊的人体机制，可以使其主人的反应迅速，使得肌肉和腺体在对外界刺激做出反应时能够更为协调一致（相对于没有神经系统参与的情况下更为协调一致）。许多动物和浮游植物没有神经系统，它们的适应范围就比较有限，对触摸、声、光等的反应很慢。但是当人的身体上任何部位被触碰的时候,个体几乎可以瞬间作出反应。神经系统可以快速地将来自感觉器官(受到刺激的部位)的信息(科学术语为"传播干扰"[propagated disturbance])传送到效应器官(reacting organ)(肌肉和腺体)。当然,没有神经系统的部位也可以传播信息,但是速度很慢。

因此,行为主义者也必须关注神经系统,只不过对于行为主义者来说,神经系统是整个身体上一个不可或缺的部分,和其他部分一样,并无特殊之处。

构成人体的各种细胞和组织

人体是由什么构成的?如今我们几乎都知道,人体由细胞和细胞所产生的物质构成。细胞中含有来自父亲和母亲的基因。在母亲子宫中的卵子与父亲的精子结合之后,成为受精卵。这个受精卵就是初始细胞。初始细胞形成之后,不久就开始分裂形成我们身体的那些细胞。

詹宁斯(H. S. Jennings)教授在他出版的《人类天性的生物学基础》(*The Biological Basis of Human Nature*)一书中,详细介绍了有关细胞的知识。征得他的同意,我将其关于基因(遗传的"传输带")的介绍引用在此。

基因

许多研究者的观察和实验已表明,构成人体的初始细胞中含有很多互不相同且相互隔离的基因,它们如同那些非常细微的微分子一样存在着。初始细胞之所以能够发展成一个成人,是因为它含有的众多基因发生了相互作用——就是各个基因之间发生相互作用,各个基因与细胞中别的部分发生相互作用,以及各个基因与外来物质发生相互作用。我们每个人的初始细胞中所含的基因是不同的,这个人含有这样的一组,那个人含有那样的一组。假设每个人其他的条件都相同,那每个人的发展方式、外貌、所有的特色、怪癖等,都要由这些本来就不同的基因来决定。之所以每个人都互不相同,原因就是每个人都是由不同配方(recipes)的基因配对而成的,不同的配方导致了不同的结果。在初始细胞中含有的各个不同的基因,只要一个发生变化,其导致的结果就会不同。如果几个或更多的基因改变了,那么个体成长的结果必然会有所变化。这些事实早已被现代科学所证实。各个基因的配对,有的可以发展成不完全的人,低能的人、有缺陷的人、畸形的人;有的配对,可以发展成常态的人;有的配对,可以发展成优秀的人。还有其他的配对,可以发展成各种程度不同的中常态的人,其中有几种可以发展成为稍微不完全的人,懒惰的、愚鲁的或憨呆的。又有些配对,可以发展成为天才。像人类这样的有机体,没有两个人是由同样的配方配对起来的(除了同卵双生子之类的少有情况)。各种不同的配对,导致人在生理上出现形式和程度的差异(行为的差异就是我们所谓心理的差异,也包括于其中),这也已经有了实验的证据。

初始细胞中包含的不同的基因,是原始生殖细胞相结合而发展起来的,它逐步发展就可以构成一个人。原始生殖细胞来自于父母双方,也就是说,每个人的基因其实早已存在于父母双方的身上了。所有的基因是由父母直接遗传给我们的。

卵细胞中有很多极细微的基因结合而成的一种构造,称为染色体(chromosomes)(就是 c 图和 d 图),可以用显微镜加以观察。这些染色体以及包含在它之中的基因,在细胞内部构成细胞核(nucleus)。此外,卵细胞还包含一些胶状物质,称为细胞质(cytoplasm),用来包裹由染色体及基因所构成的细胞核(a 图)。

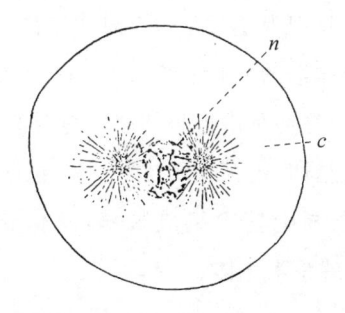

a 图:表示初始的个体;是一个海星(starfish)的受精卵。
c:代表除细胞核外的细胞质;
n:代表细胞核,又表示黑色的微小的染色体。
本图来自威尔逊(Willson)的《受精图说》(*Atlas of Fertilizaion*)(哥伦比亚大学出版社,1895)中插图 6-24。
(征得詹宁斯的允许从《人类天性的生物学基础》一书中翻印)

遗传系统

人的发展和个性中最重要的特点,许多都是根据细胞中的基因状况,即基因之间的实际排列以及由之而产生的相互作用所决定的。每个人不同的发展方式,所表现出来的怪癖,所谓的遗传规律,父母与子女特别相像和相异——大都依赖基因的排列及其活动。基因的排列与活动所构成的系统和神经系统或消化系统一样重要,我们可以称之为遗传系统(Genetic System)。想要弄清楚遗传以及遗传的结果,我们必须先了解遗传系统及其活动方式。这就像不了解神经系统和肌肉系统,就不能够理解有机体的运动及反应;或者,如果对消化器官及其动作不了解的话,我们就无法理解消化的作用。无论哪一个人,如果他不愿意了解遗传系统的重要特点及其活动方式,他就无法理解人类的天性以及人类所有怪癖的来源。因此我们现在要花一点时间来详细描述遗传系统及其活动。我们将会详细的分析它们,因为它们和人体的其他地方不一样,较大的结果往往是由极小的原因造成的。

基因存在于受精卵(也存在于由它所产生的其他一切细胞)的细胞核中。它们在细胞核中组成长链,就像长串的珠子(参见图 b),这些基因链就是染色体。

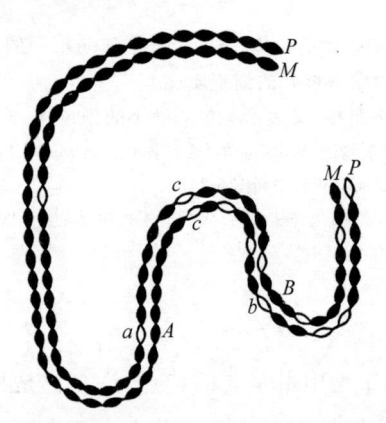

b 图:表示基因在遗传系统中的排列和活动。图中纺锤形的黑点,就是基因。它们一个一个地连接起来;连接的结果是形成两条长链,这个长链就是染色体。两条长链中,有一条(P 字代表的)由父亲而来,另一条(M 字代表的)来自母亲一方。所有基因都是配成对的,每一对之中,分别来自于父母双方。图中白圈所代表的是有缺陷的 DNA。

(征得詹宁斯的允许从《人类天性的生物学基础》一书中翻印)

第三章 人体

染色体的每个部分含有许多基因。受精卵生长的过程中,基因逐步增长和扩大;在这个时候,那种细微的分子像珠子一样连接起来成为一条长链,这可以在显微镜下观察(见 c 图)。如果不将这些细微的分子(就是染色体的单元)看作是基因,那它大致可以表示基因所在的位置。我们知道,基因就是如此配对排列的。等到在别的时期之后,由基因所构成的基因链,又盘绕折叠而成为一束一束看起来密而厚的染色体(见 d 图)。这里为了看清楚基因的活动及其影响,我们把它画成直线式的图形,如 b 图那样。

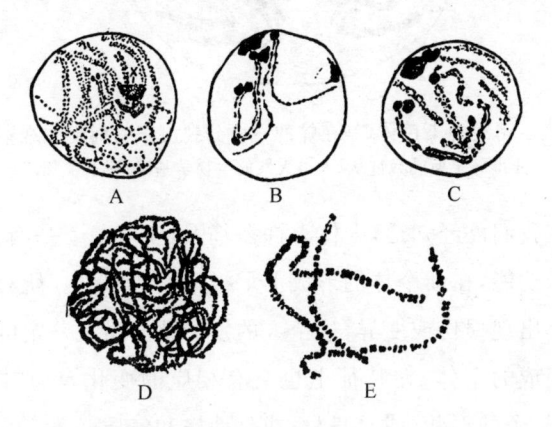

c 图:表示在显微镜下观察到的染色体的构造。在图中,可以看出构成染色体的一对一对的微小的单位(染色体的单位)。A、B、C 表示蚱蜢的染色体中各个染色体单位(仿照温里克[Wenrich]1916 年的图)。D、E 表示百合的染色体中各个染色体单位(仿照 1928 年贝林[Belling]的图)。E 是将 D 的一部分放大而成的。染色体单位大致可以表示基因的位置。

(征得詹宁斯的允许从《人类天性的生物学基础》一书中翻印)

d图:表示密集的染色体,是在蛇的一个分裂出来的细胞中观察到的。
(征得詹宁斯的允许从《人类天性的生物学基础》一书中翻印)

现在我们已经知道,人体有许多基因,任何一个基因都具有一定的特殊功能,在新个体的形成上承担特殊的职责。所有基因,无论哪一个出现损伤或变异,这个人的发展就会出现一定的变化,而其发展而成的个体,在特征上也会有相应的变化,比如眼睛的颜色,或是鼻子的形状,或是身材,或是性格和气质。

每一个基因都有其固定不变的位置。因此,我们可以给各个不同的基因一个固定的名字或者编号。一个特殊的基因,如第四个或第四十七个,它总是在染色体上固定的地方完成它的职责。

关于基因及其排列,还有一个在现实中非常重要的事实也已经得到证实。人类学和生物学中的很多难题都因为它而得以解决。这个事实是什么呢?如我们前文所述,就是我们的父母每人都给我们一组完备的基因,组成一个长链。每个细胞中,我们都有

第三章 人　体

两串这样的基因,每串本身都是完备的,犹如 b 图所示。因此我们的基因都是双重的。在一个细胞中,这两组中的任一组都含有形成一个个体所必须的一切原料。母亲给我们以造成某样人所必须的一切原料,父亲也是如此。所有生命在开始之初都是双重的个体。在某种意义上,也可以说我们每个人都是两个人,两个不同的人——不过是完全混合起来了,但在某些点上也并不是完全混合起来的。基因中的这种双重性在个体的生命中有很大的影响。

在生命之初,个体所有的这些不同的基因及组织都具有双重性。每一种在每一个细胞中都表现为两种组织,构成一对基因。每一对基因中,都有一半来自父亲,另一半来自母亲。基因的顺序和排列,正如 b 图所示,一对一对地排列成长链。有些动物的这两对长链有时要分离开来,但在某些重要时期,它们又回来配对。为理解基因的活动、遗传和人类的天性,研究者务必要理解这种成对排列的原则(如 b 图所示),许多生物学难题都能通过它来解决。

不同对的基因在发展中有不同的功能。但在任何一对基因组中的两个部分(如 b 图中 A 和 a,),则具有同样的功能。两者中如果有一个的功能是负责眼睛的颜色,那么另一个也是如此。如果有一个会影响身体的发育,那么另一个也是。现在,研究者发现了一个非常重要的事实!一对特殊的基因组中的两个部分,虽然所做的工作是一样的,但它们在发挥作用时往往有不同的做法。来自父亲的那一半可能要产生某种颜色,而来自母亲的那一半则可能要产生眼睛的另外一种颜色。来自父亲的基因能够产生一个不健全的大脑,造就一个愚笨的人。来自母亲的基因,能够产生一个健全的大脑,造就一个聪明的人。一对基因中也许有一个会把它的工作做得很好,但是另一个却可能做得不好。如果它的工作是决定头发、皮肤及眼睛的颜色,那么它就无法完成这些任务,导致个体患有白化病(albino),拥有白色的头发和皮肤,以及粉红色的眼睛。而来源于另外一位的基因,也许能把这样的任务做得很好,使得色素恰当地在人体上表现出来。一对基因中的一个(来源于父亲或母亲的),可能在功能上不足,或在结构上有缺陷。当某一个基因无法为大脑建立一个适当的基础时,除非它的另一半能弥补这样的不足,否则其结果就可能会形成一个低能的人。基因缺陷有各种程度和种类的差异,小到在感觉、勤奋和耐力上的差别,大到导致个体低能或疯癫的严重缺陷。后代个体能够将父母遗传的基因正常发挥,实在是一件不容易的事情。因此,在任何人身上,绝大多数对应的基因多多少少都会有点不相称。基因缺陷或至少是双方基因的不平衡,是很正常的,这种不平衡也许轻微,也许严重。我们每个人都或多或少地受着一点乃至许多这样的负累。

人体是如何构成的

初始细胞开始分裂后,所分裂出的新细胞在形式和功能上都不相同,随后还会错综复杂地组合成各种形式(组织)。

如果你有足够的化学、物理学、生理学方面的知识,能够用细胞和由细胞所构成的组织制造一个人体,那么你对于初始细胞的职责,大概已经了解得相当清楚了。人体所有的器官,如皮肤、心脏、肺、大脑、肌肉、胃、腺体等,都是由四种基本的细胞通过各种组合形成的。如果你真的打算构造人体,必然就需要四种不同的细胞及其组合的产物。

(1) **人体表层和所有开放部位的细胞**：首先，你需要一些细胞来组成覆盖整个人体的表层膜——构成皮肤的表层。在有些部位，你需要调整这一组织中的细胞，以构成手指甲、脚趾甲、头发和牙齿。在另一些部位，例如，眼球的水晶体（角膜），你需要调整这一组织中的细胞，以便它们能透光。然后，你需要一些细胞来构成体内所有的管和腔，例如，整个消化道——嘴、喉、胃、小肠、大肠；你需要细胞来构成血管和大脑的通路（脑室和椎管）；你还需要将这些组织组合成我们称为腺体的结构，并加以调整，从而使它们能够分泌体液——例如，眼泪、汗液、唾液和另外十几种人体所需排泄和分泌的体液和化学物质。我们把上述用途的细胞命名为"上皮细胞"（epithelial cells），它们构成"上皮组织"。接下来，我们需要一些高度特殊的上皮细胞，为每个感觉器官配置其敏感的部分。图 1 表示的是两种类型的上皮细胞，图 2 表示的是由它们构成的腺体。

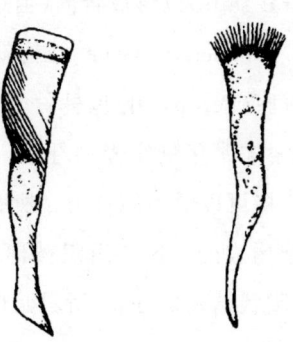

图 1：两种类型的上皮细胞

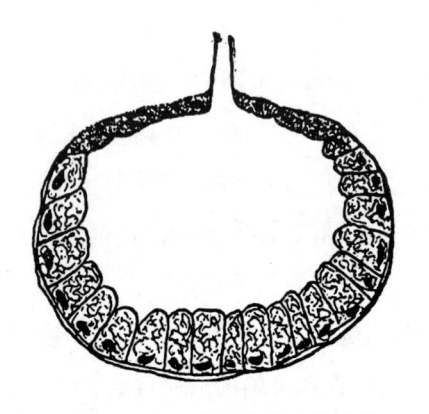

图 2：由上皮细胞构成的一种腺体

（2）支持和联结人体各部分的组织细胞：我们不能只用一种类型的细胞和这类细胞形成的组织来构造人体，还需要坚固的组织来联结人体的各个部分。我们需要高弹性的肌腱（tendons）来维系肌肉；需要牢固的软骨来构成鼻子，使得鼻孔张开；当婴儿还处在胚胎期（子宫内）时，需要强健的组织结构（framework），能够存放矿物盐类（mineral salts）以形成骨骼（当这些沉淀物形成骨骼后，原来的结缔组织[connective tissue]结构就消失了）；需要坚韧的纤维"外套"——骨膜（periosteal）包裹骨头，在骨骼连接处作为缓冲物（buffers）；需要非常坚韧牢固的纤维——白色的纤维软骨（fibro-cartilage）来连接可以活动的骨头。所有这些支持联结的结构是由结缔组织细胞构成的。这些组织被称作结缔组织（软骨和骨骼、肌腱、纤维、网眼状结构）。图 3 所示是两个构成骨骼结构的结缔组织细胞。

（3）构成肌肉组织的细胞：我们需要为自己构造能够自由行

第三章 人 体

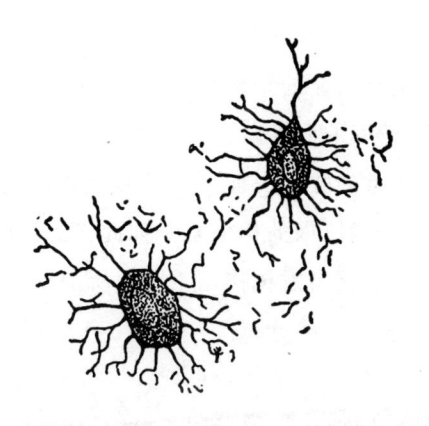

图 3：结缔组织的细胞（成骨细胞）

动的人体：有心跳、能呼吸、胃和血管都能够收缩和舒张——换句话说，我们需要为整个人体和许多中空的内部器官的形状和大小的变化（例如，胃和血管必须在大小方面有一定程度的变化）提供运动能力。若要体现所有不同的人体肌肉的功能，我们还需要两种肌肉细胞和两种组织。

（a）横纹肌或骨骼肌细胞和横纹肌肉组织：横纹肌细胞的直径平均为 1/500 英寸，一般长度为 1 英寸或更长一些。这些细胞的长度是一致的，且没有分支。[①] 这些细胞由纵贯整个细胞的明暗相间的横纹构成，从而使细胞有了这样的名称——横纹细胞。和所有其他细胞一样，肌肉细胞也有细胞核——通常有几个细胞核。覆盖每个细胞表面的是一层坚韧的结缔组织膜（称为肌纤维

---

① 心脏有着稍微不同的横纹肌。个别细胞较短，并呈现出相互联系的分支。由于这类肌肉仅在心脏里被发现，而且它们主要负责心脏的节律，因此我们不准备深入讨论它。我在各章中也许经常会提到横纹肌，但仅指上述（a）提及的内容。

61 膜)。通常,成百上千个这样的细胞构成一块单独肌肉(横纹肌组织)。整个肌肉也有明显的结缔组织鞘(称为肌外膜)。肌肉之间交叉纵横着供给营养的血管。

在人体中,手臂的肱二头肌、大腿和躯干的肌肉、舌头、控制眼睛的六大肌肉等强健肌肉的构成就是如此。当我们进行快速、大幅度运动时,横纹肌就会发挥作用。图4所示是两个横纹肌细胞和运动神经纤维在其中的分布。

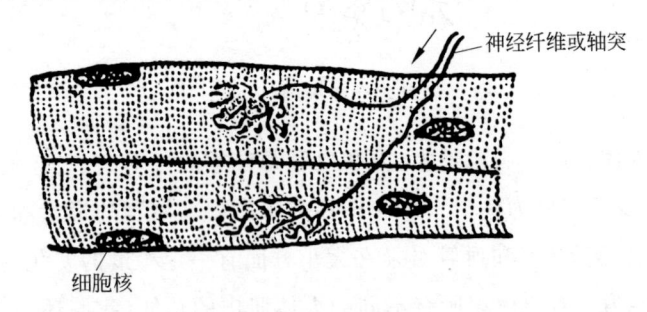

图4:两个不完整的横纹肌肉细胞,其中有运动神经的末梢

(b) 无纹肌或平滑肌细胞(unstriped or smooth muscle cells)和平滑肌组织:如图5所示,平滑肌细胞是细长的,就像头发的形状。这些细胞组织构成肌肉层(muscular coats)。无纹肌组织构成胃、肠、膀胱、性器官、眼球的虹膜(控制瞳孔的开合)、通向腺体的导管管壁,以及动脉和静脉的主要肌肉层。

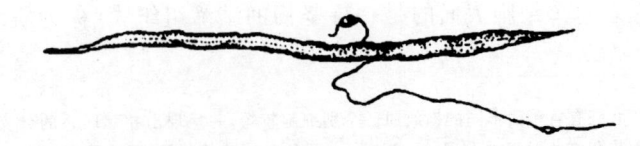

图5:一个平滑肌细胞,有神经纤维伸入其中。细胞中间的黑块是细胞核

第三章 人体

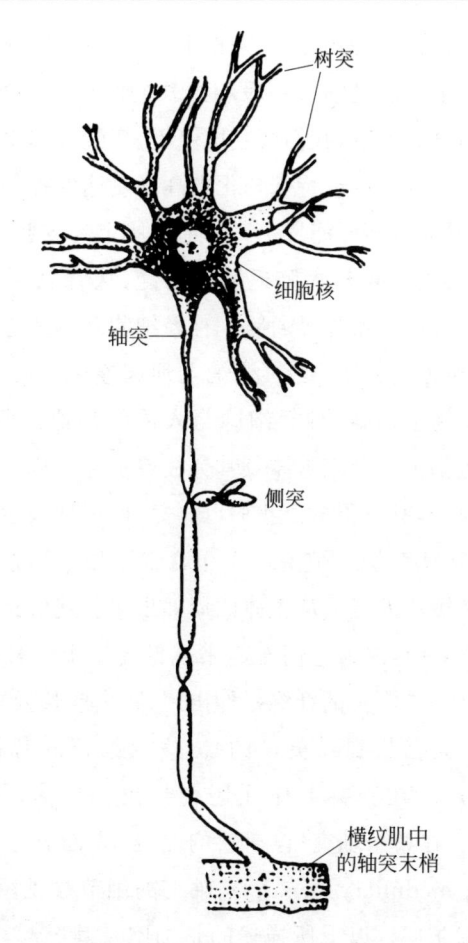

图中标注：树突、细胞核、轴突、侧突、横纹肌中的轴突末梢

图 6：神经元的一种——低级的运动神经元

神经细胞和神经组织：为使人体更加完善，我们还需要另外一类细胞和这类细胞构成的组织。人类（与所有其他高等脊椎动物一样）必须能够对刺激做出迅速而复杂的反应。我们知道，刺激只有作用于相应的器官才会有效。动物必须依靠横纹肌或无纹肌、

腺体，或者肌肉与腺体两者结合来作出反应。通常，施加感官刺激的点与反应发生的点之间有一段相当长的距离。例如，我们走路时被荆棘刺到脚。这时，我们会立即停下，弯腰并用手抓住荆棘把它拔出来。如果我们没有特殊分化且高度发达的神经细胞及其反应过程，这一反应就不可能发生——即从脚上的皮肤传递到脊髓，从脊髓上行到大脑，再从大脑返回到脊髓，从脊髓传递到躯干肌肉、手和手指，形成一条神经通路。神经细胞及其反应过程是能够以这种快速、亲密的方式将感觉器官与肌肉连接的唯一身体结构。

就一般的构造而言，神经细胞与人体的其他细胞并无差异。每个神经细胞都由一个细胞体及其旁枝或突起组成——这些突起的数量有时很少，有时很多。我们以脊髓（所谓低级运动神经）（见图6）上的某个细胞为例，它有一个包含细胞核的细胞体。在细胞体四周有许多短小的旁枝从主体四周伸出来。我们将这些旁枝称作树突（dendrites），因为它们看起来就像树干上的枝杈。细胞体上的某处会有一条细长的纤维延伸出来，距离或长或短（有短到零点几英寸的，也有长到几英尺的）。这一细长的旁枝称作轴突（axis-cylinder）。在轴突上往往还会长出一些旁枝，称作侧突（collaterals）。在整个轴突（包括它的侧突）表面有一层脂肪保护层（称为髓鞘［medullary sheath］）（轴突的细节参见图7），而树突上没有这种脂肪层。以上所描述的是细胞及其突起，它们通常被称为神经元（neurone）。这些细胞有多种形状，有些只有一个突起，例如，脊髓的传入神经元（afferent neurones）（这些细胞具有通过脊髓联系感官的作用——其细节可参见图8）。神经元是一切神经组织的基本单位。正如我们所知道的那样，神经元构成了大脑和脊髓。

第三章 人体

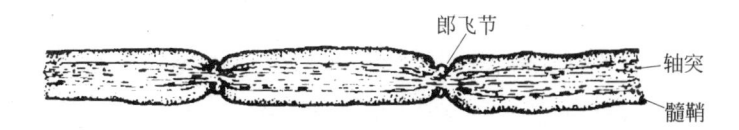

图 7：轴突的一个部分。轴突由许多微细的丝构成，位于长条的神经分支的中心，在外面黑色的部分，是髓鞘。髓鞘在一些一定的距离上，收缩起来，这些收缩的地方，称为郎飞节（nodes of Ranvier）

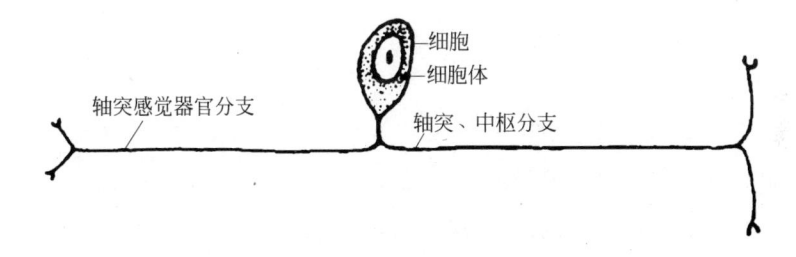

图 8：另一种神经元——感觉神经元或传入神经元

这种神经元没有枝状突起——轴突分为两枝，一枝终止于感觉器官中，另一枝终止于中枢神经（就是大脑或脊髓）中。

树突起着接收站的作用，负责接收各种神经冲动。神经冲动经过细胞体传入轴突和侧突。一个神经元的轴突末梢通常与另一个神经元的树突相连（完全位于大脑和脊髓中的神经元）。由此，神经冲动从一个细胞体传向轴突，并由轴突传递至下一个神经元的树突。所以，神经系统中的传导总是向前和单向的。

人体中的主要器官

上述这些基本的组织组合在一起构成人体的各种器官。到目前为止，我们只谈论了细胞及其构成的基本组织。现在，我们要介绍由这些组织所组成的器官。基于我们的目的,我们只需要讨论以下几个:(1)感觉器官(sense organs)——人体对各种刺激产生反应的地方;(2)反应器官(reacting organs)——整个肌肉系统和腺体系统;(3)神经的或传导的器官,即联结感觉器官和反应器官的器官——大脑、脊髓和外周神经(peripheral nerves)。所谓外周神经,是指从感觉器官到达大脑和脊髓,以及从大脑和脊髓(直接)到达横纹肌和(间接)到达平滑肌与腺体的神经,它们分布在身体四周。

对于人体基本组织的研究已为我们了解这些器官奠定了基础。这些器官可以说完全是由前面所介绍的四种细胞及其构成的组织结合而成的。例如,在肌肉系统中,你们会发现包含着每一种肌肉细胞的结缔组织,会发现上皮组织和神经组织。让我们稍稍花些时间来了解一下每一组器官的一般特征。

各种器官和结构的一般分类:我们首先区分一下需要学习的器官:

1. 感觉器官——人体对各种刺激产生反应的地方。

2. 反应器官——包括(1)使骨骼(和心脏)运动的横纹肌系统;(2)内脏的无纹肌系统;(3)腺体。

3. 神经系统——它联结着感觉器官和反应器官。由大脑、脊髓和外周神经(从感觉器官到大脑和脊髓,并从大脑和脊髓到肌肉和腺体的神经)组成。

感觉器官的一般构造:感觉器官活动的情况相当简单。所有的感觉器官都包含着使它们得以构成的结缔组织——为其提供营养的血管,协调它们接受刺激的横纹肌纤维和无纹肌纤维。所有感觉器官,除了肌肉和肌腱中的感觉神经末梢,都包含上皮组织。并且所有感觉器官都包含神经组织。

感觉器官中的上皮细胞是最令人惊讶的结构,也可以说是整个人体中最有趣的结构。一般来说,它们只对某种形式的刺激具有感受性——有选择的感受。例如,在眼睛中有两类上皮元素(elements)只对光具有感受性,它们是杆体细胞(rods)和锥体细胞(cones),如图9所示。视神经联结的终端是杆体细胞和锥体细胞。在耳朵中,有一组独特的上皮细胞——(1)一种细胞纵贯内耳的骨腔(bony cavity),称作基底膜纤维(basilar membrane fibre);(2)在此之上有一对细胞,它们呈弓形,被称作弓形的科蒂氏器(arches of Corti);(3)在科蒂氏器的另一面有着一组上皮细胞,称作毛细胞(hair cells),里外成排。围绕着这些毛细胞的是神经元的终端(听觉神经)。当某种波长的音调发出声响时,这组结构作为一个整体而振动(现在最好不要去尝试深入有关耳朵功能的理论)。肌梭(muscle spindles)(肌肉中的感觉器官,见图10)只在肌肉被运动神经压缩或拉伸时才会起作用;味蕾只有与液体(有味道的物质)接触时才会起作用;嗅觉细胞只有在气味颗粒传入时才起作用;半规管(semicircular canals)只有在头部运动时才会干扰内耳的液体;皮肤细胞则是选择性地对某些类型的刺激发生感应——有些是由轻触引起的,有些是由尖锐的刺、割、电击(这时神经末梢当然也有可能直接受到刺激)引起的,有些是由热的物体引起的,有些是由冷的物体引起的,还有的可能是由轻抚(称为"痒"、"发痒")引起的。

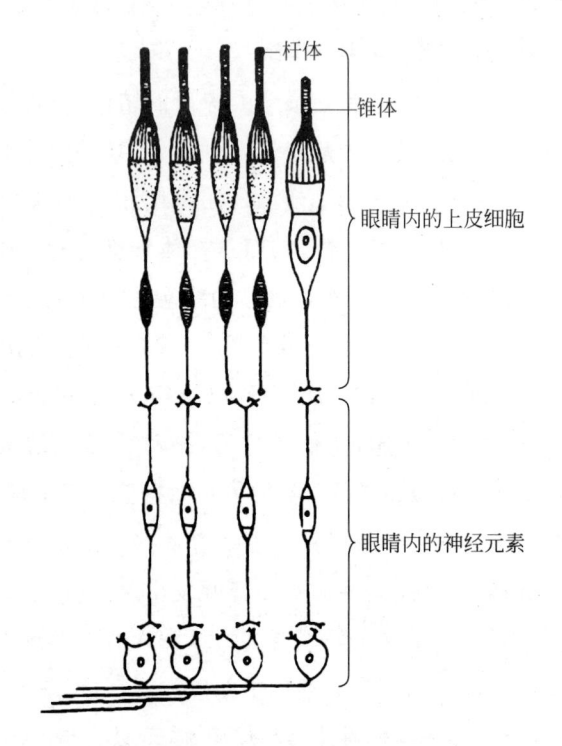

图 9：眼睛中的上皮细胞和神经元素

图 10：一个横纹肌细胞中的感觉神经末梢

为方便起见，我暂且总结一下上述事实：

感觉器官	所感受的刺激
（视觉）眼睛	——以太振动
（听觉）耳朵（耳蜗）	——空气的传播
（嗅觉）鼻子	——气体的微粒
（味觉）舌头	——有味道的液体
（皮肤觉）皮肤	
（a）温觉	——热的物体
	——冷的物体
（b）压觉	——与任何物体的接触
（c）痛觉	——割裂、灼烧、针刺
（动觉）肌肉	——肌肉的位置改变
肌腱	——肌腱的位置改变
（平衡觉）耳朵（半规管）	——头部的位置改变

当适宜的刺激作用于相应感觉器官时，会发生什么事情呢？上皮细胞会产生某种物理和化学的变化。我们可以把构成感觉器官的细胞看作是物理和化学反应的制造工厂。在你的亲身经历中，有许多简单的事情可以让你对这个问题看得更加清晰：当光线照射在照相底片上时，胶卷上的银盐就会变黑。当你去掉钢琴的制音器，演唱中度C调时，不用按键，中度C调弦就会开始发出乐声（所谓共振）。

在感觉器官上，由刺激引起的物理—化学过程会导致另一个进程的开始。在与上皮细胞相联系的神经末梢中,它建立了一种神经冲动,这一神经冲动经过一系列神经元的传导,到达中枢神经系统(大脑和脊髓),然后由大脑和脊髓下达到肌肉或腺体。

我们已经讨论了刺激在人体上产生效应的器官(感觉器官或感受器)。现在,我们介绍一下肌肉和腺体器官,它们是对刺激作出反应的器官。在介绍人体反应器官(肌肉和腺体——所谓效应器官[effector organs])之后,我们将讨论神经系统,神经系统在感觉器官和效应器官之间起到桥梁的作用。

反应器官:肌肉和腺体

引言:反应器官可以分为三大类:(1)横纹肌或骨骼肌系统;(2)无纹肌系统;(3)腺体系统。缺少这些结构,人体将无法完成任何事情——甚至无法满足自身的需要。

骨骼肌:在手臂、腿或躯干上的横纹肌或骨骼肌系统构成人体的主体部分。剥去皮肤层和横纹肌层。肌肉的排列错综复杂,看上去貌似杂乱无章,实际上每块肌肉都有其特定的职责。心理学家习惯称它们为"随意肌"(voluntary muscles)——受你的"意愿"所支配,但是,如果你研究它们的活动方式,就很容易发现,虽然你想做的只是举手、弯曲手指、跳跃、奔跑或弯腰的动作,但当完成这些动作时,整个肌肉系统都会发生反应。这说明肌肉总是成群活动的。例如,你可能想伸手拉窗帘。你认为要完成这一动作需要手臂和手指的参与,但实际上,人体全身的肌肉都会参与这一活动。在你从事这一简单动作之前,整个身体必须呈现一种新的状态或姿势。而后,你打算弯腰去捡地上的一根针的时候,每一块肌肉又会迅速发生其他变化。

骨骼的功能：肌肉和骨骼向来都是密切合作的关系。在我们详细描述肌肉之前，必须讨论一下与之联系密切的骨骼。人体大约有200块骨头。有些骨头彼此紧密相连，固定不动——例如头盖骨。另外一些骨头能呈现少许的半运动状态——例如包围着脊髓的脊椎骨和肋骨。还有一些骨头，像肘关节、膝关节、肩关节和髋关节等，它们可以朝一个方向或几个方向灵活运动。横纹肌通过结缔组织与这些骨头相连。大多数肌肉一端连着骨头，另一端（直接或通过肌腱）连着相邻的骨头。它们穿过关节从而形成杠杆。杠杆原理广泛应用于我们的身体构造。我们的一些动作需要整个身体慢慢地抬起一个很短的距离，例如，当我们用前脚掌站立时，会抬高身体。还有些动作则需要用很快的速度划过一个大的弧线，例如，拳击中手臂的运动。

肌肉群之间的拮抗作用：每一个肌肉或肌肉群，都倾向于在给定的方向移动我们的四肢——例如，一组使我们肘部弯曲（屈肌）——另一组则是使我们的手臂伸展、伸直（伸肌）。通常肌肉由于不断来自大脑或脊髓的运动神经冲动而保持一定程度的肌紧张。事实证明，当腹部的静态肌肉被切断时，断开的肌肉会向两端收缩。肌肉及其拮抗肌的张力使得我们的动作非常精细和流畅。如果有要将手臂举起的运动神经冲动从大脑或脊髓传递出来，则屈肌就会发生收缩作用（缩短），而同时，相反的伸肌也发生"将紧张减少"的作用。等到一个肌肉已经收缩之后，它又渐渐地恢复它正常的大小和形状（放松状态）。

我们的肌肉作为工作机器的效率如何呢？研究显示，当肌肉系统像一架机器那样运作时，它的效率相当于蒸汽机。卡耐基学院营养实验室（Nutrition Laboratory of the Carnegie Institution）测定的净功率（net efficiency）为略高于 21%，而一架蒸汽机的净功率在 15%～25% 之间。

肌肉所需的养分：营养状况良好的肌肉含有一定数量的由血液循环带来的储存的养分。在血液中，这些养分以血糖（blood sugar）的形式存在。肌肉组织能将这些血糖转化成糖原（glycogen）（所谓的动物淀粉[animal starch]）。以糖原形式贮存在肌肉中的养分，当肌肉进行运动时会被逐渐消耗。当原来贮存的养分耗尽时，肌肉就会依赖由进一步的血液循环带来的血糖。无管腺能够为肌肉增加养分供给——我们将在后面的内容中介绍。

肌肉产生的废料和肌肉的疲劳：当肌肉进行工作时，肌肉内会发生化学反应，产生二氧化碳、乳酸和其他一些酸性物质，还会带来许多"疲劳引起的副产品"，最后导致肌肉无法继续工作。这时，无管腺专注于抵消疲劳反应，以便援助肌肉（并给处在工作状态的肌肉增加血液供应，加速清除疲劳产生的副产品）。肌肉工作中最重要的过程就是消耗所贮养分的过程。

肌肉的过劳：已经收缩的肌肉在短暂休息后可以再次收缩，除非它不再继续工作。休息可以消除疲劳并为血液带来新鲜的营养供给提供时间。如果肌肉过度运动，那么恢复原状的时间就要增加很多。肌肉本身很少会因为过度运动而无法恢复，虽然时间很长，但它总是能够恢复原状。

运动的效果:如果肌肉不被使用,它的作用很快就会消退,甚至发生萎缩。缺乏锻炼意味着缺乏良好的循环,缺乏良好的循环意味着营养供给不足、废物排除不尽。如今,所有卫生学家都认识到,为了使肌肉保持良好状态,进行运动锻炼是非常有必要的。平时工作比较忙的人,他们应该进行简单的训练活动。对于其他人来说,则建议增加运动量。有些人空闲时间比较多,建议进行户外运动,而那些长期使用某些特定的肌肉来从事活动的人,建议每天进行一定的活动以锻炼其他肌肉。一些社会机构,例如,保险公司和商业组织,已经为其员工进行常规的运动锻炼提供了便利。现在,人们已经达成一种共识:通过锻炼可以提高肌肉的健康程度,特别是使体内重要的内部器官保持健康。我们相信,经常性的合理锻炼可以帮助老人保持青春,使他们比实际年龄看上去年轻,年轻人则会显得更加青春靓丽。

行为主义者特别重视这样的事实,因为他们向来是注重行为方面的,他们相信柔嫩而营养充足的肌肉(不论个人的年龄)能延长个体学习技能的时间——延长真正年轻的时期。

平滑肌或无纹肌系统:平滑肌或无纹肌——主要构成人体内部器官——不像横纹肌那样为人熟知。在讨论平滑肌之前,我们先来解释一下"内脏"(viscera)这个词——这一术语在行为主义心理学中占据很重要的位置。因为我们逐渐意识到内脏器官的变化是引起人体许多重要反应的刺激。我们常常无法说出某种反应的原因,可能是因为引起反应的刺激来自内脏(形状或大小的变化,或者化学条件的变化)。

我们在这里要将内脏的意义加以拓展,使其包括下列器官:

嘴、咽喉、食道、胃、小肠、大肠、心脏、肺、横膈膜、动脉和静脉、膀胱、输尿管、性器官、肝脏、脾脏、膜脏、肾脏和人体的其他所有腺体。这样的拓展并不符合严格的科学分类,不过在心理学中目前需要一个包括人体所有内部器官的术语,我们在此意义上拓展内脏的意义。

在我们这一意义下的内脏所包括的器官,除了后面我们将要讨论的腺体之外,大致都是平滑肌的肌肉组织所构成的。①

许多内脏器官是中空的,我们有时称之为中空器官(hollow organs)。这些中空器官一般都是充满或部分充满的:胃(食物)、肺(空气)、心脏、动脉和血管(血液)、小肠(经过消化处于吸收过程的食物)、大肠(排泄前的废物)、膀胱(尿和其他一些液体),等等。中空器官的重要性还在于——它们会因为填得太满或空空如也而出现"骚乱"——它们的内含物不停地运动,时常发生变化。因此,也可以说它们时常在反应,而每个反应又形成一个能引起整个人体做出反应的内脏刺激。例如,胃壁由几层平滑肌构成,当食物处于胃囊中时,胃壁是正常舒展的,肌肉也是舒展的。几小时之后,体内的食物开始进入小肠,这时胃就空了。于是,胃就开始有节律地收缩。这种有节律的收缩作用(称为饥饿收缩[hunger contractions])会促使我们去寻找食物——有人甚至会因为饥饿而去偷盗、杀害他人。图11所示的是整个消化道——嘴、胃、小肠和大肠。图12是胃的横切面。

---

① 请注意,我们在内脏里还有结缔组织、上皮组织和神经组织。平滑肌组织至少在数量上决定了这些器官。

第三章 人 体

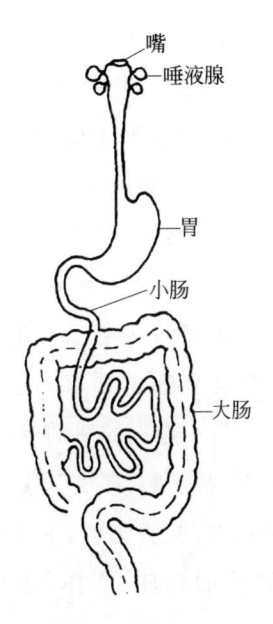

图11:消化道示意图

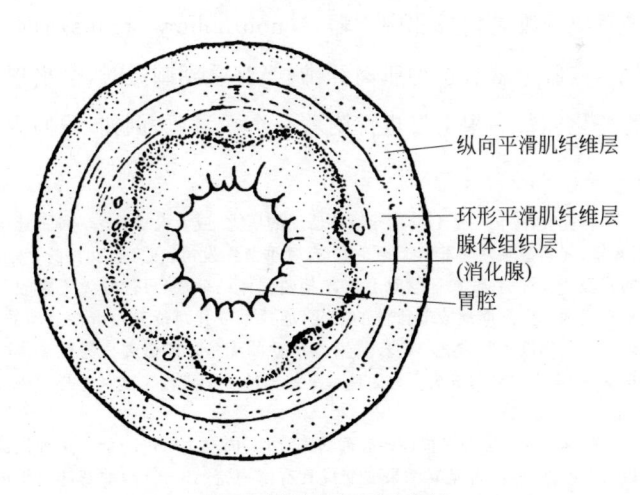

（标注：嘴、唾液腺、胃、小肠、大肠）

图12:胃的横切面示意图

（标注：纵向平滑肌纤维层、环形平滑肌纤维层、腺体组织层（消化腺）、胃腔）

在膀胱和结肠中,情况恰巧相反。当这些中空器官装得太满时,器官壁会膨胀,产生强有力的刺激,从而带来明显的反应——使个体找地方排泄。输精管的膨胀则会引起男性的性行为。①

心颤、心悸、心动过速等会导致一些明显的症状——缺氧、发热、发冷等等,也会导致横膈膜和肺的活动发生显著的变化。

现在大家应该了解到,在这些平滑肌组织所组成的内脏器官中,时刻都在发生着许许多多的反应,而内脏的每次反应都是一种刺激(因为内脏器官中也有感觉器官),会引起整个身体的活动——也就是说,它们可以引起横纹肌的运动。

因此,在这一意义上,我们的"环境"(我们的刺激世界)也不仅包括外部的对象(包括视觉的、听觉的、嗅觉的),还包括内部的对象——如饥饿收缩、膀胱的膨胀、心悸、急促呼吸、肌肉的变化等等。②

平滑肌纤维是构成非中空器官(non-hollow organs)的重要元素,例如,皮肤中就有这种肌肉纤维,当其受到刺激时,会出现皮肤粗糙的变化。每一根毛发也都附着一个平滑肌,例如,我们观察一

---

① 目前看来,在女性身上没有导致性活动的压力,或者说缺乏这方面的压力。但是,我们知道,在某些雌性哺乳类动物身上,有着季节性发情;在人类女性身上,有着每月一次的月经。也许,女性在怀孕时会出现某些腺体的分泌(可能是无管腺的分泌)。怀孕在平滑肌内产生周期性或节律性的变化,而这些变化可能充当着性活动的刺激。我提出这些事实用以表明,在女性身上,对性活动的无条件刺激要比男性少得多。从生理学角度看,也许这是解释男女之间性水平差异的一个理由。这种差异过去尚未探明,现在也不是十分清楚。

② 这些有力的内脏刺激被许多心理学家称作"内驱力"(drives)。这种说法是要把事实说得富有戏剧性,可是其结果要变成具有活力论(vitalistic)的意味。哥伦比亚大学的伍德沃思(R. S. Woodworth)教授在这方面犯过错误。

只狗或猫面对它的敌人时的状态,就可以很好地看到这种附着于毛发的肌肉的作用,我们可以看见狗或猫背上的毛发竖立起来。平滑肌纤维在眼睛中也起到一定的作用——它支配瞳孔的大小以适应外界光线的强度。

在生理上,平滑肌和横纹肌有许多特征上的差异。不过在重要的现象上两者是一样的,都有收缩、舒张、潜伏期和总和现象。

下一章我们将讨论各种腺体。各种腺体,很快就要进入大家的视野了。

第四章 人体（续）

——由什么构成，怎样组合与运作

第二部分：腺体在日常行为中的作用

作为反应器官（reacting organs）的腺体：你原来可能并不认为腺体和反应器官一样具有特别重要的作用。如果我在一个成人面前剥洋葱或释放催泪气体，他的眼睛就会开始流泪。同样，如果疼痛的刺激十分强烈，眼泪也会流下来。流泪反应会形成条件反射——悲伤的消息可能会引发一连串的眼泪——3岁的孩子只要一见到医生就会哭鼻子。这类流泪的反应，不论真假，都让许多人得以从父母的棍棒底下屡屡逃脱，或是让乞丐获得施舍装满他的钱袋，或是为政客赢得大量选票。女人的眼泪就不止一次地改变了国家的命运。

如果我把一个人置于一间闷热的房间中，他皮肤里的汗腺就会开始活动了。然后由于唾液腺分泌过度或不足，他的嘴巴会觉得湿润或干渴。因此腺体是我们行为的器官——是很重要的反应器官。腺体和内脏密切相关——它们构成了内脏系统的一部分。它们的主要部分不是肌肉（尽管它们中也有一些平滑肌）。我们在前文介绍过,腺体实际上是由高度特异化的上皮组织(epithelial tissue)构成的。当它们发生反应时,不是像横纹肌或平滑肌那样发生收缩反应,而是分泌液体。

有管腺:我们将腺体分为有管腺(duct glands)和无管腺(ductess glands)。有管腺具有一根导管从腺体直通到体外(例如汗腺)或内腔(例如唾液腺)。它们通常分泌一定数量的某种液体或固体(例如耳垢)。整个消化道上就排列着一些小腺体——一切所谓具有黏液的器官,例如,鼻孔、口腔、舌、性器官等,都因为黏液腺的作用而保持湿润。

许多有管腺有助于食物的消化。口腔内的唾液腺分泌唾液,有助于消化过程的开始;胃囊中几种不同类型的腺体有助于消化过程的持续;在小肠内或附近的腺体随后分泌液体帮助消化过程的最终完成。这些腺体主要有胰腺(分泌胰液),肠壁上的腺体(图13呈现了排列在肠壁上的腺体细胞),肝脏(分泌胆汁)。肾脏是身体中较大的腺体之一,它的基本功能是生成尿液。

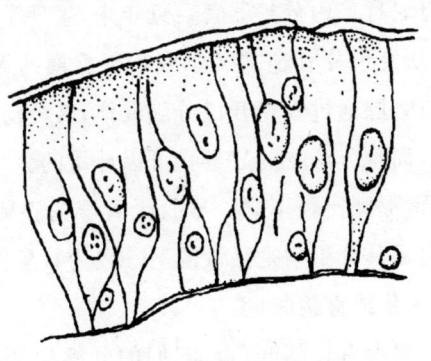

图13:上皮细胞组成肠壁组织

诱发腺体反应的无条件刺激来自于感觉器官。也就是说,腺体的分泌(行为的一种形式)和肌肉反应是一样的(都是因为感觉器官受到刺激)。

只要简单研究一下有管腺,我们就可以发现腺体反应在人类行为中的重要地位。我们具有的所谓高级行为,都可能是由这些低级的分泌物所支配的,这在一个或几个分泌腺出现病症的时候特别容易观察到。例如,有时会出现唾液腺分泌过度或分泌不足的情况;当我们着凉时鼻腔中的小黏液腺会过度分泌;消化道分泌失调或分泌不足造成喉咙干燥过敏;肾脏过度分泌,膀胱充盈;性器官分泌物过多——所有这些都会影响我们的行为,甚至我们的社会行为也与之相关。如果位于内脏各壁腔的腺体出了问题,我们可能会伤害朋友的感情,糟蹋一份好工作,甚至失业,并且还可能更加糟糕。如果那些有问题的腺体深藏于内脏之中,我们可能无法对发生了什么错误给出口头说明。关于此类内脏和腺体的行为,我们为何无法用语言表达,我将在后面的章节中介绍。

无管腺(有时称作内分泌器官):近年来,生理学界和医学界投入了大量精力研究十分有趣却又令人难以捉摸的无管腺的构造。如我们所知,有管腺通过管道开口分泌液体,其分泌物只在分泌的地方发生作用,而且分泌物的数量是可以计量的。

无管腺的情形则比较不同。尽管无管腺的腺体也可能很大,例如甲状腺,但是其分泌物是微量的——因为数量太少,无法用已知的生物方法采集或直接测量。

另外,无管腺没有外部开口。它们的分泌物是如何进入人体的呢?我们将这些(封闭的或无管的)腺体看作一个化学实验室——每一个腺体都在制造微量但却有力的化合物或化学物质（这些化合物或化学物质有些我们现在才知道）。当血液流经这些腺体细胞时，会将化学物质带走，并运送到其他器官。无管腺所产生的微量化学物质能够引起人体许多其他器官的活动。我们将这些无管腺的分泌物称为激素（hormones）——就是指能够激发或引起活动的物质。激素是腺体激发或抑制人体某一部位（通常是被引起或被抑制的某一种无管腺）活动的化学递质（chemical messengers）。① 现在，以我们对无管腺分泌物的了解，我们认为它的作用类似于药物对于人体的作用。它们在人体的基本营养和身体发育中发挥了非常重要的作用。我们很快就会看到它们在人类行为上也承担着非常重要的职责。

最重要的内分泌腺：最重要的无管腺是（1）甲状腺（thyroids）和甲状旁腺（parathyroids）；（2）肾上腺（adrenal bodies）；（3）脑垂体（pituitary bodies）；（4）松果体（pineal body）；（5）所谓的青春腺（puberty gland）。此外，还有一些腺体也供给人体内分泌物和外分泌物，例如，胰腺、肝腺和胸腺，等等。但是上述五种是比较重要的。

甲状腺：在男子喉结以下顺着气管抚摸，就可以感觉到甲状腺的存在。女性没有喉结，但也可以在相应的部位感觉到其存在。甲状腺是一种相当大的腺体，腺上分为两叶，中间由较窄的峡部相连。甲状腺主要由特殊的上皮细胞构成，它没有导管，在上面附着许多直接通往腺体细胞的血管与神经纤维。

---

① 抑制别的器官活动的无管腺分泌物，有时也称为抑素（chalones）。

甲状腺能够分泌一种强有力的化学物质。这一物质已经可以通过实验提取，可以在实验室中制造，我们称之为甲状腺素(thyroxin)，它含有60%的碘。

甲状腺素对生长发育的影响：如果一个儿童生下来就伴有甲状腺素不足或缺乏，他将是呆小症患者(cretin)：发育停滞，骨骼无法完全骨化，皮肤变得厚而且干燥，毛发干枯无光泽，生殖器官无法发育。正常行为明显受损，只能学会最简单的事情。并且，病情无法随着年龄的增长得到改善，患者的反应保持婴儿的状态。

如果成人因为疾病而导致甲状腺素缺乏，那么他们在身高体形上不会受影响，但是会出现其他一些损伤性症状。他的皮肤会苍白湿冷，头发干枯脱落，体重下降，一般活动能力下降。

目前，得益于现代生理科学的发展，患有甲状腺疾病的成人和儿童已经可以得到治疗。儿童可以通过定期摄入绵羊甲状腺干制剂或少量的甲状腺素来恢复正常发育，但是这两种物品的摄入必须持续终生。

甲状腺还有功能出现亢进的情况，腺体会释放过量的甲状腺素。这时，人体的活动水平提高——达到相当亢奋的水平。所有的机体活动过程加速（格雷夫斯病，Grave's disease），血压升高，心跳加快。个体表现为活动过度，容易激动，经常失眠。这种情况一般采用外科手术进行治疗——切除部分甲状腺。如今大多改用"特殊摄入疗法"，要求患者食用不含碘的食物，同时注意休息不受侵扰。

总体来说，甲状腺的作用就如同人体的统帅。如果分泌过量，人体每个细胞的活动性就会提高；如果分泌不足，人体每个细胞的活动性就会降低。

基于上述对于甲状腺及其功能的介绍,我想各位大概不会再觉得行为主义者对生理学家关于甲状腺的一切研究都抱有浓厚兴趣是件奇怪的事情了。

甲状旁腺:在甲状腺每叶附近有两个豌豆大小的结构,有时嵌入小叶内,一共有 4 个。这些固体块结构由特殊的上皮细胞构成。甲状旁腺的确切功能仍有待确认,但是目前我们已经知道到切除甲状旁腺会导致怎样的后果。在有些情况下,切除功能障碍的甲状腺时甲状旁腺会被一起切除。如果个体的甲状旁腺被完全切除,会导致其死亡,无论是人类还是其他哺乳类动物都是如此。伴随甲状旁腺的切除,动物出现肌肉震颤、痉挛、收缩不协调、体温升高、呼吸急促、呕吐、腹泻等情况,最后导致死亡。我们现在可以确认,甲状旁腺的分泌物具有监督和抑制神经系统活动过度的作用(抑制神经细胞活动)。此外,它的分泌物还对骨骼组织和牙齿构造所需的钙的存积有一定的影响。在少数病例中,有些小动物在切除甲状旁腺后尚能生存几周。这些动物会出现骨质疏松和牙齿松动的情况。甲状旁腺素(从绵羊甲状旁腺上提取)的摄入可以使这些因切除甲状旁腺而遭受痛苦折磨的动物生存下来,但现在尚未找到更好的方法来使这些动物长期存活。研究者至今还无法分离从甲状旁腺中提取的化学物质。

肾上腺:肾上腺位于肾脏附近,左右各一。切除肾上腺会导致死亡。在切除肾上腺之后,动物会出现肌无力的症状,体温下降,心跳减慢,一般在 3 天后就会死亡。

肾上腺的分泌物(实际上是由它的一个部位所分泌——肾上

腺髓质)已经被霍普金斯医院的埃布尔(Abel)等人成功提取,称为副肾素(epinephrin)或肾上腺素(adrenin)。

在情绪激动的时候,肾上腺素会大量分泌并进入血管。因此在强烈的情绪兴奋状态下(例如,"恐惧"、"愤怒"、"疼痛"),我们会看到持续强烈的肌肉活动。

有机体在受到强烈刺激后肌肉的活力会增强,主要有以下几个原因:肝脏中存储着一种肌肉的养料,称作糖原(glycogen),在情绪激动的情况下,血液中的肾上腺素含量会增加,肾上腺素能够分解肝脏中的糖原,并将其以血糖的形式释放进血液中,血糖作为营养原料被输送给正在工作的肌肉。血液中的肾上腺素还能引起动脉血管的扩张,使处于工作状态的肌肉中的血流量加大、加快。另外,它还能够迅速清除因肌肉活动而快速累积起来的废料。哈佛大学的坎农(Cannon)教授发现了这一肾上腺机制(adrenal gland mechanism),这种机制能使动物奔跑的更快,争斗的更为激烈,持续时间更长。对于人类来说,这种机制是在充满敌意的环境里激发争斗的生理因素。

脑垂体:这一极小的组织位于大脑的后下方。如果在口腔上颚的后部打开一个小口,你首先看到的就是脑垂体,然后是大脑。脑垂体可以分为前部和后部,每一部分都可以看作是一个独立的腺体,分别释放一种(或几种)特有的激素。

脑垂体前部或前叶:如果脑垂体前部或前叶被切除,那么人会在几天内死亡。死亡前会出现体温下降、步履不稳、憔悴、腹泻等情况。如果在年轻时由于疾病而导致垂体前叶过量分泌激素,人会生长过度,罹患巨人症(你可能在马戏场里见过这种生长过度的巨人);如果在成年后才出现分泌过度的情况,那么脸和四肢的骨骼会出现肥大的症状(肢端肥大症)。

至今还没有人成功地提取过此类激素。从脑垂体前叶提取的成分效果甚微。目前,我们所能掌握的医学证据表明,脑垂体前叶的分泌物对人体的骨髓和结缔组织的生长会产生重要的影响,这是毋庸置疑的。

脑垂体后部或后叶:切除后叶不会导致死亡,但个体的新陈代谢(人体吸收食物的途径)会发生显著的变化。人体会大量吸收糖类,很快就会肥胖。切除小动物的脑垂体后叶,性腺的生长发育会受阻,行为上犹如被阉割。

后叶所释放的化学分泌物尽管目前尚未提取成功,但是腺体的干制剂也能产生显著的效果,如心跳减慢、血压升高(效果与肾上腺素有些相似)。垂体后叶激素的主要效果是增强所有无纹肌的活动。另一特殊效果是引起子宫肌肉的收缩(通常用于妊娠生产时)。垂体后叶提取物对肾脏和乳腺具有独特的刺激作用。另一与肾上腺素类似的、垂体后叶提取物能加速肝脏中糖原的分解过程,并以血糖形式供给肌肉活动使用。

松果体腺:这是一个位于大脑中的微小腺体。在个体出生后第七年达到最为活跃的阶段,而后开始萎缩,腺体组织逐渐消失。据推测,这一腺体在生命早期直至青春期能分泌化学物质控制性器官的发育。另一种位于胸腔前纵隔的无管腺——胸腺(thymus)与其共同发挥这一作用。胸腺在青春期(甚至更早)也会消失。

所谓的青春腺:这个性腺除了产生用于生殖的外分泌物之外,

也提供无管腺的分泌物或激素。提供外分泌物的细胞称为生殖腺(gonads)(真正的性细胞)。位于这些性细胞或生殖细胞之间的是许多小细胞,被称为间质细胞(interstitial cells)。后者向血液释放激素或无管腺分泌物,并通过血液循环到达身体各个部分。这组间质细胞构成所谓的青春腺,这一腺体一直受到医学界和公众的普遍关注,所谓的"回春手术"(rejuvenation operations)都与之相关。

如果切除年轻男性的这一腺体(或者说这组间质细胞),如在阉割的时候(将睾丸割除),那么他们会长得很高,面部没有胡须,声音不会变得浑厚,也不会有性的需求。女性的阉割(就是将卵巢切除)所导致的结果不会像男性那样显著。

近年的研究表明,人会出现没有性需求或没有一切积极性行为的现象,是因为缺乏青春腺激素,而不是因为所谓缺乏激情或真正的性细胞被割除了。

也就是说,青春腺激素的功能,似乎支配着男女两性所有的性活动。如果没有这种激素,性的冲动也就消失了,我们称之为属于青春的性生活也就消失了。

最近几年有些人试图通过手术方法恢复老年男性和女性的性生活。巴黎的沃罗诺夫(Serge Voronoff)博士发明了一种方法,就是为老年男性植入同种系(或相邻种系)年轻强壮动物的睾丸。他认为植入的睾丸可以向血液释放激素,以恢复性活力和性生活。我们知道,无论腺体组织被植入到身体的哪一个部分,它都可以向血液释放分泌物并为身体组织提供必要的动力。但是恢复活力后的老年男性能否使女性怀孕,还要取决于睾丸和生殖细胞是否仍

第四章 人体（续）

具有生殖功能——即睾丸能否提供有活力的精子。无论如何，移植的结果，必须至少得生殖器能够勃起并达到性高潮（男性性行为的本质特征），如此，性生活才能得以延续。

另一项利用青春腺激素增强生殖力的手术由维也纳的外科医生施泰纳赫（Steinach）发明。他发现，如果将输精管结扎以阻止精子的释放，那么这些性细胞就会在体内萎缩[①]——但是间质细胞却不会。这些细胞在大小和数量上有明显增加——从而引起它们活动的增强。通过这种手术，业已失去性活力的男性能显著恢复其性活力。当然，他们失去了生育的能力，因为他们无法形成精子，即使形成了也无法释放。

目前，我们还不清楚这些手术方法（或类似的技术）在女性身上的效果。而在男性手术案例中，我们也还不了解其持续效果如何。如果构成激素的化学物质能够通过实验加以提炼，如果它能像甲状腺素一样通过口服来产生效果，那么这也许能够极大地缓解中老年人的自卑和焦虑。

此外，对于通过手术方法来延长性生活的时期，究竟对社会所具有的真正影响如何，我觉得现在评论还为时过早，我们目前是无法预测到的。

无管腺的活动能否被条件作用？我们发现其他反应器官是可以被条件作用的，如横纹肌、无纹肌及有管腺——也就是说可以为它们建立习惯。目前，还没有明显证据表明无管腺能够被条件作用。既然我们知道这些激素的作用类似强效的药物——控制着人

[①] 也有一些生理学家认为，输精管被束缚住的时候生殖细胞并不会萎缩。

体的生长、发育及其速度——那么了解它们能否被条件作用是非常重要的。如果它们可以被条件作用,那么社会就有责任重视婴儿和儿童的早期家庭训练。腺体分泌物的过量或不足,或者分泌失衡,都将导致儿童生长发育偏离常态。

尽管目前缺乏相关实验证据,但是我认为无管腺是可以被条件作用的。我们知道,无条件刺激所导致的反应能引起肾上腺素的分泌,例如,恐惧、愤怒等等(例如,猫被一条狂吠的狗所纠缠、蹂躏和恐吓)。而恐惧和愤怒的行为是可以被条件作用的。我们同样有理由认为,甲状腺可以在无条件刺激的作用下直接发生活动。我们知道积极的性行为是可以被条件作用的,因此我们就有充分的理由相信,甲状腺的活动同样可以被条件作用。有证据显示,在我们整个身体被条件作用的过程中,无管腺始终与其保持着密切的关系——条件刺激可以引起无管腺的分泌过度(极度活跃)或分泌不足。

上述内容大致可以部分的解释下面一些问题:为什么心理病理上的行为障碍是由于长期处于一连串不幸的条件刺激所侵袭的环境中而造成的;为什么个体一旦脱离这种环境就可以重新恢复健康。有时候,我们通过言语组织将旧环境带入新环境中。当我们到一个新环境中时,最好使用新的言语活动以建立新活动——抛弃旧环境中的活动,使旧语言失去支配作用。许多年轻的精神病患者和罪犯就是通过这种方法得以治疗和改造的——在我们为达到某种愿望但仍因为缺乏明确的计划而盲目工作时,也可以采用这种方法。我认为沿着这些线索进行更加明确的研究工作,这在目前是非常可行的,尤其是在儿童领域——针对一些困难儿童——针对低龄犯罪者。

小结:我们在这两章首先讨论的是细胞及其所构成的基本组织,然后又讨论了由这些组织所构成的器官。其中有感觉器官——刺激作用的地方,还有反应器官——横纹肌、无纹肌、有管腺和无管腺,另外还有一类器官——传导器官(conducting organs)——即神经系统,它的功能就是将神经冲动由感觉器官传导到效应器官——肌肉和腺体。为了完成这项工作,它必须具备一系列神经细胞(及其纤维),从每一个感觉器官到达中枢神经系统(大脑和脊髓),再由中枢神经系统到达肌肉和腺体。现在,在结束我们关于人体构造的讨论之前,我们花一点时间来看一下在人体中极其重要的神经系统这一部分。

神经系统是如何构成的:我们前文介绍的神经细胞及其纤维构成了整个神经系统。这些神经细胞按照从感觉器官到反应器官这样的排列构成神经系统——大脑和脊髓这些中枢器官也不例外,因此我们可以将它们看作由感觉器官到反应器官这条通路的一部分。当然,在作为整体的神经系统中,尤其是在大脑和脊髓中,也存在一些支持结构——结缔组织的薄膜——血管。

由感觉器官到反应器官的最简单通路——短反射弧(short reflex arc):由感觉器官到反应器官的最简单的功能性通路称为短反射弧。假如我的指尖碰到带有电流的铁板会有灼痛感。在我还没来得及喊出"噢"的声音或说出别的咒骂的话之前,我的手早就缩回来了——就是我们说的反射性的缩手。在这一动作中(从理论上讲),只有三种神经元参与活动——一个由皮肤到脊髓,称作传入神经元(afferent neurone);一个在脊髓内(并不伸展到脊髓

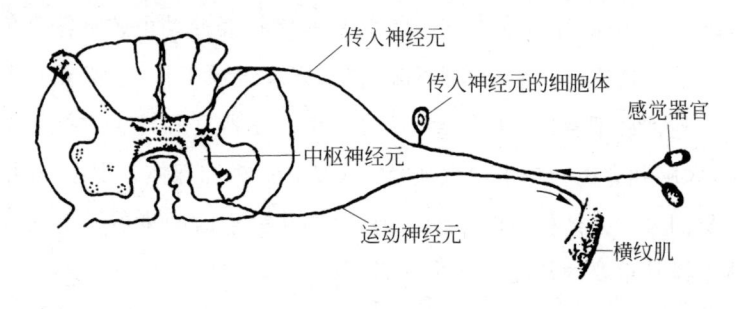

外），称为中枢神经元(central neurone)；一个由脊髓到手的肌肉，称为运动神经元(motor neurone)。在我们的神经系统中，有很多简单又直接的短反射通路。在这些反射通路中，又有许多是专门将皮肤和各种反应器官连接起来的。短反射弧提供了直接的联系——一种节段性的安排——对危险刺激作出迅速反应。

图14：短反射弧

长反射弧：无论神经冲动的通路有多复杂，上面描述的短反射弧的两个基本要素是必备的——即由感觉器官到脊髓或大脑的传入神经元（请注意，大脑通过这些短反射弧与某些反应器官连接，例如，眼睛、耳朵、鼻子、舌头、半规管、头皮，以及一些内脏和横纹肌中的反应器官结构）；由脊髓或大脑通往肌肉和腺体的运动神经元。无论我们何时对刺激作出反应，反射弧的这两个基本要素是必备的。

现在，由于有些反射弧中包含有一个或多个中枢神经元，从而使神经通路变得更长、更复杂。脊髓和大脑中的通路有时候非常复杂。现在，假如我们需要进行这样一个反应：我要在黑暗中下楼去找一支铅笔，我刚刚把它放在了书房桌子上。我伸出手，触到一个圆圆的滑滑的东西。我触摸它的尖端,并不是铅笔。我大声说:"这是我大儿子的玩具!"我扔下它,继续找。我又碰到另一个圆东西,它有一个尖尖的头。我触摸它的另一端,上面并没有橡皮头。我又说:"这是我小儿子玩具中的一根棍子。"我扔下它,再继续找。最后,我摸到一根圆圆的东西。它的一端是尖的,另一端有一个橡皮头。我抓住它,站起身,然后上楼继续写字。注意,这类反应涉及一系列调节;手部肌肉、腿、躯干都参与活动;需要一个以上的身体部分的参与;许多身体部分必须共同合作参与,共同完成动作。这是一个整合的过程——就是身体各部分组合起来。个体要完成整合过程,需要中枢神经系统——不仅仅在某个感觉器官和单组肌肉之间建立一个开放性联结——需要一个复杂的神经通路系统——需要大脑和脊髓。

神经冲动的本质:神经通路传递的是什么?传递的是产生于感官"化学工厂"的神经冲动。本质上,它是一种类似于局部电流的物质(如果用科学的说法,最好将它看作是一道急速行进的化学分解波,而在根本上具有电的性质)。我们知道它以每秒125米的速度传递。如果神经元缺氧,它们将无法传递神经冲动——神经元在积极活动状态下要比在休息状态下释放出更多的二氧化碳。虽然我们并未完全了解神经冲动的本质,但我们已足以确信它是一个普通的物理化学过程,在实验控制下会很快失去其神秘感。

总结:现在,我们总结一下我们关于人体的研究:人体由细胞及其产物构成。这些细胞构成基础组织,这些组织构成更大的结构,也即器官,每一器官都有其特定的性质并表现一定的功能。那些器官中:有一些是感觉器官,如皮肤、眼睛、耳朵、鼻子等(请注意,有些感觉器官是无法从体表直接观察到的,例如,在肌肉和肌腱中,以及内脏中的器官);还有一些是反应器官,如横纹肌或骨骼肌,无纹肌和腺体(构成内脏的主要部分);再有一些是连接器官,称为神经系统,包括从感觉器官到大脑或脊髓、从大脑或脊髓到反应器官的通路——请不要忘记,在大脑和脊髓里有着极其复杂但并不神秘的通路。整个人体的功能可以概括为"迅速地——如果需要的话,还可以复杂——对简单和复杂的刺激作出反应"。

下一章我们将探讨人类所具有一些非习得的胚胎式反应(unlearned embryological reactions)——在没有训练之前所表现出来的行为——天生的行为。我们以前习惯称这些反应为本能(instincts)。现在我们怀疑它们并非"天生"和"天赋"的反应。这些反应的出现显然是因为在子宫内经受了各种复杂刺激的结果(它们在成长过程中逐步调整着结构,就像铁匠通过持续的锻造练就了其手臂和身躯)。

第五章 人类有本能吗？

第一部分：探讨才能、倾向及所谓"心理"特质的遗传

引言：接下来的四章，我们将探讨人类在出生时有着怎样的"资质"（equipped），即天生的行为举止——这一主题触及了人类心理学的核心。

要想弄清楚任何一个主题，如果现有的事实还不够充分，我们大致都是先提出一个论点，将自己想要证明的主张表达出来，然后再用一种合乎逻辑的方式加以证明。如今，我们关注人类出生时的资质。对于所谓人类本能（instincts）的问题，我们还缺乏充分的事实根据。因此，后面几章的内容，请当作既是已有事实的逻辑呈现，又是我试图予以进一步探索的主题。首先，我将提出行为主义者的论点。

提出论点

人是生来就具有某些特定类型的结构的动物。因为具有特定的结构，人在出生后就必须以某种方式（例如，呼吸、心跳、打喷嚏

等等，后续我将提供一个相对完整的列表）对刺激作出反应。一般来讲，这类反应在每个人身上都是一样的。但是，在每个人身上也会存在一些变异（variation）——这些变异可能与结构上的变异成比例（这里所涉及的结构，当然也包括其化学组成）。这可能是我们人属（genus homo）在从无到有的数百万年中共同的情况。我们先暂且把人类的这组共同反应称作"非习得行为"（unlearned behavior）。

在这个相对简单的人类反应的列表中，并没有与当今心理学家或生理学家称之为"本能"的相对应的东西。因此，对我们来说并没有什么本能——我们的心理学中也不再需要本能这个术语。我们现在一般称为本能的所有行为大致都是训练的结果——属于人类的"习得行为"（learned behavior）。

由此，我们引申出以下结论，并不存在所谓能力（capacity）、天资（talent）、气质（temperament）、心理结构（mental constitution）和性格（characteristics）等的遗传。这些都有赖于摇篮期的训练。行为主义者不会说："一个人之所以精通剑术，是因为遗传了父亲的剑术能力或天资。"他会说："这个孩子有他父亲一样的体格，一样类型的眼睛。他的身材体格和父亲很像，因此他也可以成为一名剑客。"然后他会说："他的父亲很喜欢他。在他一岁的时候，他的父亲就给了他一把小剑。他每次和父亲在一起的时候，他的父亲就会教他用剑的方法。如何攻击、如何防守、决斗的规则如何以及其他此类与剑术相关的事情，他父亲都有告诉他。"有了某种身体构造，加上幼年期的训练——使其趋向了——就可以说明其成人时期的表现了。

支持这一论点的理由

我们现在要将人当作一个纯粹的动物来看。在作出反应的时候，是用身体的每一个部分来作反应的。有时候一组肌肉和腺体的反应比另一组更强烈，我们据此推测他们正在做什么。我们命名了很多的活动，例如，呼吸、睡眠、爬行、走路、跑步、打架、哭泣等。但是请注意，在看到这些名词的时候，不要忘记上述这些活动都涉及整个身体的参与。

我们还要注意到人是哺乳动物——一种灵长类——是有两只手臂和一双灵巧的手的两足动物。作为有着9个月胚胎期，一个时间很长的、无助的婴儿期，发展缓慢的童年期和约8年的少年期的动物，人的整个生命进程大约历时70年。

我们发现，生活在热带的这种动物居住的地方没有遮蔽物，他们赤身裸体，食用容易获取的动物、野生水果和植物；在温带，他们则住着豪华的、有暖气的房屋。男性即使在夏天也总是穿着复杂，头戴帽子——他身体上唯一自带保护的地方，而女性则穿着暴露的服装。男性热衷于工作（女性很少工作），从事的领域范围很广，从挖掘、打井到建造高层建筑。我们还发现，在北极地区，人们穿着皮毛做的服装，吃高脂食物，住在冰雪屋中。

无论什么地方，只要有人类，我们就会发现他们在做一些新奇的事情，展现出形态各异的礼仪和风俗。在非洲，黑人有时会出现食人的情况。在中国南部，我们发现那里的人主食大米，使用筷子，而在其他一些国家，人们用刀叉吃饭。对于澳大利亚丛林中的土著来说，其行为和中国内地居民的行为相差千里，而以上两者的行为又都不同于英国人。所有种族，他们刚出生的时候究竟是否有着同样的反应，而这些反应又是否都是由同一组刺激所引发的呢？或者说，非洲人和波士顿人，600万年前的人和公元1930年的人，是否都有着同样的"本能"习惯呢？无论他是出生在南方的棉花地，还是在五月花号（May flower）巨轮，或是在欧洲皇室华贵典雅的卧室，他们是否具有同样的"非习得的资质"（unlearned equipment）呢？

发生心理学家对于这个问题的回答

发生心理学家（genetic psychologist）——最有资格来回答这一问题的学者——并不愿意面对这个问题，因为他们掌握的资料也不充足。然而，现实中他们又不得不回答，因此他只好将自己最忠实的信仰说出来。他只能老实地说："任何人，无论他们父母的行为如何，无论他们出生的年代或出生地如何，在人类个体之间可以存在的差异范围内，他们生下来都是一样的。"

但是恐怕有人会问："那么在遗传学上就没有内容可言了吗？在优生学（eugenics）上也没有东西可说了吗？出生于'弗吉尼亚州的第一家庭'难道没有什么优势吗？——难道在人类的进化过程中没有丝毫的进步吗？"为解答这样的疑惑，让我们来研究一些引发了激烈争议的问题。

如果血统纯净，黑人父母会生出黑皮肤的后代（但是也不排除百万年间会有一例突变或变异的白种、黄种或红种的孩子出生的可能性）。黄皮肤的中国人会生出黄皮肤的后代。白种人会生出白种孩子。但是这些差异相对来说是比较轻微的。它们根源于皮肤色素的种类和数量。但是,如果去研究刚出生时候这些婴儿的行为,试图借此找到一种足以区分黑、白、黄种皮肤婴儿的差异行为,那几乎是非常困难的事。他们的行为会有差异,但是这种取证的责任在于个人,他可能是一位声称种族差异大于个体差异的生物学家或者优生学家。

我们有时还会听到这样的问题:"如果父母有粗大的手,短而硬的手指,额外的手指或脚趾,这样的父母所生的孩子会怎么样?这样的父母所生的孩子会将他们的这些特点遗传下来。"我们的回答是:是的,先辈的许多变异都存在于遗传物质(germ plasm)中,而且大多会在后代身上表现出来(假设别的因素是相同的)。毛发的颜色、眼睛的颜色、皮肤的质地、白化病(Albinism)(患此种病的人,体重很轻,毛发和眼睛有一点颜色或全无颜色,视觉通常有缺陷),都是能够遗传的。生物学家了解个体的父母或祖父母的特征,就能够预知其后代的特征,甚至是身体上比较细微的特征。

因此我们可以说——是的,每个人在外形及构造上都有遗传的差异。有些人生来手指纤长,喉结的构造精致;有些人生来高大,是天生的战士;还有些人皮肤细腻,眼睛的颜色柔和。这些差异都来自于父母的遗传物质。至于其他一些差异,如头发变白的时间早晚、早发性脱发、寿命长短、是否生双胞胎等,则是比较有问题的一些遗传了。这些遗传问题,有些已经由生物学家作出了解答,还有许多问题尚在寻求答案的过程中。不过,也不要因为一些生物学家的铁律而让遗传事实将我们带入歧途。现在所有业已确知的情况都是构造上的遗传,而构造上的遗传并不能证明机能上的遗传。许多人都以为机能也有遗传,那是因为把机能和构造混为一谈了。许多已经存在于遗传中的构造,即使将有机体置于特定的环境中,给予特定的刺激或加以特殊训练,它们都不会绝对地表现出来,不会将它的机能表现出来。另外,遗传的结构有许多表现方式,它将来的形式取决于其所处的环境。要想理解这一点,可以去量一下铁匠的胳膊,可以去看一看健美杂志上强壮的人的照片,或者去看一看那种因年老而驼背的会计员。这些人的形体结构,都是在他们的生活中形成的(当然是在一定范围内)。

"心理"特质是遗传的吗?

即使所有人都承认骨骼、肌腱和肌肉会因生活的影响而改变——"那么心理特质是怎样的呢?行为主义者难道不认为伟大的才能是遗传来的吗?犯罪倾向难道也不是遗传的?我们肯定能够证明这些东西都是可以遗传的"。这是一种旧观念,是在我们知道了贯穿婴儿期的早期生活造就了这些差异之前存在的观念。那种旧观念常常被人们以这样的说法讲出来:"看,那些音乐家的儿子也是音乐家,韦斯利·史密斯(Wesley Smith)是大经济学家约翰·史密斯(John Smith)的儿子——父亲是什么样的人,儿子当然也会是什么样的。"行为主义者不会认可存在诸如心理特质、气质或倾向等东西。因此对于他们来说,在旧观念下所提出的才能是否遗传的问题是没有价值的。

韦斯利·史密斯从小就生活在一个与经济、政治、社会等问题密切相关的环境中。他对父亲怀有强烈的感情。他走上与父亲相似的道路是很自然的事情。这与你的儿子可能成为律师、医生或政治家是一样的道理。如果父亲是鞋匠或清洁工——或是从事任何一种不被社会所认可的职业,而他们的儿子不会很轻易地步父亲的后尘,但这又是另外一种情况了。有许多人都有有名的父亲,但是为什么只有韦斯利·史密斯出名呢?难道只有他遗传或承袭了其父亲的才能吗?除此之外,可能还有无数种理由。假如约翰·史密斯有三个儿子,每个儿子都有一样的生理学和解剖学上的身体结构,并且表现出与其他两个儿子相同的组织(习惯)①。我们再进一步假设,三个儿子从6岁起就都致力于经济学的研究。其中一个孩子备受父亲宠爱,跟着父亲学习,在父亲的教导下,赶上并最终超越了父亲。在韦斯利·史密斯出生两年后,第二个孩子出生了。但是父亲仍旧喜欢大儿子。二儿子没法亦步亦趋地学习父亲,他就自然会受到母亲的影响,很早就放弃了对经济学的兴趣,踏上了社会。又过了两年后,第三个孩子也出生了,但是没人关心他。父亲喜欢大儿子,母亲则爱二儿子。第三个儿子也学经济学,但是缺乏父母的关爱,每天与仆人为伍。12岁时,一个司机诱惑他,使他成了同性恋(homosexual)。后来,他与朋友为伍成了小偷,最后吸毒上瘾,死于精神病。这些孩子都在遗传上没有任何问题。出生时也可假设为享有均等的机会。每个人也都可以成为一位好父亲,娶了家世优越的妻子,拥有健康的孩子(除了第三个儿子,他可能之后感染了梅毒)。

　　持反对意见的人可能会说,我只是在优生学和实验进展的一些已知事实面前老生常谈——发生学已经证实,父母的许多行为特征会遗传给后代,例如,数学能力、音乐能力和其他许多能力。

---

① 我们这种说法并不是说他们的遗传结构是一致的。

我的回答是，发生心理学家的研究结论是在旧的"官能"心理学（faculty psychology）旗帜下所得出的。他们所得出的结论，我们没必要过于看重。我们不相信有各种官能的存在，同样，"天资"或遗传的"能力"这些名词所代表的任何固定性的行为模式，我也不相信它们的存在。

结构差异和早期训练差异导致未来行为的差异

我们在前面讲过，在承认个体结构变异的前提下，我们还没有确切证据证明人的非习得行为会随着时代的不同而发生变化，或者证明其他年代的人比起1930年的人更擅长某种复杂的训练。随着生物学的问世，我们已经知道，人体的结构存在显著的个体差异。但是，我们还没有充分利用这些知识去分析人类行为。在本章中，我将利用最近刚刚由行为主义者和其他一些动物心理学家发现的事实来进行分析。那就是，习惯的形成可能从胚胎期就开始了，环境对于人的影响很早就开始了，这一事实使得哪些行为是遗传的，哪些行为是习得的这些旧观念不攻自破。个体在出生的时候就有着巨大的结构差异，出生后习惯的迅速形成，所有这些我们都可以用来解释许多所谓"心理"特质的遗传。让我们来看一看以下两点：

（1）结构差异导致人的差异

关于人体构造的研究，使得我们大致了解了构成人体的材料与过程的复杂情形。基于这些研究，我们还知道：那些组织结合在一起的时候，其结合的方式有所不同。我们也阐述过这样一个事实：有些人生来手指长，有些人则生来手指短；有些人生来手臂长，有些人则生来手臂短；有些人骨头硬，有些人则骨头软；有些人的腺体特别发达，有些人的腺体则特别不发达。我们可以根据指纹来判别不同的人，世界上没有两个人的指纹是相同的。人的掌印与动物的掌印也有明显的区别。没有两个人的骨骼是完全相同的，人们无法从其他哺乳类动物身上找到与人类似的骨头。婴儿之间的爬行、哭、大小便的频率、早期发音的尝试、食物的需求、使用手的速度等都有个体差异——即使双生子也存在差异——因为他们在化学组成上存在差异。他们的差别，同样表现在感觉器官、大脑和脊髓结构、心脏和循环系统的机制、横纹肌系统的厚密度和弯曲度等方面。

即使人与人之间存在这些结构差异，但是人终究是人——人都由同样的物质构成，即使个人的习惯有所不同，但是构造的基本方式是相同的。

（2）早期训练的差异导致更大的个体差异。

毫无疑问，每个个体都与其他人在结构上存在这些轻微但是显著的差异。早期训练的差异则更为显著。我们知道，条件反射在孩子出生时就已经开始形成了（或者可能更早）——即使是同一家庭的孩子，也不可能得到完全相同的早期训练。假如一对夫妇有一对双胞胎——一男一女——两个孩子的穿着一样，饮食也一样。但是父亲喜欢女儿，母亲喜爱儿子。父亲要求儿子像他一样——他对儿子很严厉，希望以自己的方式培养他。母亲要求女儿谦恭如淑女。这些孩子很快就会表现出极大的行为差异。从婴儿期起，他们的教育就不同。后来，这对夫妇又生了第三个孩子。这个时候，父亲有很多的事务要处理——他必须努力工作。母亲也参加了许多社会活动。家里雇了佣人。年幼的孩子有哥哥和姐姐。他的成长环境与长大孩子是不一样的。孩子生病了,严格的训练就会被丢在一边了,对生病的孩子来说没有规矩可言。一个孩子出现了恐惧——对恐惧形成条件反射——对所有东西都表现出恐惧。他变得胆小怕事,正常的男孩子的活动受到了干扰。我们可以列举一个真实的案例。两个女孩,年龄为9岁,她们住在相邻的房间里。母亲教养她们的方式相同(同样的母爱,根据同样的规矩教养她们)。有一天,她们一起散步。左边的女孩注视着街道,并且只观察街道的情形;右边的女孩注视街上的房屋,并且看到一个男人暴露他的性器官。此后的日子里,右边的女孩显得相当烦躁,情绪紊乱,在与她的父母讨论了几个月后才得以平静。

我们的结论

上述两点如何解释所谓才能或心理特质的遗传?让我们来假设一种情形。现在有两个男孩,一个7岁,一个6岁。父亲是颇有天赋的钢琴家,母亲喜欢画油画,专攻肖像画。父亲有着一双大手,手指细长而灵活(这是一种关于所有艺术家都有细长手指的神话),长子有着和父亲一样的大手。父亲喜欢长子,母亲喜欢次子。接下来,"以自己的想法来培养他们"的过程就开始了。这个世界建立的基础,是我们会以自己被塑造的方式来塑造那些依恋我们的年轻人。这样的结果是长子成了出色的钢琴家,次子则成了艺术家。这样的结果大多取决于早期的训练和不同的倾向。因此次子在普通情况下是无法成为钢琴家的。他的手指不够长也不够灵活。但是即使情况如此,我们也应该谨慎——钢琴是一种标准乐器——弹奏钢琴需要手指长,手型好,有腕力。但是假如父亲喜欢次子,并且说:"我想让他成为钢琴家,我想尝试一下——他的手指不够长——他的手无法变得再灵活了,但是我会为他打造一架钢琴。我会把琴键调窄以适合他的手指,改变琴键的形状,使他能够很轻松的按键。"在这样的条件下,天晓得他的小儿子会不会成为世界上最伟大的钢琴家。

这些因素,特别是训练这一因素,在遗传研究中完全被忽略了。目前,我们关于特定行为遗传的统计资料还缺乏事实证据,在通过对于人类幼儿的研究获得这些事实之前,关于各种人类行为演变的资料以及优生学等数据都必须以最大可能予以谨慎的接受。

因此,我们的结论是,目前并没有确切的证据证实特质的遗传。如果把一个健康的孩子放到不良的环境中,他也一定会变成小偷。每年有成千上万个生活在好家庭中的孩子沦为不良少年。之所以会出现这么多不良少年,是因为他们在这样的环境里无法找到其他出路。有些人喜欢用下面的例子来说明道德卑劣和犯罪倾向的遗传:即行为不端的祖辈的后代,在被他人领养以后仍然会做坏事。但事实上,我们的文明社会里并没有一份严谨的记录能够帮助我们做出这样的结论——尽管心理测验专家隆布罗索(Lombroso)和其他一些犯罪研究专家持相反的结论。实际上,那些被领养的孩子从来没能享受到像亲生孩子一样的待遇。我们并不能把来自慈善院、孤儿院的观察数据作为证据。你大可以亲自去那些地方看一看,了解一下真实的情况。当然,我这样说完全没有贬低慈善机构的意思。

现在,我要更进一步说:"给我一打健康的婴儿,在我自己所设定的特定环境中教养他们,那么我愿意担保,任意挑选其中一个婴儿,不论其才能、爱好、倾向、能力、天资或种族如何,我都可以将他培养成为我所选定的任一领域的专家——医生、律师、艺术家、商人,甚至是乞丐和小偷。"我承认我的这种说法已经超过了我所掌握的全部事实。但是那些与我的主张相左的人,几千年来,他们的说法早就超过了他们所掌握的全部事实。但是这里请注意一点,在我采用实验来训练任何儿童而使其成为任何专家的过程中,那些孩子的父母应该允许我将他们的孩子放在特定的环境中,用特殊的方法来教养才行。

如果儿童在身体结构上存在遗传缺陷:有明显的腺体疾病;有"智力"缺陷;存在如梅毒和淋病的宫内感染(intra uterine infection),一种或另一种麻烦行为就会很早很快地表现出来。这些儿童中的一部分在身体结构上缺乏训练的可能——如大脑与身体缺乏基本的联结一样。另外,如果结构上的缺陷像多指或截指等那样很容易被观察到的畸形或残疾,那有可能导致社交自卑(social inferiority)——拒绝平等基础上的竞争。同样,当"低等种族"(inferior races)和"上等种族"(superior races)放在一起培养时,也会出现这种情况。我们没有关于黑人会自卑的确凿证据。但是,在同样的学校里教育黑人孩子和白人孩子——在同样的家庭中养育他们(理论上讲没有差异),当社会开始发挥某种决定性影响时,黑人的孩子是缺乏竞争力的。[①]

---

① 我在这里并不是说人所获得的行为特点是遗传的,生物学上的所有证据都否认这种遗传。铁匠世家所生的婴儿,他的右臂粗壮,也如他最先的祖先在婴儿时所有的一样——还有一个不大于右臂的左臂。关于证明及否认这点的事实,詹宁斯在《人类天性的生物学基础》中讲得很详细,参见该书第338页。

这些情况出现的原因是社会总不愿意面对的事实。种族的自豪感一直很强,因此有了我们的五月花号祖先。我们喜欢吹嘘自己的祖先。这使我们相互区别开来。我们总喜欢这样认为,一个绅士的背后至少有三代人的努力(甚至更多),而且我们的背后还不止三代人。另一方面,关于倾向和特质可遗传的观念似乎又可以帮助我们从自己教育儿童的失误中解脱出来。母亲会在儿子犯错的时候说"看看他父亲"或"看看他爷爷"(或她所不喜欢的其他一些人)。"在他父亲那儿有这样一位长辈,怎么可能希望这个孩子有出息?"同样,父亲也会这样说:"你能指望她什么?她的妈妈总是想让她所接触的每个男性喜欢她。"如果这些倾向都是遗传的,别人就不能太苛责我们了。在旧式的心理学中,心理特质是上帝所赐予的,如果我们的孩子出了问题,作为家长,我们不应该受到责备。

近五年来,关于双生子的研究使得我们对于环境和遗传的影响有了更加深入的了解。现在我们暂且花一点时间来分析这些资料。

同卵双生子的研究能否证明环境因素极大影响了早期行为的差异?

阿诺德·格塞尔(Arnold Gesell)博士是最主张遗传及发育因素的人。他在《同卵双生子行为的相似性研究》(Behavior Resemblance in Identical Infant Twins)(发表于1929年5月出版的《优生学通报》[Eugenical News])中描述了他的研究:"将一个至三个一英寸见方的红色正方体放在儿童面前,然后观察儿童的反应,知觉的、抓握的、行动的或模仿的反应。用照相机记录下来以便做详细分析儿童的行为模式的发展。"在这种实验设置下,双生子"T"和"C"所表现出来的行为模式非常相似。这些行为模式中的相似性在字面上是无法计量的。例如,我们不能说他们之间有99点的差异,有513点则是一致或近似于完全一致。

虽然这种实验很有趣,而且它的结果显示两个儿童行为模式的相似性很高,但这并不能表示这对双生子之间行为模式的相似性要高于其他非双生子儿童之间行为模式的相似性。如果他再去研究两个非双生子的儿童,这两个儿童的年龄一样,处在同样的环境中,比如都在医院中,他们的体重、身体构造以及以往所有的条件都是一样的,那么他所得的研究结果将是这两个儿童行为模式的相似性也不会亚于双生子。在我来看,格塞尔的实验缺乏变量的控制。格塞尔给出的结论是:"在我们继续同时观察同卵双生子T和C的行为模式时,他们两人行为之间的关联性非常之明显,以至于让我们想起了高尔顿(Galton)那个关于时钟以及宿命论者转动齿轮的隐喻!"

然而,格塞尔博士的结论并没有得到穆勒(H. G. Muller)和纽曼(Newman)等人开展的同类研究的支持。穆勒在1925年12月的《遗传杂志》(*Journal of Heredity*)中介绍了他对同卵双生子B和J所做的研究。在研究中,B和J的年龄是30岁。她们在两周大的时候被分开。研究时,B住在美国怀俄明州,也曾住过纽约和华盛顿等地方,J住在亚利桑那州。

B的养父母从事的职业是采矿、伐木及运输。在小时候,B整天都在外面和别的孩子玩耍。她只接受过大概四年的学校形式的教育,其中还包括她在一所商业学院中接受的 9 个月的教育。在 15 岁时,她找了一份文秘工作。不过她的工作做得不是很成功——她还另外做了管理及秘书的工作。

J 的养父母是牧场主和路边旅馆的店主。她小时候也是大部分时间都在外面玩耍,和 B 一样也是个顽皮的孩子。她从小学一直读到高中,后来还接受了几次暑期大学的教育。她的工作是教师,而且已经有了一个孩子。

B 和 J 这对双生子,以前身体都不是很好,患的病症也很相似。

她们在一般智力测验(使用的测验是 Otis 和 Army Alpha)上的得分差异不大,但是有些地方 J 优于 B,有些地方 B 优于 J。在其他测验上,如在罗萨诺夫(Rosanoff)联合测验上,J 因为受的教育多些,她的反应速度要比 B 快一倍之多。而在扣击测验上,B 因为更具打字的经验,在相同时间内,她大概能够完成 207 下,而 J 只有 164 下。在画字测验上,B 的分数是 63,而 J 的分数是 55。穆勒认为,双生子在这些关于反应时、"意志气质"的情绪以及社会态度的测验上,其所得的结果和智力测验的结果形成鲜明的对比,她们在所有这些测试上取得的分数明显存在差异。平均而言,这些差异还略大于从群体中随机选取的两个个体在这些测验上所得分数的中位数差异。

纽曼的论文《隔离养育的同卵双生子的心理特质》(Mental Traits of Identical Twins Reared Apart)发表于 1929 年 4 月的《遗传杂志》。他在论文中报告的隔离养育的双生子研究结果比穆勒报告的还要惊人。两个双生子是 C 和 O。一个住在城里,一个住在乡下。他们生于 1925 年。他们在外表上极其相似,几乎难以区分。那么,他们在行为上是不是也很相似呢?我且引用纽曼的话:"在这个案例中,至少在我所能确认的一些事实上,双生子的两个人所处的环境和所受的训练可以说是很相似的。可是这两个人的'人格'完全不同,其差异程度之高,使得所有观察他们的研究者,在开始观察的时候,就有这种强烈差异的感觉。"

在普雷西(pressey)情绪反应测验上,C(住在城里的)所得的分数是29;O(住在乡下的)所得的分数是55。由此可见,O是比较神经质的。在团体智力测验上,C的分数是156,O的分数是146。在瑟斯顿(Thurstone)心理测验(psychological examination)中,C的分数是101,O的分数是84,测验的内容包括填词、造句、推理、计算以及类比等。

此外,纽曼还研究过两对女性同卵双生子。第一对是在出生后18个月末分开。研究的时间是在分开18年之后(在研究前她们曾经同住过一年)。在她们分开的时期,双方所处的环境不同。纽曼的文中显示:"本研究中的双生子在心理素质上有很大的差异——这种差异,比起五十对在一起抚养的同卵双生子在行为上所有的差异的平均数还要超过三倍。"这一研究还发现这对双生子在情绪特点上有很多相似之处(这是可以预料的,因为她们在出生后有十八个月的时间是住在一起的——情绪模式可能早就已经定型了。)

纽曼研究的第二对女性双生子,她们所处的环境也是不同的。在这对双生子中,一位比另一位多受了七年的教育。她们分开的时候也是在同住十八个月之后。不过研究是在她们分别十九年之后进行的。研究结果显示,受教育比较多的一位 G,在所有关于心理素质和天赋的测验中都获得比较优越的成绩。然而在情绪测验方面,两个人又是非常相似的。

在目前所有的双生子研究中,我没有看到任何有利的证据能够支持生物学家所说的基因的数量和关系是决定行为类型的重要因素的说法。在双生子研究中,我们所面对的是同样的基因设置,但却发现他们因为受到不同的训练而成为了不同的个体。

为了再次强调我们的观点——毕竟在实验室之外的生活有一大部分是相同的。现在假如我们将同卵双生子放在实验室中,尽可能采用完全不同的刺激来训练他们,从他们出生一直到二十岁。在这样的条件下,我们甚至可以使这两个孩子中的任意一个在成长过程中都不能掌握语言。我们中那些曾经做过训练孩子或动物工作多年的人,他们都真切地感受到,经过训练的孩子或动物,在训练前后的差别之大,其情形犹如白天与黑夜的差异。

那些研究发生学的生物学家中,最公平和最科学的要数詹宁斯了。但是詹宁斯对于这里所讲的几对双生子受环境影响而在行为或心理上有所差异的事实,他在《人类天性的生物学基础》中如是说:

> 所有这四对关于分离养育的同卵双生子的案例,似乎颇有利于这样的主张:环境及经历会对心理和气质的特点产生很大的影响,能够导致每个人在这些特点上出现显著的差异,即使是在基因构造相似的个体上也是如此。然而这四个案例同样有利于另外一种见解,那就是遗传结构对于心理和气质上的特点也同样有很大的影响。为何有利于这种见解呢?因

为在这四个案例中,在不同环境下养育而成的双生子,在某些方面竟有非常相似的地方——有的案例体现在心理素质上,有的案例体现在气质上——其相似的程度,超过任何理由所能解释,除了说双生子的两个人所具有的遗传结构是相同的这一点才能说明。因此我们可以说,那四个案例的研究结果完全符合这种结论,实际上,这种结论在别的基础上也是有确凿证据的,这种结论就是:"遗传结构及环境,两者都对于心理特点或气质特点有深刻的影响;在这个案例上为遗传结构所影响,在另一个案例上又可能是受环境所影响"。

如果詹宁斯有所注意的话,我相信他会认同我的主张是以唯一合理的事实及假设作为根据的。在上述关于双生子的研究中,双生子在最初的时期都是在一起生活的,在一起获得刺激和行为的训练。他们在研究所接受的测验,并不能将他们行为模式中所有的差异完全展示出来,甚至有一大部分都没有展示出来。在这些研究案例中,行为主义者并没有机会去用完全不同的方法来训练各个被研究的人,从而证明我们的主张。而且,我们还必须知道,这里所引用的同卵双生子的案例,对于重视环境的行为主义者来说,是其所处理的生物学上最极端的案例。

让我们先把资质的遗传、"心理"特点的遗传,特别是能力的遗传放在一边(这些东西并不是基于良好的构造,不像唱歌需要好的喉结的构造,玩耍需要手部的构造,视觉和听觉需要眼睛和耳朵的构造)。我们将另外论及一个更为基础的问题,讨论一下大家言必称"本能"的问题。

存在任何的本能吗?

这个问题并不容易回答。在行为主义者出现以前,人类通常被认为是一种具有许多复杂本能的生物。那个时候,一些早期学者在达尔文(Darwin)所倡导的理论影响下,相信人类和动物都有完善的本能。威廉·詹姆斯精心挑选了一些本能并且给出了一些分类:爬行、模仿、竞赛、好斗、愤怒、怨恨、同情、狩猎、恐惧、占有、渴望、盗窃、建造、游戏、好奇、社交、羞怯、整洁、谦虚、羞愧、爱、嫉妒、父母之爱。詹姆斯声称,除了人之外,任何动物即使是猴子也都没有如此丰富的本能。

行为主义者完全无法赞同詹姆斯和其他一些心理学家所谓人具有复杂的非习得行为的观点。我们都是读着詹姆斯的著作长大的,或者更糟,因此与他们的观点背道而驰是很难的事情。詹姆斯把本能视作"一种行为倾向,这种行为倾向能在未预见到结果的情况下达到某些目的"。当然,这一解释适合于人类幼儿和动物幼仔的许多早期行为。这种说法初看起来很令人信服。但是,如果你们根据自己对儿童和动物的观察去检验,就会发现这种解释并不科学,只是一种形而上学的假设。在那种"预见"(foresight)和"目的"(end)等字眼的诡辩中,不会得出任何东西。

现在关于所谓本能这个问题的著述之多,在心理学中实在没有别的问题能赶上了。在过去几年中,也有许多关于本能的文章发表出来。那些文章大多是坐在安乐椅上写出来的,作者并没有观察过动物的整个生活史,也没有观察过人类幼儿的生活。这种哲学化的文章无法解决任何一个关于本能的疑问。关于本能的所有问题,都是一些有关事实的问题——只能通过遗传学的观察才能解答。当然,行为主义者在研究本能的时候,也时常感受到因为缺乏观察资料而难以较好地解答问题的痛苦。不过他经过研究所得出的推论,别人总不能责骂他,说他处在自然科学的范围之外。在解答"什么是本能?"这一问题之前,我们先到机械学中看一看,了解几个机械学上的例子。然后,也许我们就会觉得似乎不再需要"本能"这一术语了。

飞去来器的启示

现在,假设我的手里有一根硬的木棍。如果我把木棍扔向前上方,它会飞一段距离,然后掉在地上。然后,我把它捡回来,放进热水里煮一下,然后将它弯曲成一定程度,再把它扔出去。那么它会旋转地向外飞去,经过一小段距离后又折回来,向右转,然后再次掉到地上。这时我再度把它捡回来,又再弯曲一点,使它变成一个凸形,做成飞去来器(boomerang)。我再次把它向前上方扔出去,它又回转着向前。突然,它转向飞回来了,慢悠悠地飞回到我的脚边。它仍然只是根木棍,由同一种材料制成,但是形状不同了。这个飞去来器有飞回投掷者手中的本能吗?没有!那它为什么会转回来呢?因为它的构造是这样的,使得它在被人用一定的力向外和向上丢出去的时候,它会折返回来(力的平行四边形作用)。只要做得好,扔得好,所有的飞去来器都会回到或接近投掷者的脚边,但没有两个飞去来器的飞行路线是完全相同,即便用力的方法相同也不行,但它们都叫飞去来器。飞去来器的这种情形,似乎有点像本能,可是它们仍旧被称为飞去来器。这个例子也许有点不好理解。我们再看一个简单的例子。我们大多数人都扔过骰子。现在拿一个骰子过来，在骰子的某个位置（数字一的位置）灌上重的物质，然后用再旋转它，那么每次"六"的那一面总会向上。为什么？因为骰子的构造如此，使得它不得不把"六"表现在上面。再举一个玩具兵的例子。把玩具兵安置在一块半圆的橡皮基座上，无论你怎么扔，它总是竖直向上，以垂直方式站立。难道这个玩具兵有站立的本能？

请注意，除非飞去来器、骰子、玩具兵被掷向空间，否则它们就不会表现出特定的运动特征。改变它们的形状或结构，或大大改变制作它们的材料，那么它们的运动特征也会大大改变。人是由特殊材料做成的——以特定的方式组合起来。那么如果他也被投入到某一活动中（作为刺激的结果），人所表现出来的运动（指在未有训练以前所表现出来的）的特点，难道不会展现出正如飞去来器所表现出来的一样吗（并不比飞去来器所表现的更为神秘）？[①]

心理学不再需要本能概念了

上述讨论将我们带回到中心思想上来了。如果飞去来器没有

---

① 有人可能会说：在机械的运动上，动作及反应两方面的力是相等的——扔出去的力量总量是多少达因（dynes，力的单位），则飞去来器返回到原地所用的力量也是同样的达因（在空气中所损失的热量也算在内）。可是，当我用一根头发来挠一个人的脚，使他跳起来的时候，那么在反应上所消耗的理论，比起刺激所加给那个人的力量来，要大得多。我们对于反应论者这种说法的说明是这样的：在人类反应中所用的能力，是早已贮藏在那里了的，用不着刺激临时加给他，这种贮藏能力的现象，在机械的动力中可以找到。如在一根火柴碰到了一堆火药的时候，火药就爆发起来了，或如在一阵微风吹到了一个绝壁的岩石上的时候，岩石落下来把底下一间屋子毁坏了。

本能（能力、倾向或特质等）而能够回到投掷者身边，如果我们对于飞去来器的运动不用特别的说明，如果物理规律可以解释飞去来器的运动——难道心理学家不能从中得到一个简单的教训吗？难道不能够因此废除本能的概念吗？难道我们不能说，人是由特定物质按特定方式组合起来的，作为这样一种组合，在个体通过学习获得新的方式之前，他难道不应该就是按照现有组合那样去行动吗？

但是恐怕有人会说："这正好说明你的论证是错误的——因为你承认人在出生时已有的许多行为是他的结构使然——这正是我们说的本能啊。"我的回答是：现在我们必须要面对事实。我们应该立即走到育婴室去。在育婴室中研究婴幼儿的人，不会发现任何证据足以鼓励他仍然把詹姆斯的本能的分类奉为神圣的理论来看待。下一章，我们将研究人类幼儿出生时的行为。

第六章 人类有本能吗？（续）

第二部分：来自人类幼儿研究的启示

引言：我们在前一章中已经讨论了有关人类所有"非习得的资质"（unlearned equipment，类似非习得行为）的问题，这些问题大多只有通过研究人类的生活史方可解决。这就是说，我们的研究应该要从人类新生儿开始。但是，我们对人类幼儿的了解远不及我们对其他物种幼儿的了解。在过去的25年中，研究动物行为的人们已经收集了很多可靠的资料。准确地说，似乎除了人类之外，差不多每种动物幼儿的资料都收集了很多。我们曾经与幼猴生活在一起，我们也观察了幼鼠、幼兔、幼豚鼠和各种幼鸟的生长。在实验室中，从它们出生到成熟，几乎每天观察其成长。为了核查研究的结果是否正确，我们也曾到它们的栖息地去观察其成长的情况——这就是在自然环境中所做的观察。

这些研究使得我们对许多动物非习得和习得的资质有了相当程度的了解。这些研究也告诉我们，没有人能够单凭观察成人的表现就能够判断一系列复杂的行为中哪个部分属于非习得的范畴，哪个部分属于习得的范畴，所幸这些研究已经为我们提供了研究人类幼儿的方法。关于动物的研究使我们知道,使用从一种动物上收集的资料来概括另一种动物,并得出它也适用于另外一种动物的说法,是靠不住的。例如,豚鼠生下来就有一身厚毛,并且具有一组十分完整的运动反应,出生3天后,幼豚鼠实际上就不再依赖母豚鼠了。而白鼠生下来时却处于十分不成熟的状态,它有一个时间相当长的幼儿期。只有到了第30天之后,幼鼠才能和母鼠分离。两种关系如此接近的动物(都属啮齿目),在出生的资质上却有如此明显的差异,这说明根据低于人类的动物的研究去推论人类的非习得资质是什么,是很不可靠的事情。

研究人类幼儿的阻力

关于人类婴儿和儿童在最初几年里发生的动作是怎样的,我们直到最近还没有什么可靠的资料。实际上,在研究人类幼儿行为的过程中曾经存在巨大的阻力。当今社会,有许多儿童挨饿,有许多儿童生长于贫民窟中,可是大多数人熟视无睹。但是,当心肠比较硬的行为主义者要在婴儿身上做实验研究,乃至开展系统的观察,种种批判便接踵而至。当一位行为主义者在医院的产科病房开展实验和观察时,人们也会对他的目的产生相当程度的误解。婴儿又没有生病,行为主义者所做的研究也不是在诊断疾病——那么这种研究有什么好处呢?另外,当这些被观察的儿童的父母知晓这件事以后,他们也会愤慨起来。他们对你在做的研究一无所知,并且要使他们了解你正在做的事情也是困难重重。所以,除非心理学家全权负责开展研究的育婴室(在做研究工作时要带一位医生,不过他只是跟随,不负责重要任务),否则他几乎不可能持续开展一个长时间的、满意的研究。好在现在已经有了几个这样的育婴室，如，加利福尼亚大学玛丽·科弗·琼斯博士（Mary Cover Jones）领导下的实验室，明尼苏达大学约翰·安德森教授（John Anderson）领导下的实验室，约翰·霍普金斯大学比福德·约翰逊教授（Buford Johnson）领导下的实验室，耶鲁大学格塞尔领导下的实验室。但是，如果在各个产科医院中负责的医生们能把心理学的测验当作看护婴儿的事务中的常规工作应用于所有的婴儿，那么，我们在普通的医院中就可以开展更多的研究工作。

研究人类婴儿的行为

无论哪一个人，他要去研究人类婴儿的行为，应该首先要对生理学及动物心理学有一定的研究。研究婴儿行为的工作要在医院的育婴室中做，因此他也应该事先到医院的育婴室中感受实际工作的节奏。经历过此番训练之后，他就能够明白在未来开展婴儿行为研究的时候，如何才能不伤害到婴儿。在他开始观察记录前，他也应该先观察几次分娩的事例。在观察了几次分娩后，他就可以知道人类婴儿非常有能力承受不得不受的辛苦。

我们所了解的胎儿的行为

我们对人类幼儿在子宫内的生活（intra-uterine life）实在了解得很少。宫内生活始于卵子受精之后。最近，明科夫斯基（M. Minkowski）在苏黎世大学的研究表明，2～2.5个月的胎儿在头部、躯干和四肢部分都表现出一定的运动，这些运动是缓慢的、不对称的、无节律的和不协调的，运动的幅度不大。有些是对皮肤刺激的反应,也有些是对四肢位置变化的反应。胎儿的心跳很早就开始出现,往往才 3 个星期的胎儿就有心跳的现象。胃腺发挥作用大概在第 5 个月末。

胎儿在宫内的位置也是非常重要的,因为它在婴儿出生以后相当长一段时间里仍然对婴儿的运动和姿态有影响。惠特里奇·威廉姆斯(J. Whitridge Williams)博士在描述胎儿宫内位置的问题时认为:"暂且不论胎儿与其母亲可能具有的关系,在妊娠期后几个月,胎儿采取了一种独特的姿势,人们把这种姿势描述成胎儿的态度(attitude)或习惯(habitus)。作为一个一般的规律,可以说胎儿形成了一种卵圆形的团块,其形状大致与子宫内腔的形状一致。因为胎儿以这样一种方式合拢或弯曲身体,使得背部呈明显的凸形,头部也屈曲得厉害,以至于下巴差不多可以接触到胸部,大腿也屈向腹部,双腿在膝关节处弯曲,而双脚的足弓部也置于双腿的前面,双臂通常交叉置于胸前或平行放在体侧,脐带则位于双臂和下肢之间的空间。这种姿势在整个妊娠期一直保持着,尽管通过四肢的运动这种姿势常会有所改变,而且在某些例外的情况下头部会采取一种完全不同的伸展姿势。这种颇具特征的姿势部分取决于胎儿生长的方式,部分来自胎儿与子宫腔轮廓之间的适应过程。"(《产科学》[Obstetrics]第 180 页)至于胎儿在宫内位置的轻微差异是否会影响甚至决定其后来左右惯用手,这点尚不清楚。根据我们的观察,在婴儿的身体中,大约 80% 的个案的肝脏是位于右边的。这个大型器官是否会使胎儿产生轻微的摆动,导致胎儿在右侧比起在左侧更不受约束,这一点有待研究考证。如果确实如此的话,那么肝脏位于身体右侧的婴儿,出生后应该惯用右手。不过,根据我在约翰·霍普金斯大学对数百名婴儿的观察结果,实际情况并非如此。

通过对早产儿的研究,我们可以获得胎儿的结构所起作用的最佳信息。6个月的早产儿会发生痉挛式的呼吸,并做出一些发育不全的运动,这类婴儿难以存活。而从第7个月开始一直到妊娠期满,这期间出生的婴儿可能存活。出生时,他们表现出一般的出生资质(birth equipment)。这表明从第7个月开始存在于胎儿身上的许多结构,接受合适的刺激便准备发挥作用。例如,空气充入肺中便开始呼吸;脐带被割断,完整而独立的血液循环和净化活动也开始了;独立的新陈代谢也表明内脏系统开始发挥作用,等等。

人类幼儿的出生资质

对数百名婴儿从出生起到第一个30天为止的日常观察,以及对少量婴儿第一年生活的观察,都为我们提供了以下关于非习得反应(unlearned responses)的事实(粗略的)。①

打喷嚏:这种现象从婴儿出生开始便以较为成熟的方式出现,有些婴儿甚至在所谓出生时的啼哭之前就已经出现了。这是一生中能保持着积极活动的众多反应之一。实际上,习惯的因素对它

---

① 在霍普金斯医院心理学实验室工作的玛格丽特·格蕾·布兰顿(Margaret Gray Blanton)女士为我们提供了关于这一主题的最佳资料,发表于《心理学评论》(Psychological Review)第24卷,456页。我在书中多次引用玛丽·科弗·琼斯博士的《幼儿早期行为模式的发展》(The Development of Early Behavior Patterns in Young Children)的研究(Ped. Sem. And Jr. Genetic Psychology,33,4,1926)。

的影响是相当微小的。迄今为止，尚未有任何试验，试图了解在经过充分的条件作用实验之后，婴儿是否会一看到胡椒盒子就打喷嚏。正常的机体内刺激引起打喷嚏的情况也未得到充分的解释。有时候，喷嚏发生在婴儿从较凉的房间转移进过热的房间。有些婴儿，当被抱到室外阳光下的时候，也会很明显地发生打喷嚏的情况。

打嗝：这种现象通常不会在出生的时候出现，大概在出生后7天起就很容易观察到婴儿的这种情况。我们对50多个个案进行仔细观察，最早被观察到的打嗝现象发生在出生后6小时。关于打嗝，迄今为止所知的是这种反应在一般的生活环境里极少能形成条件反射。引起打嗝的一般刺激是胃部充满食物而对横膈膜产生了压力。按照普莱斯考特·莱基(Prescott Lecky)教授的说法，体温降低也是引起打嗝的另外一个原因。

啼哭：所谓的出生啼哭发生在呼吸作用建立的时候。除非受到空气的刺激，否则两肺就不会因为充气而膨胀起来。随着空气冲击两肺和上消化道的黏膜，呼吸机制逐步建立起来。为了建立呼吸机制，有时必须把婴儿浸入冰水中。在浸入冰水的同时，也会出现啼哭。这种啼哭也发生在对婴儿的背部和臀部不断予以摩擦和拍打的时候——这是一种为建立呼吸作用而经常使用的方法。出生啼哭现象在不同的婴儿中存在显著差异。

饥饿会导致啼哭。有害的刺激，例如粗鲁地触摸，对婴儿施行包皮环割手术，或者用柳叶刀割开疖子并对其进行护理等，都会引起啼哭，甚至在极其年幼的婴儿中也会引起这种现象。当婴儿抓住成人的手指被带起来的时候也会引起啼哭。

这样的啼哭很快就会形成条件反射。婴儿迅速的知道他可以通过啼哭来控制护士、父母和佣人的反应,并会在日后把啼哭当作一种武器。婴儿的啼哭并不总是伴着眼泪,尽管眼泪有时可以在出生以后的10分钟就观察到。由于现在普遍会在儿童出生后不久便向其双眼滴入硝酸银,因此眼泪正常出现的时间便难以断定了。可是,出生4天以后,在许多婴儿身上已经可以观察到流泪现象。由于比起干哭,眼泪在控制护士和父母的行为方面是一种更加有效的手段,因此眼泪在一切可能的方面,也十分迅速地形成条件反射。

我们已经开展了许多实验,目的是为了了解育婴室里一名婴儿的啼哭是否会成为引发其他婴儿啼哭的一种刺激。我们调查的结果完全是否定的。为了更加彻底地控制这些条件,我们制作了一名爱啼哭婴儿的留声机唱片。然后,我们以靠近耳朵的方式将这种声音先放给一名睡着的婴儿听,接下来又放给一名醒着但很安静的婴儿听。实验结果再次得出否定结论。饥饿和有害刺激(还有大的声响,参见第152页*)无疑都是引发啼哭的无条件刺激。

绞痛:绞痛本身构成了一组有害的刺激。它可以并经常引发啼哭,而且显然这种啼哭稍稍不同于其他类型的啼哭。这是由于腹腔中气体的形成对腹腔造成压力。因此,在饥饿引起啼哭中使用的一组肌肉无法为绞痛引起的啼哭所利用。婴儿的啼哭是如此不同,以至于晚间有25名婴儿的育婴室里,很短的时间就能列举出正在啼哭的婴儿的名字,而不用考虑该婴儿在育婴室里的位置。

阴茎勃起:这种情况在出生的时候就会出现,而且是贯穿一生的。引起这种反应的刺激我们目前还不清楚。不过,辐射热、温

---

* 指原书页码,参见中文本边码。下同。——编者

水、轻轻地抚摸生殖器、憋尿的压力等,都是能够引起阴茎勃起的主要刺激。当然,这种情况在以后一生中通过视觉刺激及其他相似的东西而形成了条件反射。对于后来引起性高潮的刺激可能有所不同。在婴儿身上,正如在性交和自慰中那样,短暂的、有节奏的接触会导致性高潮的产生(在青春期以后,这种刺激还能导致射精)。也许,不论男性还是女性,有机体本身都可以通过刺激的替代(stimulus substitutions)来促进或减缓性高潮(这种替代的刺激如文字、声音等等——这是极其重要的社会因素)。

目前,我们尚不清楚在婴儿发育中哪个年龄的勃起能够成为一种条件作用的反应(conditioned response)。不过,自慰(对婴儿来说一个更好的术语是自己抚弄阴茎或阴道)几乎可以发生在任何年龄段。就我个人而言,我观察到自慰的最小年龄大约为1岁的女婴(实际上往往发生得比这更早)。当时,这名女婴坐在澡盆里,在她伸手抓肥皂时,偶然用手指接触到外阴部。于是,抓肥皂的动作停止了,开始出现抚弄阴道的动作,并且女婴的脸上露出了笑容。在这种情况下,我从未见过男婴或女婴把自慰进行到发生性高潮的那种程度(必须记住,在男性未达到青春期以前,可以发生情欲高潮但不会射精)。显然,后来用于性交活动的大量肌肉反应,例如,推、爬、抚弄等,在男性方面至少比我们通常认为的年龄更早一些发挥作用。在去诊所求诊的病例中,我观察到一名3.5岁的男孩会骑在母亲或保姆身上,其中任何一个要是碰巧和他共眠的话,他的阴茎将会勃起,而男孩则会抚弄和吮吸母亲或保姆的乳房,接下来就会发生类似成人性活动那样的拥抱和性交动作。而由于男孩的母亲和丈夫分居,在这种情况下,她实际上是故意在儿童身上逐步建立起这种反应。

排尿：这在出生之后就有了。它的无条件刺激，无疑来自于机体内部，是由于膀胱中尿液累积产生压力的缘故。它的条件作用最早可以出现在婴儿出生后的第 2 周。但是，要在这样幼小的年龄形成条件反射需要无限的耐心。不过，从出生以后的第 3 个月起，只要稍稍用心一点便可轻易地使婴儿形成条件反射。如果在每隔半小时左右的时间里仔细观察婴儿的情况，有时碰巧会发现尿布是干燥的。当这种情况发生时，就把儿童放在便器上。如果膀胱十分充盈的话，那么儿童由于处于坐姿而增加的压力将会形成足够的刺激以引发小便动作。在重复尝试以后，条件反应便完成了。儿童们能够对这种动作形成彻底地条件反射，以至于无需提醒便可引起排尿反应。

排便：这一机制似乎从出生开始便完善了，而且该机制多半在出生前几个星期便完善了。排便的刺激大多是降低结肠里的压力，将一只医用体温计塞进肛门往往会引起排便。

排便也能够在十分幼小的年龄就形成条件反射。形成条件反射的方法之一就是，把婴儿放在便器上，插入一种甘油或肥皂栓塞剂，经过多次重复，与便器的接触就足以成为引起排便反应的刺激。

最初的眼动：出生后的婴儿，当仰面平躺在暗室里头部保持水平状态时，他的双眼将转向模糊的光线。刚出生时，眼球运动不能很好地协调，但是，"内斜视"（crosseyes）并不像大多数人认为的那样普遍。双眼的左右协调运动最先出现，而眼球的上下运动则在稍后时期出现。一段时间后，当在婴儿面前用一盏灯绕圈晃动时，婴儿的眼睛会跟着转圈。

众所周知,习惯因素几乎立即开始进入注视和其他眼球反应中。我已经清楚地表明了这一事实,即眼睑和瞳孔的运动也能形成条件反射。

微笑:微笑很可能首先由于动觉的(kinaesthetic)和触觉的刺激而出现。它可以早在出生第4天就出现,经常可以在吃饱后看到。而且,轻轻抚摸婴儿身体的一些部位,或向身体吹气,或触摸性器官和皮肤敏感区,都会产生微笑的反应。在婴儿的下巴搔痒,并轻轻摇他,也往往会引起微笑。

在微笑的反应中,其条件作用的因素早在出生后30天就出现了。玛丽·科弗·琼斯博士对微笑进行了广泛的研究。她在一大批婴儿中发现了条件作用的微笑——也就是当实验者微笑时,或者对婴儿讲些儿童?笑话的时候(既有听觉又有视觉因素)婴儿所发生的微笑——开始发生于第30天时。在她对185个案例的全部研究中,条件作用的微笑首次出现的最晚年龄是出生后第80天。

肢体反应:肢体反应(manual responses)是指头部、颈部、腿部、躯干、脚趾,还有双臂、双手和手指所发生的各种运动。

转头:很多婴儿一生下来,如果使其俯卧在被褥上,他们的头就能向左或向右转动,而且还能把头从被褥上抬起来。我们看见过出生30分钟的婴儿就有这些动作了。有一次我们测试了15个婴儿,除了一个例外,其余的婴儿都在30分钟之后便具有这样的反应了。

当婴儿被竖直抱的时候,能够支撑头部:这种情况随着头部和颈部肌肉的发展而变化。把婴儿抱在实验者的膝上,使其腹背部受到支撑,有些新生儿能够支撑其头部达几秒钟。看来这种反应能得到迅速的改进,显然是由于结构的发展而不是训练的因素。大多数婴儿在6个月以后头部都能支撑起来。

先天的手部动作:许多婴儿在出生时就能观察到明显的手部动作,例如将双手合拢、放开,或者伸展一只手的手指,或者同时伸展双手的手指。通常,在这些手部运动中,拇指总是合拢在手掌之内,而且不参与手的反应。拇指在一开始并不参与手的运动,直到相当长的一段时间,大约第100天左右以后才开始参与。后面,我将谈到抓握动作,该动作也出现在出生的时候。

手臂动作:对皮肤的任何地方施加最轻的刺激,通常会引起明显的手臂、手腕、手和肩部的反应。显然,动觉的和机体的刺激可以像触觉、听觉和视觉刺激一样引起这些反应。婴儿的双臂可以举到面部甚至达到头顶,并下垂到腿部。然而,通常情况下,不管刺激发生在何处,手臂的第一批动作往往朝着胸部和头部(大概这也是宫内习惯的一种残留)。使婴儿的双臂和双手产生激烈运动的一种特殊方式是捏住其鼻子。在短短几秒钟之内,他的一只或两只手臂会急剧上举,直到婴儿的手实际上开始接触实验者的手为止。而如果抓住其中一只手,另一只手也同样会举起来。

腿部和脚部的动作:踢是婴儿出生时可以见到的最显著的动作之一。踢的动作可以通过接触脚底,用热空气或冷空气加以刺激,或者通过对皮肤的接触,以及直接通过动觉刺激而引起。促使腿部和脚部产生运动的一个特殊方式是拧膝盖上面的皮肤。如果将左腿提起伸直,然后拧一下膝盖,右脚就会踢起,并且接触实验者的手指。当右腿膝盖的内侧被拧时,左腿会向上踢起并击中实验者的手指。这种情况会在出生时完美地发生。有时候只要花上几秒钟,婴儿的脚便能踢到实验者的手指。

躯干、腿部、脚和脚趾的动作:当一名婴儿用右手或左手抓住物体将自己悬挂起来的时候,我们可以看到躯干和臂部具有明显的"爬行"的运动。有一个将躯干和腿部拉向上方的提拉运动,接着便是一个放松的时期,然后又开始一阵提拉。给脚搔痒、用热水刺激脚将导致脚和脚趾产生明显的动作。一般来说,如果用一根火柴棒刺激足底,几乎所有婴儿都会出现巴宾斯基(Babinski)反射。这是一种可变的反射(variable reflex),通常的表现方式是大脚趾向上翘(外伸),以及其他脚趾向下缩(屈曲),偶尔巴宾斯基反射只采用"扇形展开"形式,即展开所有的脚趾。巴宾斯基反射通常在1岁结束时消失,当然在有些儿童身上也可能持续一年多的时间。如果只用脚趾,婴儿是不能支撑其体重的。如果把一根铁线或一根其他的圆柱形东西放在婴儿的脚趾底下,婴儿往往会发生屈曲的肌肉收缩运动——也就是说,婴儿会将脚趾紧握起来。虽然婴儿只要稍微用力,那根圆棍或铁线就会移动,但是他们的脚趾仍然会紧握起来。

许多婴儿刚出生时,将其脸朝下放在坚硬的平面上,他们差不多都能脸朝上背朝下翻过身去。布兰顿女士描述了一个例子:被试T在出生7天时,当光着身子没有衣服阻挡时,能一次又一次地脸朝上背朝下地翻身。如果将女婴脸朝下放在坚硬的平面上,并使她的双臂和身体保持一致,那么她便立即啼哭。腿部、手臂、腹部和背部肌肉的舒张和收缩是伴随着啼哭而发生的现象。在进行这一动作时,她把压在身下的双膝提拉,并大量地收缩肌肉,然后又使肌肉舒张。逐渐地,由于身体两侧不相等的活动,肌肉收缩将使她翻转,她最终会逐渐接近于身体侧躺。在另外一个例子中,婴儿只花了10分钟时间便实现翻转,期间有9次分离的收缩。

想象一下在一般的翻身行为中所引起的数百次的部分反应吧。可以看到,习惯又一次迅速地参与进来,随着许多部分的反应一个接一个地退出,这一反应就越来越明显。一名婴儿要花上几个星期至几个月的时间才能学会用最少的肌肉力量迅速地翻身。

进食反应:触摸一名饥饿婴儿的嘴角、面颊或下巴,将会引起迅速的、痉挛般的头部运动,结果会使其口腔靠近刺激源。这种现象从婴儿出生5小时后便已经可以观察到了。嘴唇或吮吸反射是另一种独特的反应。用指尖在睡着的婴儿嘴角下面或上面轻轻触动,可以使嘴唇和舌头立即进入喂奶的姿势。诸如此类的哺乳动作在幼儿中间差别很大。实际上,每名婴儿在出生后第一个小时内都可以表现出这种情况。偶尔,在出生时发生明显的伤害,哺乳行为会受到阻碍。这种喂食反应包括吮吸,舌头、嘴唇和面颊的运动以及吞咽动作。对于大多数新生儿来说,这种机制是相当完善的,除非在出生时受了伤(或者可能其父母是低能的)。

整组喂食反应可以轻易地形成条件反射。在用奶瓶喂食的婴儿身上可以十分容易地观察到条件反射的现象。甚至在能伸手拿奶瓶以前(大约在第120天左右发生),若向婴儿出示奶瓶,婴儿的身体会显示出特别的"躁动不安"。在已经发展到伸手拿奶瓶以后,单单看到奶瓶就会引发强烈的身体运动,而且随后立即开始啼哭。婴儿对奶瓶的视觉刺激如此敏感,以至于在12~15英尺以外出示奶瓶，反应就会出现。还存在着许多与喂食相联系的其他条件反射因素，我希望有时间探究这些因素——对食物的消极反应，对食物发脾气以及诸如此类的事。在这些反应中，就我能判断的而言，大多数反应纯粹是条件反应。

爬行：爬行是一种非决定的（indeterminate）反应。许多婴儿并不是时时爬行，而且他们全都在爬行中表现出不同的行为。经过多次实验以后，我倾向于认为，爬行主要作为一种习惯形成的结果。当婴儿脸朝下时，触摸和动觉刺激产生一般的身体活动。婴儿的身体一侧比另一侧更加活跃，结果产生绕圈运动（circular motions）。在一个 9 个月的婴儿身上，绕圈运动已有好几天，可是再也观察不到任何进步。在这种身体的逐渐扭转和翻动中，婴儿有时朝右面运动，有时朝左面运动，有时朝前运动，有时朝后运动。如果在这些运动中，婴儿设法伸手抓握并操作某种物体，那么实际上就具有了像迷宫中（迷宫中央置有食物）饥饿的老鼠那样的情境（situation），结果产生了朝着物体爬行的习惯。如果教会婴儿将爬行与作为刺激物的奶瓶建立关系，那么爬行便是被教会的了。我们的日常试验是按下述方式实行的。把光着身子的婴儿放在地毯上，让其腿伸展着，在脚趾到达的最远处做一个记号。然后把一只奶瓶或者一块糖（早前已用糖果对他建立条件反射，以使他会为得到糖果而努力）放在他的双手达不到的地方。花 5 分钟时间就可以进行这项试验了。有时，在试验结束时，如果爬行还不发生，这时便可以在他身后几尺处放一只电热器，以促进一般身体活动的发生。

近来，勒努瓦·伯恩赛德（Lenoir H. Burnside）在霍普金斯实验室中，对于婴儿的移动动作中的和谐现象，曾用电源及相片纸做了一项很精密的研究（发表于《发展心理学专刊》第二卷第五期），伯恩赛德所谓移动的动作（Locomotion），其中含有爬行、伏行及步行三种。

直立和步行：直立的整个复杂机制是先靠支撑，然后不靠支撑，接下来是走路，再后是奔跑和跳跃。奔跑和跳跃是一种发展得十分缓慢的机制。整个机制的起始看来在于所谓"伸肌延伸"（extensor thrust）的发展之中。在婴儿期的头几个月里，伸肌的延伸通常并不呈现出来。出生几个月以后，如果婴儿被成人用手臂举到差不多站立的位置，他们的双脚的一部分始终接触地板，那么，由于身体重量落在双脚上，双腿的肌肉便僵硬。在这种反射出现以后不久，婴儿便开始尝试着使自己站立。在7～8个月的时候，许多婴儿能够在很少的帮助下自己站直，并在抓住某种物体的情况下，短时间内支撑他们自己，使自己处于站立状态。在取得了这一成绩以后，下一阶段便是抓住一个物体而到处走动了。最后的阶段是独自走第一步。独自走第一步因人而异，其发生的时间各有不同，这要视婴儿的体重、健康状况、跌跤（条件反射）时有没有产生过严重的伤害等等而定。通常，婴儿在1岁时走出第一步，有时还会稍稍早一些。在我的记录中，最完整的观察事例表明，第一步是在婴儿出生后第十一个月零三天结束时跨出的。在第一步跨出以后，其余的行为都必须学会，就像青年人在骑自行车、游泳、滑冰，以及在绷索上走路时必须学会使自己"平衡"一样。看来，在发展这一机制的过程中，有两个因素齐头并进。一个因素是体内组织的实际成长，另一个因素是习惯的形成。行为可以通过训练

(积极的条件反射)而加以促进;然而,它也可以在这些阶段的任何一个阶段明显地停滞,比如出现婴儿跌跤并受伤的情况(消极的条件反射)。

言语行为:婴儿的早期语音以及将这些语音组织成字词和言语习惯的条件和情境,我们将在第10章中详细讨论。

游泳:游泳技能的获得绝大部分是一种学习的过程。在儿童第一次尝试游泳时,他已经充分地建立了良好的使用手臂、腿部、手部和躯干的习惯。"平衡"、呼吸、消除恐惧等等,则是其他的重要因素。

当把新生儿放入与之体温相同的水中,他的头部露出水面,几乎不发生任何非常的反应。但是,如果把新生儿放入冷水中,激烈的身体反应就产生了,但是,并不会出现任何一种类似游泳的动作。

抓握:刚出生的婴儿能够用右手或者左手支撑其全部体重,只有极少例外。我们用于测试的方法是把一根直径相当于一支铅笔的小棒放在婴儿的一只手中,然后将他的手指合拢。这一刺激将促使抓握反射(grasping reflex)的产生。与此同时,还开始了啼哭。接着,婴儿的手便紧抓小棒。在该反应期间,婴儿可以通过他抓住的棒头将自己整个地从枕头上提起来。一名助手将双手放在婴儿下面,以便当婴儿掉到枕头上时可以托住他。婴儿抓住棒头将身体悬空的时间长短从短暂的一瞬间到1分钟以上不等。在特定的情况下,在不同的日子里持续时间可能有相当大的变化。

上述反应从出生起几乎是不变的,直到在大约第120天时消失。这种反应的消失,其时间变化幅度颇大——根据所观察的一些例子,有80天的,也有超过150天的。一些有缺陷的婴儿,在这种反应正常消失时期以后很久还会继续存在这种反应。

只有7个月或8个月妊娠期的早产儿,会以一种正常的方式表现出这种反应。而生来就没有大脑两半球的婴儿,也表现出同样的反应:一个观察到的例子是从婴儿出生到18天后死亡为止,对这种反应进行的测试。

除了其自身的体重以外,婴儿还能够支撑多少额外的重量,这一情况从未进行过测试。但是,我们在婴儿穿上衣服及给予负重时,进行过这类测试。

这一原始反应过程最终从一系列活动中消失,而且永不重现。我们将会说明,它如何让位于掌握和操作物体的习惯。

眨眼:当新生儿的眼睛(角膜)被触及,或者当一股气流冲击眼睛时,新生儿会闭起眼睑。但是,当一支铅笔或一张纸迅速穿越过整个视野而造成一团阴影晃过眼睛时,新生儿却不会"眨眼"。我注意到的最早的眨眼反应发生在第65天。琼斯博士在一名出生40天的婴儿身上注意到了这种反应。

眨眼反应的出现是很突然的——是很容易"疲劳"的一种动作,本身很有变化性。即使到80天时,有些婴儿对实施的刺激也不会有眨眼反应。通常在100天时,无论何时,只要实施的刺激呈现,并且刺激之间至少相隔1分钟时间,婴儿就会眨眼。这种眨眼反应一直保持在动作流(activity stream)中,直到老死。尽管我们无法证明它,但是这种反应在我们看来很像一种条件作用的视觉眼睑反应(conditioned visual eyelid response),其状况如下:

(无条件)刺激·····························(无条件)反应
接触角膜   眨眼

但是，接触眼睛的物体往往投下阴影，因此

（条件）刺激••••••••••••••••••••••（无条件）反应
阴影　　　　　　　　　　　　　眨眼

如果这种推理是正确的，那么对于阴影产生的眨眼便不是一种先天的反应了。

惯用手：我们已经指出，惯用手（handedness）可能是由于胎儿在宫内长期所处的位置（实际上是一种习惯）。对惯用手的研究可以从婴儿出生时就通过几种不同的方式开始进行。

1. 测量右手或者左手的解剖学结构，例如，左右手手腕的宽度，手掌的宽度以及前臂的长度等等。我们已经利用特制的仪器对数百名儿童作了这种测量。结果表明，在右手和左手的测量方面并不存在重要差异。测量中发生的平均误差（average error）要大于每一种观察到的差异。

2. 记录用左手和右手悬吊的持续时间（参见"抓握"）。在进行这些测试时应该特别注意，先让婴儿用右手悬吊，然后第二天让他用左手悬吊。表1（左边两栏）表明从一天到另一天的悬吊时间方面不存在恒定的情况。

表1　表明两只手每天操作的结果记录

年龄天数	悬吊时间（秒）		相加器上的操作（寸）	
	右手	左手	右手	左手
1	1.2	5.6	16.16	13.75
2	2.2	3.0	25.00	15.00
3	0.6	1.4	37.50	36.25
4	0.6	0.4	12.00	15.00

第六章 人类有本能吗?(续)

续表

年龄天数	悬吊时间(秒)		相加器上的操作(寸)	
	右手	左手	右手	左手
5	1.2	1.0	15.00	27.00
6	1.0	1.6	17.16	16.00
7	0.6	3.2	21.25	29.37
8	1.0	2.2	24.16	18.37
9	1.8	1.8	17.25	13.00
10	1.4	0.6	28.00	9.00
平均	1.16	2.08	21.34	19.27

右手比左手悬吊时间更长——3次　右手比左手更多操作——7次
左手比右手悬吊时间更长——6次　左手比右手更多操作——3次
左手和右手悬吊时间相等——1次　左手和右手操作相等——0次

3. 记录一个特定时间段内使用右手和左手进行操作的总量。我们使用一种特别设计的操作相加器(work adder)进行这项研究。这种操作相加器实际上是一只摆轮,其工作方式为:无论婴儿怎样挥动他的手臂,总是使摆轮朝一个方向转动。随着摆轮转动,便可通过一根带子把一小块附在轮子上的铅锤绞上去。当然,每一只手都分别使用仪器。在操作开始时,将两块重物放下来,直到它们刚刚接触到台子的顶部。于是,把婴儿的双手束缚在带子上。婴儿的挥舞动作开始把重物绞上去。通常,婴儿光着身子仰面躺着,不受观察者的任何刺激。在5分钟结束时,将婴儿从测试装置中取出,然后对两个重物离开桌面高度的时间进行测量。

我们根据这种方法获得的记录再次表明,两只手的操作时间极少存在显著差异。

表1(右边两栏)提供了一名婴儿在出生10天内的记录。总

体说来,表格显示了从操作相加器和悬吊中获得的数据结果。请注意,被试 J 的悬吊平均时间为右手 1.16 秒,左手 2.08 秒。平均操作(绞起来的平均高度、重量),右手为 21.34 英寸,左手为 19.27 英寸。其中,婴儿用右手悬吊时间较长的有 3 天,左手悬吊时间较长的有 6 天,左右手悬吊时间相等的有 1 天。但值得注意的是,婴儿用右手较快地绞起重物的有 7 天,而用左手较快地绞起重物的只有 3 天。

根据我们的研究可以看出,在婴儿期的前几天的惯用手是如何变化的。但是,仅凭一名婴儿的记录也许说明不了什么问题。我们在此提供一名婴儿的记录,不过是想表明所期望的调查结果所属的类型。当我们通过诸如此类的大量记录绘制分配曲线,无论是把悬吊时间制成图表,还是把仪器上所做的全部操作制成图表,结果都一样。显然,习惯(或者迄今为止某种未确定的因素)肯定参与其中,以便使其固定下来。

4. 在伸手抓取物品的动作建立以后,用呈现物体的方式测试惯用手:我们将在第 9 章中讨论儿童如何学习伸手抓取物品以及操作小物件的问题。现在我仅略微介绍一下最早发现的婴儿所具有的抓握反应,因为它和左右手的惯用有关系。大概在 120 天的时候,我们就可以使婴儿对一颗包装精致的薄荷糖产生抓握的反应。我们首先要使他对糖果形成积极的条件反射。这种条件反射活动可以在伸手取物的习惯建立之前就完成,方法是通过用一根棒棒糖从视觉上刺激婴儿,然后再把糖果放入其口中,或者把糖果放在他的手里。如果把糖果放在婴儿手里,婴儿便会将糖果放入口中,通常到了第 160 天时,一旦糖果出现,婴儿便会伸手去取糖果。然后，就可以对这名婴儿进行惯用手测试。

在这段有趣的时间里，我总共与大约 20 名婴儿一起工作。在做测试的时候，婴儿被母亲抱在腿上，以便双手可以自由活动。实验者站在婴儿面前，将糖果保持在与婴儿双眼平行的水平面上并缓慢地朝婴儿移动，但是必须小心将糖果保持在两只手的中间位置上。当糖果到达婴儿够得着的地方时，婴儿的双手便开始活跃起来，然后左手或右手或者双手举起，朝糖果伸去。于是，我们可以观察到他触及糖果的那只手。

我们实验所用婴儿的年龄，从 150 天到 1 周岁之间都有。所有实验结果都没有证据确定稳定的和一致的惯用手。有时候右手用得较频繁，而有的时候则左手用得比较频繁。

我们的结论

我们关于惯用手的整组研究结果使我们相信，直到在社交中开始确立惯用手时，才会在两只手中产生反应的固定分化。随后，社会很快介入，并说"你应该使用你的右手"，压力也就随即产生了。"用你的右手握手，维利。"我们抱婴儿的姿势也是让他能用右手和他人挥手告别，我们要求他们用右手吃饭。这种情况本身就是足够有力的条件作用因素，可以用来说明惯用手的原因。不过，假如你问："为什么社会是惯用右手的呢？"这可能要追溯到原始时代，一个经常得到引证的古老理论也许可以视作其原因——心脏位于人体的左侧。对于我们原始的祖先来说，非常容易认识到以下这些情况，即人们用左手执盾并用右手持矛刺向对方或猛掷出去，这些人归来的时候也往往可以执着盾牌而不是被放在盾牌上抬回来。如果在这一理论中有什么真理的话,那么可以十分容易地了解我们的祖先为什么一开始就教会青年一代习惯使用右手了。

在人类还没有把盾牌搁在一边之前,手稿和书籍的时代也已经开始了。而在手稿和书籍到来之前很久,古代流浪的游吟诗人也已经在口头上将这种惯用右手的传统加以具体化。强大的右臂成为我们神话中英雄的一部分。我们的一切工具——灭烛器、剪刀以及类似的物品,过去和现在都是右利手的人所制作的。

如果惯用手是一种由社会灌输的习惯,那么我们该不该改变左利手的人——那些抗拒社会压力的顽固分子呢?我相信,如果这项工作做得早而且十分理性的话,就不会产生哪怕是最轻微的损害。关于实施的时期,我认为应当在语言发展成熟之前做这项工作。语言的发展是非常快的,在后面的内容中,我会讲到在很早的时候我们就开始用词语表达我们的行为——也就是将行为翻译成语言以及将语言翻译成行为。现在如果把一名惯用左手、会讲话的儿童突然改变成惯用右手的儿童,很可能导致该儿童降低到只有出生6个月时的语言水平。由于经常不断地干扰儿童的行为,就会打破他的用手习惯,从而可能同时干扰他的语言(因为语言和用手行为是同时形成条件反射的)。换句话说,当儿童正在重新学习的时候,他不仅要用手摸索,还要用语言摸索。这样,儿童便重新退回到婴儿期。整个身体被无组织的(情绪的)内脏控制又会加重起来。所以如果在儿童已经会说话之后再想改变他惯用左手的习惯,所需要使用的方法便会比一般父母或教师所用的方法要麻烦得多。

至此,相信我们的主要问题已经解决了:惯用手并不是一种

"本能"。它甚至也不是在结构上决定的。但是,为什么人群中仍拥有5%完全意义上的惯用左手者,以及10%～15%的混合型者(左右手均用者——例如,用右手掷球、写字或吃东西,而用左手操作斧头或锄头等等),目前我们还不知道原因。①

关于非习得的资质的小结

婴儿出生时或出生后不久,我们几乎能发现所有这些所谓临床神经病学的信号或反射,基本都已经形成了,例如,瞳孔对光的反应、膝跳反射以及其他多种反射动作。

我们发现,婴儿在出生啼哭后,接着会发生呼吸、心跳和所有的循环现象,例如,血管的收缩(血管直径减少)和舒张、脉搏等等。从消化道开始,我们发现吮吸、舌部运动以及吞咽;发现饥饿痉挛、消化、在整个消化道中必要的腺体反应,以及排泄(大便、小便、出汗)。微笑、打喷嚏和打嗝行为至少部分地属于消化道系统。在这类反应之外,我们还发现阴茎勃起的反应。

我们发现,当婴儿用双手将自己悬吊起来时,就躯干而言,可以观察到躯干以及头部和颈部的一般运动。然后,出现了有节奏

---

① 必须注意有些因素并加以追踪观察。吮吸拇指、手指和手在许多婴儿身上都有所表现,而且往往持续到儿童期后期,除非对这种习惯加以合理的处理,否则它将一直存在。十分稳定地使用一只手或另一只手,这是通常发生的情况,但不是始终发生的情况。任何人都会期望未被吮吸拇指的手在操作物体方面会迅速地变得更加灵活。

有的时候,在某几个月,婴儿站立的时候总要用双手或某只手来抓握——恐怕所用的就是那只经过训练、比较强壮的手! 那么在这几个月之中,那只没有用来抓握的手,是在那里自由自在的。于是,由于它被用来做别的事情,它的训练便会赶上甚至要超过那只辅助站立的手(因为它是不被使用的)。各种针对成人的问卷或统计研究对于解决这个问题并无帮助。

的"爬行"运动。我们观察到婴儿呼吸时,以及在啼哭时、大便和小便时、翻身时、头部抬起或转动时躯干的活动。

我们还发现手臂、手腕、手和手指差不多处于无休止的活动中(大拇指直到后来才参与进来)。在这种活动中,尤其值得注意的是抓握,反复地张开和合拢双手,整个手臂乱动,把手或手指放进口中,当鼻子被捏住时将手臂和手指举向脸部等等。

我们发现除了睡着的时间以外,双腿、脚踝、脚和手指几乎处于不停顿的运动之中。如果出现外部的(和内部的)刺激,甚至睡着时也会发生运动。膝盖可以弯曲,腿部移向臀部,踝骨转动,脚趾展开等等。如果触摸婴儿足底,便会产生具有特征性的足趾运动(巴宾斯基反射)。如果左膝部被拧一下,右脚就会提升到刺激点,反之亦然。

其他活动则出现在稍后的阶段——例如,眨眼,伸手抓取物品,拿和拨弄,惯用手,爬行,站立,坐直,走路,奔跑,跳跃。在这些后来出现的大量活动中,很难说有多少动作是由于训练或条件作用而产生的。毫无疑问,大部分是由于身体结构生长的变化,其余部分则是由于训练和条件作用的缘故。

在本能上发生了什么

我们愿意不愿意承认,整个本能的概念,是非科学而且没有意义的呢?在婴儿刚出生的时候,我们就看到有习惯的因素存在了。现在让我们回到前文詹姆斯所谓的"本能的列表"(list of instincts),或者回到其他一些本能表中去。就詹姆斯描述的行为——例如,模仿、竞争、清洁以及他所列举的其他一些形式——

能被观察到的那一时刻而言,婴儿实际上早已是习得反应(learned responses)这门学科的一名毕业生了。

因此,根据实际的观察,我们已经不可能再接纳我们恋恋不舍的本能这一概念了。由于前面的研究,我们已经了解到,每一种行为都有它发展的历程。那么,我们将有关系的行为选择出来加以研究,将这种行为的发展历程进行观察并记录下来,难道不是唯一正确的、科学的研究方法吗?

以微笑这一行为为例。微笑在婴儿出生的时候便开始出现——是由机体内的刺激引发的,也是由皮肤上的接触引发的。很快,它就形成了条件反射,只要一见到母亲就会引发微笑。接下来是声音的刺激,最终是图片的刺激,都会引发微笑。再接着是词语,然后是看到的、听到的或读到的生活情境都可能引发微笑。我们笑什么,我们笑谁,以及我们和谁一起笑,都很自然地是由特定的、条件作用的整个生活决定的。不需要什么理论来解释它——只需要对遗传事实的系统观察。弗洛伊德派的信徒们精心编造的关于幽默和笑话的一派胡言不过是一些无用的谷壳似的废物。一旦观察挑明了事实,它们就会被风吹到一边去。

再以拨弄这一行为为例。它开始于出生后第 120 天,到婴儿 6 个月大时,这种行为变得稳定、明显和熟练。它可用千百种方式建立起来,主要有赖于允许它发展的时间,婴儿玩的玩具,婴儿是否被其玩具伤害过,婴儿玩玩具的时候是否被玩具发出的声音惊吓过,等等。脱离了早期的训练因素而漫谈什么"建设性的本能"(constructive building instinct)是有违事实的。

另外,在教育宣传中存在一种类似的、毫无意义的口号,采取像"让儿童发展内在的天性"之类的形式。表述这些癖好和本能的、神秘的内在生活的其他短语有"自我实现"(self realization)、"自我表现"(self-expression)、"未受教育的生活"(untutored life)(例如,未开化民族的生活)、"野性"(brute instincts)、"人的劣根性"(man's baser self)、"基本的事实"(elemental facts)等等。这些作者如艾伯特·佩森·特荷恩(Albert Payson Terhune)、杰克·伦敦(Jack London)、雷克斯·比奇(Rex Beach),以及埃德加·拉斯·巴勒斯(Edgar-Rice Burroughs),把他们从一批读者中引发出的反应归于由社会传统(尤其是通过性的禁忌)所奠定的结构,这些由社会传统所奠定的结构受到这些心理学家本人的误解,进而推波助澜,从而得到支持。

为了使你们更加容易地掌握行为主义的中心原则(也即一切复杂行为均来自简单反应的成长或发展)起见,我想在这里介绍"动作流"(activity stream)的概念。

以动作流取代詹姆斯的"意识流"

你们中大多数人一定对詹姆斯关于意识流(stream of consciousness)的那一经典章节十分熟悉。我们都十分喜欢那一章。不过在今天看来,就像旧式的公共马车已经不再适应现代的纽约第五大道一样,詹姆斯的这种提法也已经与现代心理学大大脱节了。旧式的公共马车固然是别致的,但是它已经让位于更加有效的交通工具。

我们已经回顾了关于婴儿早期行为的许多广为人知的事实。让我们用一幅图解来描绘人类结构日益复杂的整体。由于某些原因,这种描绘将是十分不完整的。首先,我们在图解上只能显示那

第六章 人类有本能吗？（续）

	出生时	60天	120天	180天	240天	300天	360天	2岁	3岁
受精卵	爱的行为		条件反射的爱						
	愤怒的行为		条件反射的愤怒						
	恐惧行为		条件反射的恐惧						
	打喷嚏								
	打嗝								
	喂食反应		条件反射的喂食反应						
	躯干和腿部的运动			爬行(条件反射的)					
	发声反应				行走(条件反射的)				
	说话(条件反射的)循环和呼吸				思维(无声的言语) 条件反射的循环和呼吸				
	抓握		伸手取物和操作，熟练动作，职业等(条件反射的) 手的惯用(条件反射的)						
	大便和小便 啼哭和其他腺体活动			条件反射的排泄反应 条件反射的腺体活动					
	勃起和其他性器官的反应				条件反射的性器官活动				
	微笑和大笑			条件反射的微笑和大笑					
	防御动作				打斗、拳击等(条件反射的)				
	巴宾斯基反射								
	眨眼								

动作流(The Activity Stream)

图 15：动作流

该图粗略展示了人类动作日益增长。早期是非习得的行为。后续是经过条件作用而复杂化的行为。

有一些动作系统显然没有太多变化，在人的一生中没有变得复杂化。

这幅图当然不够精确和完整。在基因的作用发挥之前，不要期望用这类图来评估婴儿的行为。

些活动中的一些活动；其次，即使图解上有足够的空间，由于我们的研究还不够完整，我们也无法描绘一幅完备的图解；最后，我们对于人类内脏的和情绪的资质、操作习惯和语言习惯还有待进一步研究。

可是，暂且不管以上这些缺陷，让我们想象一下一个完整的生活图解吧——永无休止的动作流,开始于卵子的受精,随着时间的流逝变得更加复杂。我们实施的有些非习得性行为是短命的——这些非习得性行为在动作流中只占一点点时间——例如,吮吸和非习得的抓握动作(相对与习得的抓握和操作动作而言),大脚趾的伸展动作(巴宾斯基反射),等等,然后便从动作流中永远地消失了。设想一下在生命的长河中较晚出现的其他一些行为,例如,眨眼、月经、射精,等等,它们在动作流中保持了下去——眨眼动作保持到死亡;月经维持到大约45～55岁,然后消失;男性的射精行为可以保持到70～80岁,甚至更长。

但是,最为艰难的是,设想每一种非习得的行为在出生以后不久便形成条件反射——甚至包括我们的呼吸和循环。设法记住,手臂、手、躯干、腿、脚和脚趾的非习得性运动迅速地组织到我们稳定的习惯中去,其中有些行为终身保持在动作流中,其他一些行为只保持一段短暂的时间,然后便永远地消失了。例如,我们2岁时的习惯必须让位于3岁和4岁的习惯。

图15描绘了整个心理学的范畴。因为行为主义者研究的每个问题,在这明确的、实质性的、可以实际观察到的事件流中均有某种形式的定位。它还为你们提供了行为主义者的基本观点,就是要想去了解人类,你必须了解他的动作的生活史。这个表,又更表明心理学是一门自然科学——生物学的一个明确部分。

在后面两章中,我们将会看到,在行为主义者的手里,人类情绪的遭遇是否会比本能的遭遇更加好一些。

第七章 情　　绪

——我们的先天情绪有哪些，
如何获得新的情绪，如何失去旧的情绪

第一部分：情绪的研究和相关实验概述

　　在前两章我们了解到，当前心理学中的本能观点与行为主义实验的结果并不一致。那么心理学中关于情绪的概念与行为主义者的实验结果就一致了吗？当前，除了讨论本能问题的著作，恐怕再也没有其他问题的著作比讨论情绪的更多了。过去20年间，弗洛伊德主义者(Freudians)和后弗洛伊德主义者(post-Freudians)发表的关于情绪的著述，其数量之多足够装满一个大房间。但是，行为主义者在如此多的文献中却找不到任何科学的核心观点。在行为主义者对人类发展的研究(这种研究差不多开始于十五年前)尚未取得成果之前，他们还不觉得能将情绪的各类问题化繁为简，并使用客观实验的方法予以解决。但是现在，他们已经明显看到他们能够做到这一点了。考虑到大多数人熟悉的是詹姆斯的情绪理论，我们现在就先回顾一下他的理论。我想指出詹姆斯理论中的缺陷，然后你将很容易了解到：行为主义者在该领域的研究方法和成果等方面都是有确实贡献的。

詹姆斯关于情绪之内省的观点

大约在40年前,詹姆斯令情绪心理学遭受了一次挫折,使它无法进步,直到现在它才刚刚开始恢复元气。詹姆斯本是一位生理学家,又是医生,也是世界上最著名的心理学家。他的时代在达尔文之后,但是他和达尔文的主张大相径庭,这是让我们痛惜的事情。达尔文对于情绪,所关注的是引起情绪反应的刺激,以及这种刺激所引起的情绪反应本身。生理学家兰格(Lange)关注的重点也是如此。他们二人对于恐惧情绪反应所做的客观论述是此类论述的经典,而且是完全客观并合乎行为主义的论述。

但是,詹姆斯并不喜欢这种关于情绪反应的客观描述,他对此颇有微辞。他曾经这样批评道:"这种研究的全部结果,是'对情绪所做的单调的描述,导致其成为心理学中最令人厌倦的部分之一',甚至不只是令人厌倦,你还会觉得,那种分析式的描述,大部分如果不是虚假的,也必然是不重要的。它虽然自命为正确的,实际上却只是虚假的而已。"在这样评价情绪的客观研究之后,他是怎样研究情绪的呢?他要找出一个公式——他要找出一堆字,使他能够把各种情绪都对应到这堆字中。用他自己的比喻来说,就是他要去捉住那只下金蛋的鹅,"因为只是对这只鹅所下的每个蛋做描述的工作,那是不重要的事情"。

詹姆斯所谓的下金蛋的鹅

詹姆斯找到了这样一个公式,即:"相反,我的理论是:遇到一件令人激动的事情时,先有一种知觉发生,紧跟着这种知觉的发生,身体上的变化也就发生了,而这时我们对于身体变化的所有感受(feeling),也就是我们的情绪。"他如何来证明这一公式呢?仅仅通过一点内省(introspecting)而已。随后,他又对整个理论中最重要的观点作了进一步的阐述。"如果我们现在先想象某种强烈的情绪,然后再从我们对它所有的意识中,提取出我们对身体变化的所有感受,我们就会觉得并没有剩下什么东西,并没有剩下一点能够构成情绪的心理原料(mind stuff),剩下的只是一种冷静的、中性的知觉而已。"根据詹姆斯的理论,研究情绪最好的方法就是在情绪到来的时候,你要呆呆地在那里内省它。你内省的结果也许可以成为下面的形式:我有了一个心跳减慢的"感觉"——在我的口中又有一种干渴的"感觉"——从我的腿上又来了一组"感觉"。所有这一群"感觉"——这种意识的状态——就是恐惧的情绪了。总而言之,詹姆斯认为,我们要研究情绪,都必须自己去做内省的工作。对于情绪来说,实验的方法是不适合的,观察的结果也无法验证。也就是说,詹姆斯认为对情绪进行科学的客观研究是不可能的。

詹姆斯和他的追随者显然从来没有想过要对情绪反应的起源问题进行过非实验的思考。在他们看来,情绪反应是从我们祖先那里继承而来的,所以它们的起源是无需考虑的。然而,借助那些空洞的、词语的公式,詹姆斯却把心理学中也许是最亮丽和最有趣的领域抛弃而使其无人问津了。他为情绪研究戴上了沉重的枷锁,使其无法自由发展,直到今天尚未从束缚中恢复元气。他的公式被美国许多有名的心理学家所接受,这些心理学家会在很长的一段时间里继续讲授这一理论。

当前流行的情绪列表

詹姆斯在内省法之外,并没有使用别的任何方法,但他却列出了一份关于情绪的粗略列表,如悲伤、恐惧、愤怒、爱;以及一份按道德感、理智感和美感进行分类的更为微妙的情绪列表。后者数目过于庞大,这里没有单独列出。

麦独孤(McDougall)也做过一个不同的分类。他认为每个主要的本能都伴随一种原始的情绪。例如,恐惧的情绪伴随着逃跑的本能;厌恶的情绪伴随着回避的本能;惊奇的情绪伴随着好奇的本能;愤怒的情绪伴随着好斗的本能;服从和得意的情绪伴随着自卑和自主的本能;温柔的情绪伴随着为人父母的本能(parental instincts)。此外,还存在着一些在性格中难以标记的情绪倾向。我们在前面讲过,麦独孤学派的这一些本能是不存在的,因此我们也没有必要去考虑与本能相配对的情绪。此外,还有其他一些流行的情绪分类,我们在此无法一一提及,不过它们也没有价值,因为各种情绪分类在决定之前都没有用客观的方法加以验证。

行为主义者对情绪问题的研究方法

在最近几年,行为主义者已经从崭新的角度探讨了情绪问题。对于成人的观察,使他们知道,每个成人,无论男女,都会表现出很多种情绪反应。美国南部的黑人对着日落后的黑暗哀鸣和颤抖,常常跪地不起,连哭带叫,祈求上帝宽恕他们的罪恶。同样是这些黑人,晚上不愿穿过墓地。当魔法和圣物出现时,他们会畏缩。他们不会用曾被闪电击中过的木头。在乡村,当夜幕降临时,成人和儿童就会聚集在住宅周围。之所以这么做,他们说是害怕黑夜的空气里会有灾祸降临。从我们的经验来看,许多情境都平淡无奇,但却可以在他们身上引发强烈的情绪反应。

现在,我们更具体地讨论一下情绪问题,这将使情绪问题真正得以解决。在我们的实验室中有一个三岁的儿童,他害怕下列这些东西:黑暗、兔子、老鼠、狗、鱼、青蛙、昆虫、机器玩具。当他正在兴奋地玩积木时,研究者拿一只兔子或其他动物拿近他,他所有的建设性活动都会停止,他会马上爬向围栏的角落,嘴里开始哭喊着:"拿走它,拿走它。"同一天测试的另一个儿童所害怕的又是另外一组东西,而另外还有一些儿童也许完全没有害怕的反应。

行为主义者对于成人的各类反应研究得越深入,他就越觉得,围绕在人们周围的东西和情境在其身上所引发的反应,要比它们被一般人使用或操作来引发的反应更为复杂。换言之,那种能引起反应的东西,似乎有别的意义"附加"到它的身上了,它似乎能在一般人的身上引起很多很多反应,这都不是能由有效习惯的规律所引起的。我们可以用黑人收藏兔脚的例子来说明。就我们而言,兔脚是从动物尸体上割下来并扔掉的东西,有人也许会把它扔给自己养的狗作为食物。但是,对许多黑人来说,兔脚并不是可以用如此简单的方式加以对待的东西。他们会把兔脚晒干、磨亮、放进口袋里,时刻小心保护着。他们不时地检查,每当遇到麻烦时,就会祈求它的指导和帮助。通常而言,他们对它的反应并不仅仅是对一只兔脚的反应,同时也是一个信仰宗教的人对上帝的反应。

从某种程度而言,人类文明的发展已经剥夺了人们对于客体和情境的一些反应。如面包,是饥饿的时候吃的东西。酒,是人们在正餐或宴会时喝的东西。但是,如果这些简单的、平常的、非情绪性的东西,在教堂里以圣餐的形式提供给人时,就会引起跪拜、祈祷、低头、闭眼和其他一些语言的和身体的混合反应。圣徒的遗骸和遗物在虔诚的宗教信仰者中间引起的一系列反应,虽不同于兔脚在黑人中间引起的反应,但是两者是完全相同的。此外,行为主义者还更进一步地观察了他的朋友们每天的行为。他发现,居住在他隔壁的邻居,如果他们的地下室有一种声音发出,则他们的反应会非常孩子气。他也发现,他的朋友中有许多人听见别人滥用上帝的名字时,他们会感到非常震惊,认为那是失敬的行为,这样的人必将受到惩罚。他还发现,他们中有许多人走路时总是和狗或马保持一定的距离,甚至不得不转过身或者穿过马路以避免走近它们。他还发现,男人和女人在挑选可能的伴侣时,又无法给出合理的理由。换句话说,如果我们能够把所有这些生活中客体和情境都放到实验室中,如果我们能够制定一个从生理学角度来说完全科学地对它们起作用的方法(将来的实验伦理学[experimental ethics]要做这些工作),并且把这些形式称作规范或标准,然后在这种规范的指导下考察人们日常的行为,那么我们就会发现与他们相分歧的规则。这种分析表现为:附加反应(accessory actions)、缓慢的反应、无反应(麻木)、反应阻滞、消极反应、为社会所拒斥的反应(偷窃、谋杀等等)、属于其他刺激的反应(替代)。① 这些反应,在当前"情绪"这个名词被重新界定之前,仍然可以说都是情绪的反应。

目前,我们还没有关于反应的生理学标准,不过正在逐渐接近了。物理学的发展已经使得我们对昼夜、季节、天气的反应方式标准化。我们不再认为一棵被闪电击中的树是由于受到诅咒的缘故。我们不再认为当我们拥有了敌人的指甲、毛发和排泄物,我们就占尽了优势。我们不再仰望蓝色的天空,认为那里有个居住着神灵的王国。我们不再认为遥远的、几乎看不见的山峦是神灵的家园。科学、地理和旅行使我们的反应开始标准化。我们对食物的反应通过食品学家的工作变得标准化。我们不再认为任何一种特殊形式的食物是"干净的"或"不洁的"。我们现在只考虑它能不能满足特定的身体需要。

---

① 例如,附加反应:有这样反应的人,他做事很快而且正确率高,但是他的脸色很白,也许还会啼哭,小便或大便,口中的腺体也许不发挥作用。不论情绪的状态如何,他的反应越是稳妥而正确的。其他无用的反应的例子,是在工作时发出口哨、闲谈及唱歌等动作。

缓慢的反应:有这种反应的人,他做工作,其反应时间是要增加的——他也许将他的工作胡乱放着,也许将他的工作停止了,或者在他工作时用了过度的力量或过小的力量。他对各种问题所发生的反应,有时候发生得太快,有时候发生得太慢。

消极的反应:他也许会对食物出现恐惧——把食物推开,或自己避开它。他对狗或马,不是发出平常的反应,而是发出走开的反应。各种恐惧症就属于这一种。

不被社会所允许的反应:有这种反应的人,他可以在"盛怒"之下,做出杀害他人的事情,抢夺财物的事情(举例)。凡是犯法而法律又因为是有情绪的因素于其间便予以宽恕的行为,我认为都属于这一类。

本是属于别的刺激的反应:一切同性恋的反应,一切儿子对母亲爱的反应,一切对于崇拜物所产生的性反应,以及其他类似的反应都属于这一类。父母对儿女所产生的情绪反应,总是假借天性的爱的名义,其实也属于这一类。

当然,此外还有很多很多的情绪反应,是我们所不能列在这几项中之任何项下的。

然而,我们的社会反应一直都未被标准化。甚至没有任何历史经验的参考。耶鲁大学的萨姆纳(Sumner)教授很好地指出了这一点。根据他的观点,每一种可想象的社会反应都有在某一时刻或另一时刻被认为是"常态"的和非情绪性的行为方式。比如:一位女性可能有许多丈夫;一个男性可能有许多妻子;在饥荒的时候,子孙后代可能被杀;必要时可能将人肉当成食物;子孙的献祭会被认为是可以抚慰神灵;你可能把妻子借给邻居或客人;妻子在焚烧丈夫尸体的火堆上自焚。

我们的社会反应,不但在以前不曾被标准化,现在也是如此。请想想我们在 1930 年这个时候,在父母的面前,在我们的社会领袖面前,所有的无用的反应是怎样的。我们对于英雄的崇拜是怎样的,我们对于学术权威、作家、艺术家以及教会,所有的敬畏是怎样的!我们在人群中,在化妆晚会(种族主义者的聚会和社交联谊会)、在足球和棒球赛场、在选举中、在宗教布道会(皈依,神棍的滑稽动作)、在失去心爱的人或物的悲痛场合所表现的行为是怎样的!我们有许多词汇都是用来命名这些像婴儿行为一样的无用的反应——崇敬、爱家庭、爱上帝、爱教会、爱国;尊敬、谄媚、敬畏、热情。一言以蔽之,我们在许多刺激下所产生的情绪反应都是和婴儿一样的。

行为主义者如何开展研究工作:成人反应的复杂性使得行为主义者无法在成人身上开展情绪研究。因此,他不得不从婴儿身上着手,在婴儿身上,他的问题就比较简单了。

假设我们从 3 岁幼儿开始研究——我们走街串巷寻找被试,

到一些富人的豪宅里寻找被试。然后我们将被试带到实验室中。在实验中,将他们置于各种情境下并观察其反应。例如,我们首先让一个男孩单独走进一间亮着灯的游戏室,开始玩玩具。然后,我们在游戏室里突然放进一条小蟒蛇或其他动物。接着,把男孩带进一间暗室,突然用报纸燃起一堆火。我们对他施加各种刺激。我们生活中所有的情境,大都能在实验室中重现。

在这些情境中的实验之后,我们让他在一个成人,可以是父亲或母亲,或与他同龄、同性别的儿童在他身旁的时候,或一个不同性别的儿童陪伴他时,或一群儿童在一起的时候,再次对他进行实验。

为了获得他的情绪反应的真实情况,我们需要测试他与母亲分离时的情形。我们需要让陌生人用不同的、反常的食物来喂他,让陌生的保姆给他洗澡、穿衣服、把他放到床上。我们需要拿走他的玩具或他正在玩的东西。我们需要让一个比他大一点的男孩或女孩来欺负他。我们需要把他放在高处或壁炉上(当然,不能伤害到他),或马和小狗的背上。

对我们工作情况的描述,旨在让各位相信,我们的方法是简单、自然和正确的——客观的实验可以应用的领域是非常广泛的。

此类实验结果的概述

我们在实验中发现一个事实:3岁的幼儿,许多(并非所有)都被一些实际上无用而且又有害的情绪性反应所影响。

他们在许多情境中都会感到害怕。[①] 而在另外一些情境中又会感到羞怯。他们在洗澡或穿衣服的时候会发脾气。当给他们某些食物时,他们会发脾气——或者当一个新保姆喂他们食物时也会发脾气。当母亲离开他们时,他们会大哭。他们时常躲在母亲身后。当有客人来访时,他们会变得害羞和安静。典型的情形是一只手放在嘴里,另一只手抓着母亲的衣服。如果一个孩子打了走近他的孩子,那么他就被称作恃强凌弱者、暴徒或好打人的小孩。另有一些孩子,当受到比他大的孩子威胁时,他会哭着逃跑。他的父母会叫他胆小鬼,他的伙伴会把他当替罪羊。

各类情绪反应从何而来?

3岁的孩子还很幼小。那么由他身上所出现的情绪反应,我们必须承认是遗传的吗?爱、恐惧、愤怒、羞耻、羞怯、幽默、生气、嫉妒、胆怯、敬畏、崇敬、残酷都有它们遗传上的模式吗?还是这些名词只是用来命名我们各类普通的行为反应,其实与这些反应的起源并无丝毫关系?我们从这些名词被人们使用的历史来看,它们向来都含有遗传的意义。为了科学地解决这些问题,我们必须要用实验的方法。

[①] 琼斯博士报告说,她在赫克歇尔慈善基金会的赞助下对年长儿童进行了研究。研究发现,青蛙突然跳到儿童面前,这一刺激是引起儿童恐惧反应的所有刺激中最有效的刺激。当动物突然出现时,可以在儿童身上引发最明显的反应。就是因为这种理由,研究中经常把一些小动物藏在箱子里,让儿童在毫无思想准备的情况下去揭开箱子的盖子。实验的结果,琼斯博士最近总结起来发表于1930年的《新世代杂志》(*The New Generation*)的455页以下。

关于情绪反应的起源和发展的实验

通过实验研究，我们认为从贫困家庭和富有家庭中随机抽取的孩子并不是情绪起源研究的理想被试。因为这些孩子已经受过训练了，他们的情绪反应过于复杂。所幸我们能够研究在医院里由乳母抚养的许多健壮的孩子，以及一些在家庭中养育的孩子。有些孩子差不多从出生开始就被观察，直到第一年结束，其他的孩子被观察到第二年，另有2~3名儿童被观察到第三年为止。

为了使在医院里抚养的孩子经受情绪的情境，我们通常让一些稍大一点的孩子坐在小型婴儿椅中，如果婴儿太小而无法坐在椅子中，我们则允许他坐在母亲或其他护理人员的腿上。

(a) 幼儿在实验室里对动物的反应。首先，我们将幼儿带进实验室，让他们经历与不同的动物待在一起的情境。实验程序如下：让他们在一个开放的房间里，或者单独一人，或者与护理人员在一起，或者与母亲在一起接受实验。因为墙壁上涂满了黑色，所以房间很暗，里面几乎没有家具。这个房间提供了一种不同寻常的情境。在房间里，我们在幼儿的身后放置一盏灯，或者在幼儿的前面和上面开灯照亮房间。每次测试一个幼儿，呈现下列情境：

开始时，展示的是一只活泼的黑猫，它表现出与往常一样的温和的挑衅，而且一直在呜呜的叫唤。每次实验过程中，它总是跑过来，绕着幼儿走动，并以猫类惯常的方式用身体摩擦着他。关于幼儿对毛茸茸动物的反应的错误观点相当多，以至于当我们看到这些幼儿对黑猫表现出"积极"的反应时感到十分惊讶。他们一般都有伸出手触摸猫的毛、眼睛或鼻子的反应。

兔子也是我们的实验材料。在每个案例中,兔子所引起的反应和黑猫的反应是一样的,并无差别。幼儿特别喜欢表现的反应之一,是用一只手抓住兔子的耳朵并试图把它放入嘴中。

再有一种经常用来做实验的动物是小白鼠。也许是因为它身体太小和颜色太白,它很少引起幼儿的关注。不过如果幼儿看到小白鼠,他也会去触摸它。

大小不等的艾尔谷犬(Airedale)也常被用来做实验。这种狗很温顺,它也会引起婴儿抚摸的反应,不过这种反应的程度比猫和兔子那种大小的动物所引起的程度要低很多。无论是在暗房中,还是在明亮的房间,或是在他的头上方有一盏暗灯的房间中,当婴儿与这些动物一起做实验时,都不会出现恐惧的反应。

以前大家都认为,婴儿对于有毛的东西或动物具有遗传的恐惧反应。现在我们用了一些尚未建立起情绪性条件反射的幼儿做研究,结果足以表明,前人的那些说法不过是无稽之谈。

此外,我们还用过有羽毛的动物作为实验材料,通常是鸽子。开始时,我们将鸽子放进纸袋中,这是一个对成人来说都相当不寻常的情境。鸽子在袋子中不断挣扎,挣扎的结果是导致袋子绕着躺椅不断移动。袋子里还时常发出咕咕的叫声。当鸽子发出咕咕声并且移动袋子的时候,幼儿很少接近袋子;而当鸽子被实验者拿在手中的时候,通常会引起幼儿来抚弄鸽子的反应。我们甚至可以让鸽子靠近幼儿,在其脸旁拍打着翅膀(只要抓住鸽子的脚倒提起来,就很容易做到这一点)。这些情况,即使是成人有时也会躲闪和稍微退缩。当翅膀扑腾着幼儿的眼睛时,通常会引起眨眼的反应,而且会导致反应的延迟和伸手的停顿。当鸽子安静下来的时候,幼儿又会上去抓它了。

我们还经常进行另外一种形式的实验,就是在一个开着门或黑暗的房间里点燃一张报纸。当报纸刚点燃的时候,幼儿有几次很渴望地将手伸向火苗,在这种情况下,我们不得不去制止他。然而,当火散发热量时,伸手和抚弄的反应就消失了。这个时候,幼儿可能是坐着,手抬到半高的位置,看起来很像成人靠火太近时做出的躲避反应。毫无疑问,如果这个实验重复地进行,那么就能够建立起类似于动物和人类对于太阳的那种反应。当阳光照射大地,温度太高的时候,有机体不再那么有活力,他们就会转移到任意一个阴凉的地方。

(b)幼儿对动物园中动物的反应。研究者将那些已经知晓其情绪发展历史的,在医院中抚养的儿童和在家中抚养的儿童带进动物园——这是他们第一次经历。我们观察到,幼儿在动物园中的任何反应都不明显。我们尽量将那些在人类生物史上扮演重要角色的动物展示在幼儿面前。例如,我们在灵长类动物那里停留了很长的时间,并在爬行动物、青蛙、海龟、蛇等展览园也待了相当长的时间。在实验中,我没有观察到幼儿对青蛙和蛇的消极反应,包括跳跃着的青蛙。尽管我在前面说跳跃着的青蛙对幼儿来说是引起恐惧反应的强烈刺激。幼儿的这种反应可能已经形成了对青蛙的条件性恐惧反应。(参见第148页)

三种非习得情绪反应的证据

我认为,有三种不同类型的情绪反应,在婴儿刚出生的时候就可以由三种刺激引起。为简便起见,我称之为"恐惧"、"愤怒"、"爱"。但是请注意,我在这里使用"恐惧"、"愤怒"、"爱",是在消除它们所有陈旧内涵的基础上使用的。我用这些名词所代表的反应,请你与上一章我们所研究的呼吸、心跳、抓握以及其他一些非习得反应同样看待。

相关情况如下:

恐惧(fear):当树枝断裂掉到地上,当雷声或其他巨大的响声出现时,原始人会陷入一种恐慌的状态,这具有一种合理的遗传基础。我们对婴儿做了实验,特别是那些大脑两半球(cerebral hemisphere)还没有分化的婴儿,他们的反应相当明显。研究显示,巨大的响声几乎总能在刚出生的婴儿身上引起显著的反应。例如,用锤子敲打钢条的响声会引起惊跳,惊起,呼吸停顿,紧接着是更快地呼吸,伴随明显的血管运动变化,眼睛突然闭合,握紧拳头,噘嘴。不同年龄的幼儿,还会出现哭叫、摔倒、爬行、回避或者逃跑等现象。我们还没有对于引起恐惧反应的声音刺激的范围做过非常系统的研究。当然,并非所有类型的声音都能引起反应。一些相当低度的声音或颤音不会引起反应,高尔顿口哨(Galton whistle)那种非常高的音调也不会引起反应。在刚出生两三天的婴儿的轻度睡眠中,我们可以通过在他们耳边揉搓报纸,或用嘴唇发出各种声音来反复引起他们的反应。纯音,诸如音叉发出的任何频率的声音,都不能有效地引起他们的反应。我们必须对声音刺激的性质以及反应的各个部分进行更多的研究,才能描绘出完整的刺激和反应的情况。①

---

① 在我做实验的许多孩子中,只有一个孩子不会被大的声响引起恐惧反应。她发育良好,教养也很好,各方面都很健康。不但大的声响不能引起她的恐惧反应,任何刺激也不能引起她的恐惧反应。在我所看见她的反应中,只有在她看见或听见雨伞打开或关闭的声音的时候,比较像恐惧的反应。我对这一个例外还无法解释。

另外一种引起恐惧反应的刺激是失去支持（loss of support）——特别是当身体尚未准备要失去支持的时候，更能够引起恐惧的反应。新生儿睡着的时候，最容易观察到这一现象。如果儿童从床上跌落，或者裹在身子的毯子突然被猛地抽走并带着他们一起移动时，肯定会出现恐惧反应。

对出生才几小时的婴儿来说，恐惧反应会很快出现"疲劳"（fatigued）。也就是说，如果相同的声音或相同类型的失去支持的刺激频繁的出现，那么只能引起一次反应。停顿一段时间之后，这种刺激才会再次奏效。

即使对成人和高等灵长类动物来说，在没有准备的情况下失去支持，也会引起强烈的恐惧反应。当我们不得不走过一条狭窄的木板时，身体的肌肉自然就会调动起来。但是，如果我们必须要走过一座桥，而这座桥开始时非常平稳，走到中间时桥突然开始塌陷，这时的反应是非常明显的。当这种情况发生在一匹马的身上时，很难让它再走这座桥。在乡村里，有许多马在桥的前面退缩。同样的道理，我可以肯定，当一个孩子第一次被放入水中时也会出现这样的情况。水的浮力会让他失去了平衡，即使水是温的，他也会呼吸急促，手乱抓，并且开始啼哭。

愤怒（rage）：当你搀着 2 岁女儿的手，高高兴兴地走过一条拥挤的街道时，她突然拉着你走向另一个方向。而当你快速、强硬地把她拽回来，并尽力拉着她的手使她回到原来方向时，她突然僵硬地站着并开始尖叫，像栏杆一样直挺挺地立在街道中间大叫，直到脸色发青不能再发出更大的声音为止。如果你没有这种经历，那么对愤怒行为的任何描述对你来说都是单调无趣的。

也许你曾经见过乡村里的恶霸欺负小孩,倒提着,以至于孩子根本无法挣扎。你有没有观察到那个孩子全身僵硬,大喊大叫,直到脸色发青?

你有没有注意到,当人在街上行走,毫无防备地挤进过分拥挤的汽车或火车时,他的脸上突然发生的变化?"身体活动受阻"引发了一系列我们称之为"愤怒"的反应,这可以在呱呱坠地的婴儿身上观察到,在10～15天的婴儿身上更容易观察到。当婴儿的头被两只手轻轻地捧起,当手臂被强迫分开,当他的双腿被紧紧地抓住时,愤怒的行为就会产生。愤怒行为的非习得反应的因素还没有被完全地分类过。但是,某些因素可以很容易观察到。例如,整个身体僵硬,双手、双臂和双腿随意乱动,屏住呼吸。开始时没有哭,嘴巴张到最大,呼吸停顿,直到脸色发青。一定的压力(这种压力不会严重到对婴儿产生哪怕最轻微的伤害)就会引发这些状态。当皮肤出现最轻微的青色时,实验就会停止。所有的婴儿都被引入愤怒的状态,直到令人不快的情境被消除。当手臂被一根细绳拉起,而细绳的另一端系着不足一盎司重的铅球时,就会引发这种状态。手臂活动持续受阻,即使是由如此小的重量所引起的,也足以引起愤怒的反应。当儿童仰面躺着的时候,用棉花压迫他头的两侧,偶尔也可以引发愤怒反应。在许多例子中,当母亲或保姆给婴儿穿衣时有点粗鲁或匆忙的时候,也很容易观察到愤怒反应。

爱(love):由于习俗的原因,我们对婴儿这一情绪的研究遇到了许多阻碍。我们对这一情绪的研究结果,与其说是直接观察到的倒不如说是偶然得到的。产生"爱的反应"的刺激通常可以是抚摸皮肤、挠痒、轻轻的摇晃、轻拍等。通过刺激敏感区(erogenous zones)——由于没有更好的词,所以只好仍用这个词,诸如乳头、嘴唇、性器官等,特别容易引起这种反应。至于刺激所引起的反应强度如何,则取决于婴儿所处的状态。如果在婴儿啼哭的时候引起爱的反应,啼哭会停止,笑容会出现,咯咯的笑声也会出现。即使是6~8个月大的婴儿,当他们被挠痒痒时,也会有手臂和躯干的剧烈运动,伴随着大笑。由此可以看出,我们使用的"爱"这个词所包含的意义比它通常的用法要广泛得多。我们这里所指的爱,是平常大家称之为热情(affectionate),温和的性情(good natured),以及和蔼(kindy)等。当然,我们所用的"爱"这个词,除了包含以上这些内容之外,也包含了成人的两性间的反应。

在以上三种类型之外,还有其他非习得的情绪反应吗?

具有遗传背景的情绪反应是不是只有上述三种类型的问题,我们目前还无法确定。对于是否还有其他能够引起这三种情绪反应的刺激类型,目前也是存疑的。如果我们的观察已经足够完美,那么说明引起婴儿的情绪反应是很简单的事情,并且引起这些反应的刺激的数量也不多。

我们称之为恐惧、愤怒、爱的那些情绪反应,在研究伊始是不确定的。我们要做许多工作来弄清楚每个反应中的各个不同部分以及它们的差异程度。这些反应显然不是我们在成人时期的生活中所能看到的那些复杂的情绪反应。但是我们认为,它们是后来那些复杂情绪反应的内核。我们后续将讨论到,这些初期反应会在极短的时间内形成条件反射,以至于我们会对其产生一种错误印象,而把它们当作是遗传的反应模式。因此,最好还是按照我们

观察到的事实来看待这些情绪反应:

(通常所说的恐惧:)

(无条件)刺激 ······················(无条件)反应

响声

失去支持① 　　　　　　　　 屏住呼吸,整个身体"跳起"或惊吓起,哭叫,通常表现为排便或排尿(以及许多其他功能失调,很可能最大的局部反应产生于内脏)。

(通常所说的愤怒:)

(无条件)刺激 ······················(无条件)反应

身体活动受到阻碍 　　　　　 整个身体僵硬,尖叫,暂时的呼吸停顿,涨红的脸变青等。显然,如果有明显反应的话,那么活动集中在内脏方面。对婴儿做的血液检查显示其血糖增加,这可能意味着肾上腺素分泌的提高。

(通常所说的爱:)

(无条件)刺激 ······················(无条件)反应

抚摸皮肤和性器官,

---

① 我们所说的恐惧反应,和由于热的东西、冰冷的水、风吹、割裂针刺、燃烧,以及别的有害刺激所引起的反应,两者的关系如何,我现在还不确定。

摇晃,骑大马等 停止哭叫,咯咯地笑,许多其他的反应。这里,居于支配地位的内脏因素表现在循环系统和呼吸系统,以及生殖器勃起等变化。

如果我们用这些简单的公式来看待这些非习得的(所谓情绪性)反应,就不会犯什么大错了。

最近对这种见解的批评

罗宾逊(E. S. Robinson)对我的研究结果的客观性,显然是不信服的。他说[参见《发生心理学杂志》(Jr. of Genetic psychology, September 1930, P. 433)]:华生所观察出来的东西,和他拿来命名婴儿行为的东西,两者是不是相同的呢?这需要等曼德尔·舍曼(Mandel Sherman)和艾琳·舍曼(Irene Sherman)用他们精密的统计来说明才行。"现在我们且略看一下舍曼夫妇的研究。

舍曼博士夫妇在1929年发表的《人类行为的历程》(The Process of Human Behavior)中描述了他们所做的研究。初看起来他们似乎对我们在情绪上所做的简单分析有所怀疑。他们采用噪音、抢夺食物、针刺、限制运动、使身体下落以及其他刺激来引起婴儿的各种反应。采用录像机记录各种反应的发生,然后再放映给一群大学生观看,要求大学生在观看后说出影片中各种情绪的名称。结果显示,大学生对这些情绪的命名,每个人给出的名称有很大的差异。这就是舍曼博士夫妇所做的研究。他们这种研究的目的,我不是很明白。不过关于命名影片中各种情绪反应这一点,我认为只有天天在观察(一个婴儿对于一个一定的刺激或情境所发出的反应)的有经验的研究者,才能够"根据反应推测出刺激是什么",或者根据刺激而预知反应是什么样子。如果舍曼博士夫妇曾经细致地分析我的研究,他们应该记得,我曾经说过,我所指的那三种基本的情绪反应,与其称之为恐惧、愤怒和爱,可能还不如称之为 X、Y 和 Z。我对这种 X、Y、Z 的理论就是:如果一个人曾经对一个婴儿做过长时间的观察研究,他当然能够分辨那个婴儿的 X 或 Y 或 Z 的情形。不曾做过这种长期研究的人,其辨别力显然就差多了。这就是我对各种情绪反应的辨别或命名方面所主张的一切。至于行为主义者研究的真正目的,是去看他能不能用别的刺激来引起 X 反应,再用另外的刺激来引起 Y,又再用别的刺激来引起 Z。如果可以,那又是用什么方法。再如果,我们已经能够用新的刺激来引起某种情绪反应了,那么我们能够再将它破坏吗,如果可以,又用什么方法呢?这样的研究工作,现在已经被太多研究者所证实了——只要依照我所提供的方法去研究,我相信我所说的都会得到证实。①

我们的情绪生活是如何复杂化的?

我们如何才能把这些观察与成人生活中复杂的情绪生活联系起来呢?我们知道,许多儿童害怕黑暗;许多女性害怕蛇、老鼠和

---

① 最近 C. W. 瓦伦丁(C. W. Valentine)曾论证几种恐惧的先天基础(《发生心理学杂志》(*Jr. of Genertic Psychology*, Sept, 1930))。

昆虫。情绪就是这样附着于许多几乎是每天都在使用的平常物体上。恐惧存在于人们所处的情境中,例如树林、水等等。同样,引起愤怒和爱的客体和情境也是不断增加的。起初,愤怒和爱并不仅仅是因为看见一个客体而产生的。但是我们看到,在后来的生活中,个体仅仅看见一个他人就能引发这两种基本的情绪了。这种"附着"(attachments)是如何发展的呢?那些起初无法引起情绪的客体,后来又如何能引起情绪,并且因此大大增加我们情绪生活的丰富性和危险性呢?

我们本来很不愿意做这方面的研究,但是这类研究很有必要,因此我们最终决定在婴儿身上进行建立恐惧的可能性的实验,随后再研究消除恐惧的方法。我们选择了艾伯特(B. Albert)作为被试,一个重21磅,11个月大的婴儿。艾伯特是哈瑞特·莱恩(Harriet Lane)医院一个护理人员的孩子。他从出生起就一直住在医院里,是一个非常乖的好孩子。在与他相处的几个月中,我们从来没有看见他哭,直到我们的研究开展以后。

在我讲述我们借助实验手段在实验室里建立情绪反应之前,我们先回顾一下前文介绍过的建立条件反射的方法。当你打算建立一个条件反射时,你一定要有一个开始就能引起该反应的基础刺激。接下来的步骤是提供一些其他刺激来唤起相同的反应。例如,如果你试图在蜂鸣器响起的时候使手臂和手猛地抽动,那么你必须在蜂鸣器响起的时候使用电击或其他厌恶刺激相匹配。很快你就会发现,当蜂鸣器响起的时候,手臂就会开始抽动,如同被电击了一样。我们已经了解到一个能够很快地、轻易地引起恐惧反应的无条件的基础刺激——巨大的响声。我们决定使用这个基础刺激,就像我们在前文中所介绍的在实验中使用电击一样。

我们对艾伯特的第一个实验的目的是建立他对小白鼠的条件作用的恐惧反应。首先,我们通过重复实验证明,对这个孩子来说,只有巨大的响声和失去支持才会引起恐惧反应。这个孩子对其12英寸距离以内的所有东西都想触摸和拨弄。他对巨大声响的反应的特征和大多数儿童一样。一根直径1英寸、长3英尺的钢条,用木匠的斧头敲打所产生的声音,将产生最显著的恐惧反应。

我们的实验室记录①显示了建立条件性情绪反应的进展情况:

年龄11个月3天:(1)他已经和白鼠玩耍了3天,白鼠被从篮子里拿出来(通常的程序),突然呈现在他面前。他开始伸出左手想触摸白鼠,当他的手刚触摸到白鼠时,钢条立刻在他身后敲起。他猛烈地跳起,向前摔倒,将他的头埋进垫子里,但是他没有哭。

(2)当他的右手刚触摸到白鼠时,钢条又立刻敲起,他又猛烈地跳起,向前摔倒,并开始哭。

由于他的情况有点紊乱,所以一个星期没有进一步实验。

年龄11个月10天:(1)在没有响声的前提下,白鼠突然出现,他一动不动地盯着它,但没有触摸它的意思。然后,白鼠被放在近一点的地方。于是,他的右手开始试着去触摸它。当白鼠鼻子碰到他的左手时,这只手马上缩回去。他开始用左手的食指触摸白

---

① 参见罗莎莉·雷纳(Rosalie Rayner)和约翰·华生合著的文章,刊载于《科学月刊》(*Scientific Monthly*)的1921年93页。

鼠的头,但是在碰到之前又一下子突然缩回来。这表明上周做的两次组合的刺激还没有失效。接着,研究者马上用他玩的积木对他进行测试,以便观察是否具有同样的条件反射。他立刻把它们捡了起来、扔掉或敲打等等。在以后的实验中,积木时常用来安慰并且测试他的情绪状态。当条件作用的进程正在进行时,积木总是被移到视线之外。

(2)白鼠和响声的组合刺激。他被惊起,然后马上向右倒下。没有哭。

(3)组合刺激。向右倒下,并用手撑住,转过头避开白鼠。没有哭。

(4)组合刺激。同样的反应。

(5)白鼠突然单独地出现。他皱起眉,哭泣,身体猛然向左退缩。

(6)组合刺激。突然向右边倒下,开始哭泣。

(7)组合刺激。猛烈惊起并哭泣,但没有摔倒。

(8)白鼠单独出现。白鼠一出现,他马上哭。几乎同时,他一下子转向左边,扑倒在地,在地板上匍匐前行,速度很快,在差不多爬到垫子边缘的时候才被抓住。

在我们对情绪行为的研究中,这种用条件反射原理来说明恐惧反应起源的方法,显然是合乎自然科学的。如果拿它来和詹姆斯那种空洞的理论相比较,它必然是一个更会下金蛋的鹅。它对成人的复杂情绪行为作出了理论的解释。未来,我们对情绪行为的说明再也不需要追溯遗传方面了。

条件性情绪反应的泛化或迁移

在用白鼠做实验之前,艾伯特已经与兔子、海鸥、毛皮外套、护理员的头发和假面具玩耍了好几个星期。当他再一次见到它们时,他对白鼠形成的条件反射将会如何影响他对这些动物和物品的反应呢?为了这一目的,我们在接下来的 5 天没有对他进行实验,即在这 5 天中,不让他看到上述东西中的任何一样。第 6 天结束时,我们还是先用白鼠来测试他,看看他是否仍会产生条件性的恐惧反应。我们的记录如下:

年龄 11 个月 15 天:

(1)先用积木进行测试。他很快拿起积木,像平时一样玩耍,说明其恐惧情绪不存在对房间、桌子、积木等的迁移。

(2)单独用白鼠。立刻哭泣,收回右手,转过头和身体。

(3)再用积木。马上开始玩,微笑并发出笑声。

(4)单独用白鼠。身体向左倾斜,尽可能逃避白鼠。然后倒在地上,马上用四肢撑起,尽可能地急转爬开。

(5)再用积木。迅速去拿积木,像以前一样微笑或大笑。这说明条件反射经过 5 天的时间仍然维持着。后续研究中我们依次呈现兔子、狗、海豹皮外套、棉花、人的头发和假面具:

(6)单独用兔子。突然将一只兔子放在他面前的垫子上,他的反应明显,很快出现消极反应。他尽可能倒向离该动物远的方向,哭泣,然后痛哭。当兔子碰到他时,他将脸埋在垫子里哭,四肢趴地,匍匐逃离,一边爬一边哭。这是一个最具说服力的研究。

(7)一段时间间隔之后,再给他提供积木。他像往常一样玩积木。有4个研究者观察到,他比以前更为精力旺盛地玩积木。他高高地举起积木,用很大的力气往下摔。

(8) 单独用狗。对狗的反应不如对兔子的反应那么强烈。当他注视到狗时,身体蜷缩,当狗走近时,他试图四肢着地,但是在开始时并没有哭。当狗离开他的视野后,他就变得安静了。接着让狗接近他的头(他当时躺倒在地上),他立即挺直身体,向相反方向滚走,把头转过去,然后开始哭泣。

(9) 再用积木。他很快开始玩它们。

(10) 皮外套(海豹皮)。看见皮外套的时候,他立刻躲向左边,并开始显得烦躁。皮外套离他左边近一点时,他马上转向右边,开始哭,并试图爬离。

(11) 棉花。棉花放在纸袋里。最上面的棉花没有用纸盖住。先将纸袋放在他的脚边,他用脚把它踢开,没有用手去摸。当他手放在棉花上时,他立刻缩回,但并没有出现类似其他动物或皮在他身上引起的反应。随后,他开始玩纸袋,避免接触棉花本身。不到一个小时,他就已经不再对棉花产生消极反应了。

(12) 在和研究者 W 玩耍的时候,W 在游戏时低下头,看艾伯特是否会玩他的头发。艾伯特拒绝抚摸头发。另两位研究者也做了同样的测试,他马上开始玩他们的头发。随后,研究者将一个圣诞老人的面具呈现在艾伯特面前,他再次出现明显的消极反应,尽管他之前玩耍过它。

我们的记录提供了一个关于情绪泛化和迁移的令人信服的证据。

在这些迁移中,我们进一步证明条件性情绪反应与其他一些条件性反应是完全一样的。请回忆一下我在前文中讲过的差别反应(differential responses)。我曾表示,如果你训练一只动物对一个音调产生了反应,例如,对音调建立起条件反射,在开始的时候,几乎其他任何音调都可以引发反应。我也向你们展示了后续的实验——例如,只有在音调 A 响起的时候喂食,其他音调响起的时候不给喂食——你很快就能得到动物只对音调 A 作出反应的结果。

我认为,在条件性情绪反应的泛化或迁移例子中,相同的因素在发挥作用。

尽管我还没有开展过相关研究,但是我很确信,我们可以在情绪领域建立起一种如同在任何其他领域一样鲜明的差别反应。我的意思是,只要这个实验能够长时间地持续下去,我们就可以很明显地在白鼠出现的任何时候观察到恐惧反应,而在其他任何毛茸茸动物出现的时候不会出现恐惧反应。如果是这样的话,那么我们就获得了有差别的条件性情绪反应。由此看来,这在现实生活中也是很有可能发生的。我们大多数人在婴儿期和幼儿期都处在无差别的情绪状态中。许多成人,特别是女性,仍旧停留在那种状态。所有未受过教育的人都停留在那种状态(例如迷信)。但是受过教育的成人在操作客体、接触动物、使用电器等方面受到了长期的训练,从而到达了次级的或者有差别的条件性情绪反应的阶段。

如果我们的推理是合理的,那么就有一个完全合理的方法来解释情绪反应的迁移,以及弗洛伊德主义者所谓的"自由浮动的情感"(free floating affects)。当条件性情绪反应刚刚建立的时候,一个广泛的彼此类似的刺激(在上文例子中是与毛发相关的各种客体)将首先引起一个反应,并且如我们所知,持续下去直到实验的步骤(或者一个非常巧合的情境设置)把尚无差别的条件性反应提高到差别反应的阶段。在差别反应的阶段中,只有原来那个用来建立条件反射的客体或情境才能继续引发反应。

小结

我们必须清楚,平常称之为情绪的那些复杂的反应形式,人们都以为那完全是遗传而来的,其实我们并没有证据证明这一说法。就像我们找不出什么证据证明那些被称为本能的反应模式是遗传的一样。

人类婴儿对刺激的反应或许能够较好地展现我们的研究成果。我们发现某些类型的刺激——响声和失去支持——产生某种一般类型的反应,如短暂的呼吸停顿、整个身体的惊起、哭泣、明显的内脏反应等等。另外一些刺激——抓握或制止——导致张嘴哭泣、长时间地屏住呼吸、循环系统的明显变化,以及其他一些内脏变化。第三类刺激——抚摸皮肤,特别是抚摸敏感区,产生微笑、呼吸变化、哭泣停止、大笑出声、勃起以及其他一些内脏变化。我们应该注意这样一个事实,对于这些刺激的反应并不是互相排斥的——许多局部反应都是一样的。

在婴儿时期所有的无条件刺激,以及与此相应的简单的无条件反射,是成人时期那些复杂的习惯模式的基础,这些习惯我们后来称之为情绪。换言之,我们各种情绪反应的形成和我们大多数其他反应模式的形成是一样的。反应形成之后,不仅引起反应的刺激已经由于直接建立条件反射和迁移的作用增加了(所以也就大大扩展了刺激的范围),即使在反应方面,也会有增加和产生别的变化。

还有一组因素是使我们情绪生活复杂化的重要因素。同一个客体(例如一个人)在一种情境中可以变成恐惧反应的替代刺激,而在另一种情境中则可能变成爱的反应的替代刺激,甚至是愤怒反应的替代刺激。我们的情绪反应由于这些因素而更为复杂,不久就可以使我们的情绪组织达到十分复杂的程度,甚至可以达到小说家和诗人所描写的那些复杂情绪的境地。

有一种主张,是我在后面叙述有关人类的更为复杂的反应类型时所要讲的。这个主张是:虽然事实上所有的情绪反应中都存在着外显的因素,诸如眼动、手臂、腿、躯干的活动,但是内脏和腺体的因素还是占据支配地位的。恐惧时出"冷汗",在冷漠和痛苦中出现"剧烈心跳"、"脑袋低垂",少男和少女的"青春热情"和"悸动的心",它们不仅仅是文学的表述,而且还是点点滴滴客观观察的结果。

后面的内容中我将讲到,我们这些隐藏在体内的内脏及腺体的反应,社会向来是无法支配的。否则,社会早就做出教材来教我们了。社会向来都有一种倾向,要将我们一切的反应都纳入规范中。比如大多数成人的外显反应——讲话,手臂、腿和躯干的活动——都是受到教育并使之成为习惯的。由于体内反应具有内隐的特点,所以社会无法掌握内脏的行为方式,并将它整合以形成规则和规范。这种现实情况所形成的必然结果是,我们还没有名称或词语来描述这些反应。它们仍旧是非言语的。一个人可以用词语很好地描述两个拳击手或两个击剑运动员的每个动作,并且可以对每个人的反应详细地评论一番,因为我们对这些过程有惯用的词汇,可以用来描述这些技术动作的表现。但是,根据霍伊尔(Holye)所提出的规则,当一个令人情绪激动的客体出现时,其实会同时发生相互独立的内脏活动和腺体活动。

由于我们从来没有为这些反应命名,因此我们无法谈论发生在身上的许多事情。我们从未学会怎么讨论它们,也没有任何词汇来代表它们。人类行为中存在许多非言语的东西,这一理论使我们有了一个自然科学的途径来解释弗洛伊德主义者所谓"无意识情结"(unconscious complexes)、"压抑的愿望"等东西。换言之,我们现在可以将情绪行为的研究带回到自然科学的道路上。我们的情绪生活就像我们的其他一系列习惯一样成长与发展。但是,我们曾经形成的情绪习惯是否会遭到废弃呢?它们是不是像我们的手势习惯和言语习惯一样随着年龄的增长而被抛弃或解除?直到最近,我们还没有获得足以解答这些问题的事实。可是现在,已经有一些事实可以帮助我们回答其中一些问题。在下一章中,我将介绍这些事实。

第八章 情绪(续)

——我们的先天情绪有哪些,如何获得新的情绪,如何失去旧的情绪

第二部分:关于情绪如何获得、转变以及失去的进一步实验与观察

引言:上一章所讲的实验是在 1920 年完成的。从那时起到 1923 年末,我们没有开展进一步的研究。当我们了解到,在一系列准备工作之下很容易建立情绪反应的时候,我们也迫切想知道这样建立起来的情绪反应是否也可以被打破。如果可以的话,应该采用什么方法。不过对于这个问题,我们无法在艾伯特(我们曾建立条件性恐惧反应的被试)身上开展进一步的研究,他在初次实验后不久就被城外的一户人家领养了。

我们的研究一直到 1923 年末才得以开展。当时,洛克菲勒纪念基金(Laura Spelmen Rockefeller Memorial)捐助了一笔资金给师范学院的教育研究所,其中的部分资金可以用于继续开展对于儿童情绪生活的研究。我们进而选定了研究的场所——赫克歇尔基金会(Heckscher Foundation)。那里大约有 70 名年龄在 3 个

月到7岁不等的幼儿。尽管如此,那个地方对于我们的实验来说,其实并非一个理想的场所,因为我们不被允许对这些幼儿施加完全控制式的实验,而且因为可能出现无法避免的传染病,我们的研究经常不得不停下来。在这样一些障碍下,我们还是进行了许多研究。作为研究顾问,我用了很多时间帮忙设计实验,琼斯博士主持了所有的实验,并记录了实验的结果。①

消除恐惧反应的各种方法

确定幼儿的条件性恐惧反应:我们将许多不同年龄的幼儿置于一组能够引起恐惧反应的情境中,依次观察他们是否会表现出恐惧的情绪。我在前面曾经说过,在家中抚养的儿童更容易表现出恐惧反应。我们有理由相信这些反应是条件作用的。通过让每个个体经历这些情境,我们不仅能够找到幼儿最明显的条件性恐惧反应,而且能够找到引起这些反应的客体(和一般情境)。

我们在这里的工作当然有一个不利条件。我们无法知晓这些幼儿的恐惧反应的遗传史。因此,我们也无法确定一个特定的恐惧反应是直接被条件作用的还是仅仅由迁移而来。这时常是一个障碍——这种不利条件是我们研究中尤为艰难的部分,我将在后面加以说明。

通过"荒废"(disuse)的方法消除恐惧:当我们确定了一个儿童所具有的恐惧反应和引起该反应的刺激时,我们下一步的工作

---

① 研究的部分报告已经发表。见玛丽·科弗·琼斯博士的《儿童恐惧的消除》(The Elimination of Children's Fears),发表于1924年《实验心理学杂志》(*Jr. Exp. Psychology*)的382页。

是尝试消除儿童对该刺激的恐惧。

人们通常认为，只要长时间地取消刺激就会使儿童或成人"忘记对它的恐惧"。我们都听过这样的说法："只要让他远离它，他就会不想它，他会忘记所有的一切。"我们的实验想要证明这一方法的有效性。我将引用琼斯博士的实验记录。

案例1——罗斯(D. Rose)，年龄21个月。一般情境：与其他儿童一起坐在游戏围栏里，没有人表现出特别的恐惧。我们让一只兔子从屏障后面跑出来。

1月19日。看到兔子时，罗斯大哭。当实验者拿起兔子时，她的哭声减弱。当兔子被重新放到地板上时，罗斯又哭了。当兔子被拿走后，她安静下来，拿了一块饼干，重新回到她玩的积木边。

2月5日。两个星期后，重现这一情境。看到兔子时，罗斯又哭又抖。实验者这时坐在兔子和罗斯之间的地板上；她持续哭了几分钟。实验者试图用玩具转移她的注意力。她最终停止了哭泣，但是继续看着兔子，并不想去玩耍。

案例8——鲍比(G. Bobby)，年龄30个月。

12月6日。将一只老鼠关在笼子里拿到鲍比面前，鲍比表现出轻微的恐惧反应。他与老鼠保持一定的距离，从远处看它，后退并啼哭。接下来3天的训练使鲍比达到一种程度，他能容忍老鼠，与老鼠在一个围栏中游戏，触摸它而没有表现出恐惧。随后，不再使用老鼠对他进行刺激。直到：

1月30日。在几乎两个月没有经历任何特定的刺激后，鲍比再次被带进实验室。当他在围栏里玩耍时，实验者手里拿着一只老鼠出现了。鲍比跳了起来，跑出围栏，一直哭。于是，老鼠重新被放入笼子里。鲍比奔向实验者,抓着她的手,表现出明显的被惊扰的反应。

案例33——埃莉诺(J. Eleanor),年龄21个月。

1月17日。当她在围栏中玩耍时,实验者拿着一只青蛙从她背后出现。她看着它,走近它,最终触摸了它。青蛙跳起来,她后退。后来,每当青蛙出现时,她总是摇着头,猛烈地推开实验者的手。

3月26日。两个月没有接触动物的经历,埃莉诺被再次带入实验室,并被呈现一只青蛙。她吓得跳起来,往后退,跑出围栏并且哭了。

这些测试和许多其他类似的测试使我们相信,通过荒废来消除情绪反应的方法并非通常认为的那么有效。但是,我们也应承认,我们实验中的间隔休息的时间可能还不够长,以至于没能得出完整的结论。

言语组织法

赫克歇尔基金会里的大多数被试的年龄都在4岁以下,用言语引起他们对物体产生恐惧反应的可能性很有限。显然,只有当儿童具有一定程度的言语组织时,才能使用这一方法。但是,我们有一个令人满意的被试——简(E. Jean),一个5岁的女孩。我们发现她能够很好地组织言语,就让她在进一步的实验中充当被试。当第一次看到兔子突然出现的时候,简表现出明显的恐惧反应。有一段时间我们不再让兔子出现,但是实验者每天花10分钟时间和她谈论有关兔子的话题。实验者运用诸如《兔子彼得》(Peter

Rabbit)的连环画、兔子玩具、塑料兔子模型等手段,讲述关于兔子的小故事。在讲故事期间,她会说:"你的兔子在哪儿呢?"或"给我看兔子",并且有一次她说:"我摸过你的兔子,抚摸哦,我从不哭"(这不是研究中的事实)。一个星期的言语组织结束后,我们再次让兔子出现。她的反应与第一次遇见兔子时的反应是一样的。她从游戏中跳起来并往后退。如果研究者哄哄她,或者实验者拿着兔子,她就会去触摸兔子;但是当兔子被放在地上时,她就哭着喊:"放远一点——拿走它"。如果言语组织没有与肢体或内脏对于动物的顺应相联结的话,那么它在消除恐惧反应方面将没有什么太大的效果。

频繁施加刺激法

关于此类方法的研究还没有很深入,因而得出结果也不是太乐观。运用这种方法所设计的程序,是让动物每天多次出现以引起儿童多次的恐惧反应。然而,在某些实验情况下其实并没有真正引起负面反应,这似乎是这类实验所获得的唯一结果了——这种方法的使用也不再能引起被试对刺激的积极反应。在某些案例中,还会出现刺激的联合效应,由于刺激施加的次数过多,而导致该刺激对被试来说变得更加有力量,而不是对刺激做出顺应。

引进社会因素法

我们大多数人在学校和游乐园中都看到过一群孩子的情况。如果有一个孩子害怕某一件东西,而其他孩子不害怕这件东西,那么这一个孩子就会被大家当作替罪羊,被称为"胆小鬼"。现在我

们就打算利用这种社会因素在一切儿童身上开展研究。这里介绍一个案例,细节如下:

案例41——亚瑟(G. Arthur),4岁。

研究者向亚瑟展示一个在鱼缸里的青蛙,当时没有其他孩子在场。他哭着说:"它们咬人",并从游戏围栏中跑出来。后来,他与其他4个男孩一起被带进房间里;他昂首走向鱼缸,并且挤到四个孩子的前面去。当他的伙伴中有一个小孩拿起一只青蛙,举着转向他时,他尖叫着逃走。因为这个表现,他会被同伴们追逐取笑,但是在这个特殊的场合中,亚瑟的恐惧显然没有减少。

这可能是消除恐惧的方法中最不安全的方法之一。它将导致儿童不仅对动物产生恐惧,而且还会对整个社会交际产生消极反应。

我们发现,运用温和的社会方法,通常称为社会模仿(social imitation),会得到比较好的结果。这里我引用琼斯博士的两个案例:

案例8——鲍比(G. Bobby),30个月。

鲍比与玛丽(Mary)和劳雷尔(Laurel)一起在围栏中玩。实验者把兔子放在篮子中拿给他。鲍比哭着说:"不,不",要求实验者将它拿走。然而,当另外两个女孩子飞奔过来看着兔子兴奋地谈论的时候。鲍比突然感兴趣了,一边说:"是什么?我来看看",一边往前跑。他对于社会情境的好奇和自信压倒了其他的冲动。

案例54——文森特(W. Vincent),21个月。

1月19日。文森特对兔子没有恐惧,甚至当兔子触碰他的手和脸时也不怕。他仅有的反应是大笑并去抓兔子的爪子。同一天,他和罗塞(Rosey)一起在围栏里玩,罗塞一看见兔子就大哭大叫。文森特迅速产生了恐惧反应;平常在游戏室里,他对罗塞的哭不加注意,但是,一旦与兔子发生联系,罗塞的悲伤就具有明显的提醒作用。在这种情况下,恐惧发生了迁移,持续了两个多星期。

2月6日。伊莱(Eli)和赫伯特(Herbert)在游戏围栏中与兔子玩耍。当文森特被带进来时,他站在一定距离之外保持着警惕。伊莱拉着文森特走向兔子,并带他去触碰兔子,然后文森特才摸着兔子,他笑起来。

但是我们要注意,使用这种方法也有一些困难。有一些儿童对于某种东西并不会有恐惧的反应,但是因为看见别的儿童有恐惧反应,他们往往也会被条件作用,从而具有了对那个东西的恐惧反应。[①]

此外,这些使用社会因素的方法都是有暗示性的,而且没有一种在使用中能够达到完美,也没有一种是特别有效,或是特别脱离了危险性的。

复原条件作用或无条件作用的方法

到目前为止,消除恐惧的方法中最成功的方法是"无条件作用"(unconditioning)或"复原条件作用"(reconditioning)。复原条件作用如果不是被体育研究者曾经在各种鼓吹健康的场合使用过,那么它完全是可以较好表达我们想法的名词。除此之外,"无

---

① 玛丽·科弗·琼斯琼斯博士在1930年的《新世代杂志》(The New Generation)上,发表一篇《儿童恐惧的预防和治疗》(The Prevention and Treatment of Children's Fears)的论文。在这篇文中,她似乎比我更信任这种方法。她在文章中还论及在加州大学的习惯治疗实验室上所用的治疗方法。在这篇论文的末尾,她还列举一些规则及条件,是可以在家庭中用来教养及纠正儿童的恐惧反应的。

条件作用"似乎就是唯一可用的名词了。

我们所采用的无条件作用的做法以及所得的结果,最好从我们对彼得的研究中来了解。

彼得(Peter)是一个活泼而且精力充沛的孩子,约3岁。[①] 他能很好地适应日常的生活环境,除了他所具有的关于恐惧的组织。彼得害怕白鼠、兔子、毛皮外套、羽毛、棉花、青蛙、鱼和机械玩具。从这些恐惧情况的描述中,你可能觉得彼得很像长大的艾伯特。但是请注意,彼得的恐惧是"在家庭中发展而成的",并不像艾伯特那样是在实验中产生的。彼得的恐惧要显得更加强烈,这由下面的研究可以看出:

在游戏室里,研究者将彼得放在小床上,他很快就沉浸在玩具中了。这时,一只小白鼠从后边跑出来了。(实验者在一个屏幕后面。)看到白鼠时,彼得马上尖叫,仰天躺下,表现出极端的恐惧反应。刺激移走后,研究者把彼得从床上抱起来,让他坐在椅子上。同时又把一个两岁的女孩芭芭拉(Barbara)放在小床上。与之前的程序类似,研究者把小白鼠放在床边。这时芭芭拉并没有表现出恐惧的反应,她把白鼠抓在手中玩。彼得安静地坐在椅子上,看着芭芭拉和白鼠。在床上,彼得本来有一串用绳子串起来的珠子放那里。只要小白鼠碰到绳子,彼得就会用抱怨的声音叫道:"我的珠子。"而当芭芭拉碰到珠子的时候,他不会有什么反应。这时,研究者让他从椅子上下来,他摇摇头,这表明他的恐惧没有降低。

[①] 有关彼得的完整报告已由琼斯博士,刊于《教育研究》(*Number of The Pedagogical Seminary*),1924年12月。

直到25分钟后,他才准备去玩。

彼得第二天对下述环境和物体的反应:

在游戏室和床上……………拿走他的玩具,他到床边去,没有反抗。

有白球滚过来………………捡起来并抓住它。

把毛毯挂在床边……………啼哭,直到把毛毯移走。

毛皮外套挂在床边…………啼哭,直到外套被拿走。

棉花…………………………呜咽,退缩,啼哭。

有羽毛的帽子………………啼哭。

用粗布做的白色玩具兔……既无消极反应也无积极反应。

木制玩偶……………………既无消极反应也无积极反应。

对彼得的这些恐惧进行消除训练,我们首先采用的方法是前面讨论的引进社会因素的方法。用这种方法训练之后,已经有了很好的效果。但是在再次训练完成之前,这个孩子患了猩红热,不得不住院治疗大概两个月的时间。出院那天,当他与护士刚进入出租车时,一条大狗攻击了他们,护士和彼得都非常害怕。彼得坐在出租车上显得柔弱不堪,精疲力竭。在恢复几天之后,他被再次带进实验室。他对动物的恐惧又恢复到以前那种剧烈的形式了。后来,我们决定采用另一种程序——直接的无条件作用(direct unconditioning)的方法。这种方法和进食有很大的关系。我们对于彼得的用餐没有采取什么控制,不过我们在得到负责人允许的情况下,将一杯牛奶和一些饼干作为他的食物。我们让他坐在小桌旁的高椅上,在约40英尺长的房间里享用午餐。当他吃午餐时,我们拿着一只装在铁丝笼里的兔子进来房间。第一天,我们只把它放在足够远的地方，不至于影响他用餐，效果很明显，彼得照常用餐。第二天，兔子越放越近，直到他刚感到被打扰为止。记录下这个位置。第三天及以后的几天，同样的过程继续进行，最终，兔子可以放在桌子上——然后是彼得的膝上，接着，容忍变成了积极的反应，后来他居然可以一只手吃饭一只手与兔子玩。由此可见，他的内脏与手一起得到了再训练。

在消除了他对兔子的恐惧反应之后——该动物曾引起他最夸张的恐惧反应——我们接下来的兴趣是观察他对其他毛茸茸的动物和物体的反应。我们的实验结果是，他对棉花、毛皮外套和羽毛的恐惧完全消失了。他看着它们，摸摸它们，然后转向其他东西。他甚至捡起了毛茸茸的小毯子，并将它拿给实验者看。

对白鼠的反应进步明显——至少达到了容忍的阶段，但并没有引起兴奋的积极反应。他会拎起装有白鼠、青蛙的锡制箱子，拿着它们在房间里转。

接下来，他被放在一个有新动物的情境中接受测试。实验者把他从未见过的老鼠与一堆缠在一起的蚯蚓拿给他。开始时，他的反应有点消极，但是过了一会儿就出现对蚯蚓的积极反应，不再受到老鼠的干扰了。

我们在此提到的研究是针对那些在家中产生恐惧反应的孩子，我们丝毫不知道最初对这些孩子进行条件作用的情境（初级条件反射）。如果我们知晓这些情境，并且解除了他最初的条件性恐惧的话，那么后续所有这些"迁移的"反应都会立刻消失。因此，要在这一非常有趣的领域中开展研究，我们必须积累更多的经验，积累那些关于初级恐惧是怎样建立起来的、如何注意到反应的迁移以及如何无条件作用于初级反应等经验。在初级的条件作用反应（primary conditioned response）和次级的条件作用反应（secondarily conditioned response）以及不同的迁移反应之间，可能存在某些差异（反应强度）。如果事实如此，那我们可以通过对那些我们不了解其情绪发展历史的儿童呈现许多不同的情境，来分辨出那些曾经施加在儿童身上的最初条件是什么。

随着实验探索的发展，整个情绪领域的研究令人兴奋，它为家庭、学校——甚至日常生活开辟了实践应用的范围。

无论如何，我们现在看见了恐惧反应产生的实验。至少它提供了一个范例，证明我们能够借助一种安全的实验方法来消除恐惧反应。如果能以这种方法来控制恐惧，那么何尝不能用其来控制与愤怒、爱等相关联的情绪组织呢？我坚信这样做是有可能的。也就是说，情绪的组织与其他习惯一样（正如我们所指出的那样），在起源和趋势上遵循同样的规律。

我们在上述案例中所描述的方法有一些缺陷。主要是因为我们不曾控制这些儿童的饮食（顺便说一下，除非你可以完全进行控制，否则就不要在幼儿或婴儿身上进行实验）。在恐惧的事物出现时，可能只要施加爱抚、轻拍和摇晃（性的刺激，它会导致内脏的再训练），那么条件反射的解除就会更迅速地产生。

关于无条件作用的这一初步报告并不完善，也不大令人满意，但是此外也没有别的事实来报告了。因此，在我们研究更多儿童之前，在我们能够更好地控制实验之前，只好暂且按下情绪反应的条件作用和无条件作用这一话题日后在表了。

导致儿童条件性情绪反应的家庭因素

将来我们养育人类幼儿,或许能够使其在婴儿期和幼年期都不会啼哭或表现出恐惧反应,除非我们对其呈现能够引起这些反应的无条件刺激,例如疼痛、令人讨厌的刺激或响声等。但是,由于这些无条件刺激极少出现,因此,儿童实际上不会因为这种情况而啼哭。可是,如果我们留意观察一下周围的儿童——上午、中午和晚上,他们无时无刻不在哭!当婴儿腹痛时,当尿布别针刺到婴儿娇嫩的皮肤时,婴儿完全有权哭。同样,当婴儿饥饿时,当婴儿的头卡在床板中时,当婴儿掉到床下和垫子中间时,或者当猫抓婴儿时,当婴儿身体受伤时,当婴儿受到响声干扰或失去支持时,他们都有权啼哭。但是,在其他任何场合中,啼哭都是没有正当理由的。这意味着,由于我们在家庭中未能很好地训练婴儿,我们破坏了每个婴儿的情绪结构,其速度就像折弯一根嫩枝那么快。

哪些情境导致儿童啼哭

琼斯博士对 9 名儿童进行了跟踪调查,从他们早晨醒来到晚上睡着。每一声啼哭,每一次微笑都得到观察和记录。笑声和哭声的持续时间也进行了记录,同时记下在一天中发生的时间。最为细致的是,她还将引起这些反应的一般情境都作了记录,也记下哭声和笑声对儿童后续行为的影响。在这个实验中,儿童的年龄从 16 个月到 3 岁不等。这些儿童是在赫克歇尔基金会里进行研究的,但是他们只是暂时住在那里。他们以前一直是在家庭中抚养的。研究者先进行一组观察,在一个月后又进行了另两组观察。

引起啼哭的情境是根据啼哭的数量来排序的,细节如下:

1. 使其坐在马桶上。
2. 所有物被拿走。
3. 洗脸。
4. 单独留在房间里。
5. 大人离开房间。
6. 做着毫无效果的事。
7. 没能使大人或其他儿童与自己玩,或者没能使大人和其他儿童看着自己并与自己说话。
8. 穿衣服。
9. 没能使大人把自己抱起来。
10. 脱衣服。
11. 洗澡。
12. 擦鼻涕。

上述12种情境仅是引起这类反应的最常见的情境。引起哭泣的情境超过100种。对于这些情境作出的许多反应可以看作是无条件作用的或条件作用的愤怒反应,例如:(1)使其坐在马桶上,(2)所有物被拿走,(3)洗脸,(6)做着毫无效果的事,(10)脱衣服,(11)洗澡,(12)擦鼻涕。另一方面,(5)大人离开房间,(7)没能使大人与自己一起玩,以及(9)没能使大人把自己抱起来——似乎更属于条件作用的爱的反应中接近悲哀情境的某种东西,在这种悲哀情境中,对客体或人所形成的依恋被消除了,否则将不会表现出惯常的反应(正如"爱"变得冷淡的那种情境)。琼斯博士认为,在许多情境中,条件作用的和无条件作用的恐惧反应导致大部分的啼哭行为——例如,让儿童们站在滑梯顶端,从滑梯上滑下,站在台子上等。很可能上述分类中的(4)和(5)两种情境含有一些恐惧反应的成分。

在进行这种类型的研究时一定要注意,啼哭也可能是由于有机体自身的因素所引起的,例如困倦、饥饿、腹痛以及类似的情况。琼斯博士发现,在上午9点到11点之间出现的大多数啼哭,(很可能)是由有机体内部的因素所引起的。鉴于这一发现,该研究机构在午餐以前而不是午餐以后,会给幼儿安排两段休息时间。这一安排在相当程度上减少了有机体内部因素导致的啼哭和其他干扰行为的数量。

哪些情境导致儿童发笑

我们以同样的方式记录了引起儿童大笑和微笑的情境。引起发笑的情境按顺序排列如下:

1. 被逗乐(游戏式穿衣,挠痒等)。
2. 与其他儿童玩耍、奔跑、追逐。
3. 玩玩具(球类玩具特别有效)。
4. 嘲弄其他儿童。
5. 看别的儿童玩耍。
6. 创造新的东西而且获得好的结果(例如,拿玩具或装置的某些部分进行拼合或使其运行)。
7. 在钢琴上发出多少有点像音乐的声音,用口琴发出声响,唱歌等。

能够引起大笑和微笑的情境,一共可以罗列85种之多。挠痒、游戏式穿衣、轻柔地洗澡、与其他儿童玩耍以及嘲弄其他儿童（但在嘲弄其他儿童时，常常有一种"报复"的机会——这或许是基于性欲的一种学习反应，因为报复含有轻抚，拍打以及挠痒等动作）是引发笑的最常见的情境。至于这里所引起的微笑反应在何种程度上是无条件的，以及在何种程度上是条件作用的几乎很难说清楚。不过我们要注意的是：因为我们对于情境的操作方式不同，而且儿童的内部状态也存在差异，同样的刺激有时可能会引起微笑，有时却会引起啼哭。例如，尽管儿童在洗脸时，或者在洗澡时，浴室里发生的啼哭总是占支配地位，但是这些情境也有可能引起微笑的反应。在某种场合，将一支口琴给儿童，房间里沉闷的气氛改变了，儿童的苦恼状态也会改为破涕为笑。当儿童按照通常的程序进行穿衣时，例如拖呀、拉呀、扭曲和翻转等，这时往往会引起儿童的啼哭，而假如使穿衣过程有点游戏的性质，这时微笑就会取代啼哭。不过，我们还应当注意这一事实，当儿童们正在做他必须做的事情时，我们往往会很轻易将逗乐儿童这一事做得过头了。我曾经见过被这种方式宠坏了的儿童所经历的痛苦，新来的保姆给儿童洗澡、穿衣、喂食或把儿童放到床上去时未能顺从他们要求逗乐的意愿，结果导致儿童在痛苦中哭泣。

　　尽管我们的实验结果还不是很完整，但是已经足以说明，我们可以非常容易地替换家庭中引起儿童啼哭的大量情境，使这些情境反过来引起儿童微笑（往往是大笑）。如果按照一定的规律开展，这对于儿童的成长将大有裨益。另外，当我们通过持续的观察，充分了解到儿童周围环境中的障碍物是什么的时候，我们就可以重建他们的环境，从而阻止那种不利于儿童发展的因素继续产

我们是否应该在儿童身上培养消极反应？

当前，在美国的教育中，有一种只重感情不重真理的观念，他们都认为不应该在儿童的身上形成任何消极反应（negative responses）。我对于这种观点向来是不赞成的。我认为可以适当地、科学地在儿童身上培养某些消极反应，以便对其形成保护。除此以外，我没有看到任何其他的方法。这里需要指出的是，我们应当在条件作用的恐惧反应和消极反应之间加以区分。根据原始的（无条件的）恐惧刺激而形成的消极条件反应显然涉及内脏的大幅变化——可能破坏新陈代谢。条件作用的愤怒反应，尽管在性质上不一定是消极的（例如，在打架和战斗中就属于积极反应），但是显然同样具有破坏性。这里，我看到了一些简单的事实，这是哈佛大学的坎农（Cannon）教授已经清楚表达过的，即在恐惧和愤怒行为中，消化和吸收往往会受到干扰——食物会滞留在胃中发酵，这会为细菌提供繁殖场所并释放有毒物质。因此，通常认为恐惧和愤怒行为对机体是有害的观点，是有一定道理的。（但是，假如一个种族对于噪音和失去支持不作出消极反应的话，或者当活动受阻时不进行挣扎的话，该种族就可能无法生存下去。）另一方面，爱的行为似乎总能强化新陈代谢，消化和吸收会明显加快。我对夫妻的访谈揭示了这一事实，在性行为之后，胃开始饥饿或收缩，从而增强其进食需求。

我们再来看消极反应。至少我的意思是，在肢体行为上建立消极反应（条件作用的）——例如通过运用模糊的令人讨厌的刺激引起手、腿、身体等退缩,这里很少会涉及内脏的反应。为了使我的观点更加容易理解,我引述一个例子:我可以用两种方法建立起对一条蛇的消极反应。一种方法是,呈现蛇同时发出可怕的响声,这会导致儿童跌倒并因为惊吓而哭。在这之后,他只要一看见蛇就会产生同样的反应。另一种方法是,我可以多次呈现蛇,每当儿童伸手去拿蛇的时候,我就用一支铅笔轻拍他的手指,然后逐步地在儿童没有惊吓的情况下建立起消极反应。当然,我并没有用蛇来做这种试验,我用的是蜡烛。一个儿童可以因一次刺激即通过严重烧伤而建立起条件反射;也可以多次呈现蜡烛的火焰,而且每次让火焰燃烧到只使手指缩手的程度,这样一来不用到严重惊吓的程度就可建立起消极的条件性反应。当然,建立没有惊吓的消极反应需要一定的时间。

如今的文明是建立在许多"不"和禁忌之上的。因此,生活在这种文明中的人,必须学会遵守这些"不"和禁忌。因此,消极反应是我们所必须的,必须好好地建立起来,避免使它在建立的时候还带着强烈的情绪反应。儿童和青少年不可以在路上玩耍,不可以在汽车前耍闹,不可以与陌生的猫狗一起玩,不可以在马的脚边跑或站在马脚旁边,不可以将武器指向人,不可以做染上性病或有私生子的危险事情;还有无数种事情不应该去做。这里,我并不是说社会所要求的一切消极反应在伦理上都是无误的(当我说到伦理时,我是指未来某时将会出现的新的实验伦理学)。我并不确定人们如今坚持的那些禁忌最终对有机体来说是不是"有益的"。我只是说,社会存在这些禁忌——这是事实,假如我们生活于其中,那么当社会习俗说退回去时我们就必须退回去,否则我们必定会遭受惩罚。当然,世界上许多倔强的人,他们做了许多禁止做的事,因而随后也肯定被社会所惩罚。这类人的数量在日益增加。这一现象意味着社会的尝试与错误实验正在成为可能——现在,在餐馆和旅馆中,甚至在家庭中容忍妇女吸烟就是一个很好的例子。只要社会通过它的一些代理者(例如政府、教会、家庭)统治着每项活动,那么就不可能对新的社会反应进行任何学习和实验。在近20年间,我们已经目睹了女性社会地位的显著变化,婚姻约束的显著减弱,政党全面控制的显著减少(如一切专制政体的垮台),教会对知识阶级的控制也显著减弱,以及对性的清规戒律的弱化等等。可是如今,因为这些约束松弛的过快,新行为的尝试过于表面化,并且接受了一些不够成熟的所谓新方法,危机也随之而来。

用体罚来形成消极的反应

在家庭和学校中,能不能利用体罚(corporal punishment)来教育儿童的问题时常引起大家的讨论。我认为我们的实验差不多解决了这个问题。我认为体罚这个词永远不应该出现在我们的语言中。

抽打或敲打身体的习俗是自人类诞生以来就有的。甚至我们惩罚罪犯和儿童的现代观点,也可以追溯到教堂中古老的"苦行"的习俗。圣经所谓"以眼还眼和以牙还牙"的惩罚观念,可谓充斥我们如今的社会和宗教生活。

对儿童进行惩罚肯定不是一种科学的方法。作为父母、老师和法官,我们只对建立符合团体行为的个人行为感兴趣,或者说必须感兴趣。你们已经掌握了这样的概念,即行为主义者是严格的决定论者——儿童或成人必须做他应该做的事。让一个人做出不同举止的唯一方法，首先是使他缺乏教养，然后再使他变得有教养。儿童和成人的行为不符合家庭和团体建立起来的行为准则，主要在于下述事实，即家庭和团体未能在个体成长时期对他进行充分的训练。由于成长是伴随一生的，因此社会训练也应当贯穿一生。那么，如果个体（有缺陷和精神变态者除外）误入"歧途"，即背离确定的行为准则，那就是我们的过错了——而所谓"我们的过错"，我指的是家庭的过错、老师的过错和团体中每个成员的过错。我们以前不重视社会训练。现在，我们还没有重视社会训练。我们已经失去了和正在失去我们的机会。

现在我们再来看抽打和敲打身体的问题。我们没有任何理由去做这些事。

第一，父母在家庭中对某些行为进行惩罚之前，那种偏离社会常规的行为早就已经发生了。这种不科学的程序是无法建立条件反射的。认为在晚上狠揍一顿儿童可以惩罚他在早晨的行为，认为这样可以预防儿童今后的不良行为的主张是滑稽可笑的。同样可笑的是，司法机关所实施的惩罚，往往是在犯罪行为的一两年之后，如果这样的惩罚能够防止犯罪，那犯罪早就不会发生了。

第二，鞭打的行为，大多是父母或老师发泄情绪的方式（以他人的痛苦为快乐）。

第三，即便实施鞭打的行为是在错误行为发生的当下（这是鞭打唯一有效的时间），我们仍然无法确定科学的鞭打的力度。要么太温和了，其刺激强度不足以建立条件作用的消极反应；要么鞭打得太厉害了，会严重扰乱儿童的整个内脏系统；或者，偏离社会常

第八章 情绪（续）

规的行为出现得不够频繁，即使伴随惩罚，但是还不满足建立一种消极反应所需的科学条件；或者，最后一种情况，鞭打如此经常地反复进行，结果失去了它的效果——最终形成了习惯，可能导致人们称之为"受虐狂"（masochism）的心理病理状态。这是个体对不愉快刺激作出积极反应（两性之间的）的一种病态情况。

那么，我们如何建立消极反应呢？我完全相信，当儿童把手指放进嘴里时，当儿童经常玩弄其生殖器时，当他伸手取物并把玻璃碟子和盘子拉下来时，或者当儿童旋开煤气开关或自来水龙头时，如果被当场发现，父母应立即以一种完全客观的方式敲击儿童的手指——就像行为主义者对任何特定客体建立一种消极或退缩反应时所施加的电击一样客观。社会，包括群体和双亲，往往对年龄较大的儿童使用口头的"不"字来代替鞭打。使用"不"字当然是必要的，可是我希望将来有一天，我们能够对环境重新安排，以便儿童和成人不得不建立的消极反应会越来越少。

在建立消极反应的整个系统中存在着一种不好的地方，即父母卷入了这一情境——我的意思是，父母成了惩罚制度的一部分。儿童长大之后会"憎恨"那个经常打他的人——通常是父亲。我希望将来有一天可以进行一项实验，即在桌子上安置电线，以便儿童伸手取玻璃杯或者易碎的花瓶时会受到惩罚，而在他伸手取玩具或其他东西时则不受惩罚，也就是在取玩具时不受电击。换言之，我想让他们在生活的客体和情境中自然建立起消极反应。

当前对于犯罪的惩罚方式是欧洲中世纪的遗风

上述关于抚养儿童可用的惩罚，同样适用于犯罪的成人。因为在我看来,只有病态的人、精神病患者(疯癫)或者缺乏社会训练的人才会犯罪,我认为社会应该注意两件事:(1)务必使精神病患者或精神变态的人尽可能地恢复健康,如果做不到这一点,那么应当将他们放在管理良好的(非政治性的)精神病院里,以使他们不会对群体的其他成员造成伤害,自身也不会受到伤害。① 换句话说,这些异常者的命运应当掌握在医务人员(精神科医生)手中。至于无可救药的罪犯该不该处以安乐死的问题,也经常被拿出来讨论。除了夸张的意见和中世纪宗教的契约之外,目前看来没有任何理由去反对它。(2)务必使社会上未受教养的个体,即不属于精神病患者或精神变态的人,不论年龄,都应安置于可以接受教养的场所,送他们上学,让他们学习,使他们接受文化,使他们社会化,帮助其重新做人。另外,在此期间,将他们安置在应该不会对群体其他成员造成伤害的地方。这样的教育和训练可能要花10～15年的时间,甚至可能更长。如果经过这种教育训练之后,他们还不能获得适应社会的行为,那么就应该约束他们,使其在工厂或农场自食其力。当然,任何人——无论犯罪与否,都不应当被剥夺空气、阳光、食物、训练以及生活所必需的其他一些生理条件。每天努力工作12小时不会对任何人的身体健康造成伤害。至于这些人应该受到的一些额外的训练,可以交给行为主义者来完成。

这样的观点显然是把刑事法律完全取消了(不过并没有要取消警察)。当然也取消了律师、诉讼以及法庭。许多有名的法官都

---

① 我近来听说克拉伦斯·达罗(Clarence Darrow)对于犯罪曾提出过另外一种观点。他说:"犯罪者是在犯罪者的环境中长大的,他因此只能学会盗窃或谋杀,不能学到别的。"

很赞同这种观点。但是,只要法律书籍都没有付之一炬,只要不是所有的律师和法官都变成行为主义者,那么现在施加在罪犯身上的报复或惩罚的理论观点(是一种宗教的理论)将始终无法取消,那些根据情绪反应的形成与破坏的原理而形成的科学理论,我也不敢指望其实现的时候。

最应该培养的情绪反应是什么?

在本章和上一章中,我们已经讨论过几种习得和非习得的各种形式的情绪反应了。除此之外,还有两类情绪也是行为主义者有极大兴趣研究的。它们是嫉妒(jealousy)和羞耻(shame)。迄今为止,行为主义者几乎极少有机会研究它们。我认为嫉妒和羞耻都是后天形成的情绪反应。

其他形式的情绪反应,如众所周知的苦恼、悲伤、怨恨、愤怒、尊敬、敬畏、公正、仁慈等,在行为主义者看来都是很简单的。行为主义者认为,这些情绪反应都是在各类简单的非习得行为的基础上建立的上层结构,我们在前面已经讨论过。

关于嫉妒和羞耻,我们需要进一步的研究。迄今为止,我尚无机会观察到羞耻的首次出现以及它的发展。但在我看来,羞耻恐怕在某种程度上与首次明显的自慰行为(masturbation)有关系。自慰的刺激是玩弄生殖器,最终反应是血压升高、皮肤表面毛细血管扩张,出现面红耳赤的状态。自慰这种行为,从最幼小的婴儿起,大人就禁止其出现该行为,当出现的时候就会受到惩罚。因为有这样的教导及惩罚,于是那些与抚摸生殖器或涉及性器官相关的情境(不论是语言的或其他的),都会引起与自慰相关的面红耳赤和低头的动作。当然,目前这都是我的个人推测。

我近来对嫉妒做了一些观察和实验。

嫉妒(Jealousy):嫉妒是什么?嫉妒的刺激是什么?嫉妒的反应形式是怎样的?如果用这些问题来问别人,无论问什么人,所得到的答案都是很空泛的。你如果进一步问:引起嫉妒的非习得的(无条件的)刺激是什么?这种非习得的(无条件的)反应形式是什么?对于这两个问题,你只能得到非科学的回答。大多数人会说:"嗯,嫉妒是一种纯粹的本能。"这样的回答并不能告诉我们嫉妒的刺激和反应是什么。如果用图来表示,我们不得不在刺激和反应下面加上问号。

$$S\cdots\cdots\cdots\cdots\cdots\cdots\cdots\cdots\cdots\cdots\cdots\cdots R$$
$$?\qquad\qquad\qquad\qquad\qquad\qquad ?$$

嫉妒这一情绪如今在一般人的人格中是最能导致个体产生行为的因素之一。法院认为嫉妒是引发行为的最强"动机"之一。抢劫和谋杀源于嫉妒;事业的成功与失败源于嫉妒;婚姻中的争吵、分居和离异,其原因大多也是嫉妒。它几乎渗透在个体所有的整体行动序列中,从而使人们认为它是一种天生的本能。然而,当你开始观察人,并设法确定哪些情境引起嫉妒行为,以及嫉妒行为的详情是什么的时候,你就会看到十分复杂的情况(社会的),这些反应都是高度组织的(习得的)。这种情况本身应当使我们怀疑它是否是遗传下来的。我们现在对人们的嫉妒进行观察,以便了解引起嫉妒的刺激及其反应方面的一些情况。

引起嫉妒行为的情境是什么？

关于引起嫉妒行为的情境，我们刚刚提到过，首先就是社会情境——往往涉及人。但是涉及什么人呢？答案是引起我们条件性的爱的反应的人。这个人可能是母亲、父亲，或者兄弟、姐妹，或者情人、妻子或丈夫——也可能是同性的对方。这些人所构成的情境，其中最能唤起暴力反应的是情人的情境，其次是夫妻的情境。这个简单的研究有助于我们更好地理解嫉妒。引起嫉妒行为的情境通常是一种刺激的替代，也就是说，是可以条件作用的。它涉及能够引起条件性的爱的反应的人。这种概括如果正确的话，那么嫉妒行为应该立刻可以从遗传行为中脱离出来，而不被误认为是遗传的行为。

嫉妒行为的反应是怎样的？

成人身上嫉妒行为的反应形式是十分复杂的。我曾记录了大量的儿童和成人的案例。现在我改变一下从儿童到成人的研究顺序，我们先以一名成人的反应为例。案例 A。A 是一名"嫉妒心很强的丈夫"，他在两年前娶了一名年龄比他略小的美丽的年轻女性为妻。他们俩经常外出参加聚会。如果他的妻子(1)跳舞时和她的舞伴有点贴近，(2)不跳舞时却低声和别的男人聊天，(3)一时兴起，在众目睽睽下亲吻另一个男人，(4)和其他女人外出吃饭或购物，(5)邀请自己的朋友在家里聚会——这些情形会引起 A 强烈的嫉妒行为。反应的情形：(1)拒绝和妻子说话或跳舞，(2)全身肌肉处于紧张状态，牙关紧闭，怒目，咬牙切齿。有了这些动作后，他还会离开房间不辞而别。然后,他的脸涨得通红,越来越暗沉。这种行为在事情发生后通常会持续几天之久。他绝口不提这件事,别人也没有办法劝他。只能让他的嫉妒状态自行消退。他的妻子非常忠于他们的爱情,这是他在不嫉妒的时候经常说的话。但是在他嫉妒的时候,即使他的妻子极力表达爱意,不断申辩自己的清白,也无法促进事情的解决,任何一种道歉或表示敬意的方法都无法加速情况的好转。A 还算是一个受过良好教育的人,如果换作一个没有受过什么教育的人,则其嫉妒行为还会表现为更加明显的肢体动作——可能会打伤妻子的眼睛,或者,如果有情敌在那里,他可能还会攻击甚至谋杀他。

现在,我们再来看看儿童的嫉妒行为。我们大约在儿童 B 两岁的时候首次记录到他的嫉妒行为。每当母亲拥抱、依偎、亲吻父亲时,儿童的嫉妒行为就表现出来了。到两岁半的时候,看到母亲拥抱父亲,他所表现出来的嫉妒行为有了攻击的表现。他的反应是:(1)用力拉父亲的外套,(2)哭叫着:"我的妈妈",(3)将父亲推开,挤在父母中间。如果父母还在继续亲吻,则儿童的嫉妒反应会变得更加强烈。原来,差不多每天早上,尤其是星期天早上,儿童会来到父母的卧室。这时他的父母尚未起床——他会被抱起来,受到爱抚。等到他两岁半的时候,他会对父亲说,"你上班去吗,爸爸?"——或者直接发出命令:"你上班去,爸爸。"这个男孩在 3 岁时和他还是婴儿的弟弟被送到祖母那里去,由一名保姆照管。他与母亲分开了一个月的时间。在此期间,他对母亲的强烈依恋得以减弱。当父母去见他们(这时他有 37 个月大)的时候,如果父母再在孩子面前相互亲昵,他再也不会表现出嫉妒行为了。当父亲长时间紧紧拥抱母亲,以便观察是否最终会引发嫉妒行为时,儿童仅仅跑向前去先抱一下其中一人,然后再抱另一人。这项测试重复了 4 天,而其结果大概就是这样了。

他的父亲看到原来的情境已无法引起孩子的嫉妒心了,于是尝试以向母亲实施攻击的方式来测试他。父亲假装攻击母亲的头部和身体,并把她从一边摇到另一边。母亲则假装哭泣,而且向父亲回击。孩子见此情境,忍受了几分钟,接着便竭尽全力攻击他的父亲。他哭着,踢打,用力拉父亲的腿,并用自己的小手打他,直到吵架结束。

接下来是母亲攻击父亲的情况,父亲保持被动状态。母亲毫不在意地猛击父亲腰带下部,使父亲痛得直不起腰来,丝毫没有装出来的样子。然而,孩子仍然对父亲再次实施攻击,甚至在父亲丧失战斗力以后仍然继续攻击。不过在这种情况下,孩子很容易激动,因此我们及时终止了实验。等到第二天,母亲和父亲在孩子面前拥抱,他并没有表现嫉妒行为。

对于父亲或母亲的嫉妒行为最早出现在什么时候?

为了进一步研究嫉妒行为的发生,我们对一个 11 个月的男婴进行了实验。这名男婴营养状况良好,完全没有条件作用的恐惧,他对母亲仍然怀有强烈的依恋,但是对父亲却没有任何依恋,这是因为婴儿在吮吸拇指时父亲常常打他的手,另外还用各种方式打扰他。到 11 个月时,他已经能够快速爬行了,而且能爬得很远。

当父母两人在儿童面前热烈拥抱的时候,他毫不在意父母的举动。父母之间的亲密举动在他如此幼小的时候,根本不被当作一回事。这种情境经过反复实验,看不出儿童有朝他们爬去的倾向,更没有爬去夹在他们中间的倾向。这个时候还没有嫉妒行为。

当父母相互攻击的时候。由于地上铺了地毯,因此打架的声音和母亲低低的呜咽声(或者父亲发出的呜咽声)都不是很大。父母之间的打架立即中止了孩子的爬行,并引起他持久的注视。不过,他始终注视的是母亲而不是父亲。随着注视的继续,他发出呜咽声,但并不努力想去帮助任何一方。打架的噪音,地板的震动,以及看到父母的面孔——所有这些视觉刺激和儿童在挨打时的视觉刺激是一样的,因此导致儿童啼哭,这些复杂的刺激足以引发可以观察到的行为。他的行为属于恐惧的类型,部分地形成视觉性条件反射。在这名婴儿身上不存在明显的嫉妒行为,无论他的父母相互亲密还是父亲或母亲向另一方实施攻击。

一名儿童面对他年幼的弟弟会不会突然产生嫉妒行为?

许多弗洛伊德主义者坚信,嫉妒行为可以追溯到儿童生活中出现一个弟弟或妹妹的时候。他们认为,尽管儿童的年龄只有1岁或不到1岁,这种嫉妒行为实际上也能充分发展起来。然而据我所知,没有任何一位弗洛伊德主义者曾经试图将他的理论付诸实际的实验。

在我对嫉妒起源的观察中,曾有一次机会去观察一名儿童接受他新生弟弟的情形。儿童B,我在前面已经说过,他的嫉妒行为指向父亲。事情发生的时候儿童B的年龄为两岁半。B已经对母亲形成了强烈的依恋,也对他的保姆形成了强烈的依恋。在不到

第八章 情绪(续)

1岁的时候,他对任何儿童都没有形成有组织的反应。当时母亲生产住院有两个星期。在此期间,B由保姆负责照顾。在母亲回家那一天,保姆让B在自己的房间里玩耍,直到测试的一切条件都布置好为止。测试是在一间照明良好的起居室进行的,时间是中午。母亲坐着为新生儿哺乳,胸脯敞开着。B有两个星期没有见过母亲。除了母亲和新生儿以外,在场还有一位训练有素的新保姆,祖母和父亲也在场。B被允许从台阶上走下来进入房间。在场的每个人都被告知要保持绝对安静,并使当时的情境尽可能保持自然。B走进房间,走向母亲,依偎在她的膝盖上说:"妈妈,你怎样啦。"他并没有试图吻她或抱她。经过30秒的时间,他既没有注意妈妈的胸脯,也没有注意到她怀里的新生儿。30秒后,他看到了婴儿,他说:"小小孩。"接着他握着婴儿的手,轻轻地拍着,摸摸婴儿的头和脸,然后开始说:"那个小孩,那个小孩。"接下来,他吻了婴儿,丝毫没有嫉妒的意思。在所有这些反应中,他显得十分温柔和亲切。这时,那位训练有素的新保姆(对B来说很陌生)抱起了新生儿。B立即做出反应,至少在口头上做出了反应,他说:"妈妈抱孩子。"由此可见,他对婴儿所作的反应,是将婴儿当作母亲这一情境的一个部分,他第一次嫉妒反应指向了那个从他母亲怀里取走某些东西的人(阻碍了母亲的行动)。这显然是一种典型的非弗洛伊德主义的反应。这是嫉妒反应出现的首次迹象。但是,这种反应对于婴儿来说是积极的而不是不利的——尽管实际情境是他的弟弟侵占了他在母亲腿上的位置。

接下来,新生儿由保姆抱到他自己的房间并放到床上了。B也跟着一起去了。当他回来时,父亲问他:"你喜欢吉米吗?"

B说:"喜欢吉米——吉米在睡觉。"在这些情境中,他一直都未注意到母亲敞开的胸脯,而且实际上对母亲的注意极少,只有当保姆试图把婴儿抱走时例外。在整个情境里,他仅仅对婴儿做出了几分钟的积极反应,然后便注意别的事情了。

第二天,母亲告诉B,吉米要暂时使用他的房间。他的房间中有许多他的玩具、书本和诸如此类的东西。当B被告知吉米必须占用他的房间时,他表示很愿意的样子,并且帮助大人把自己的家具拖到新房间里去。那天晚上以及在保姆离开之前的每天晚上,他都睡在新房间里。在B对新生儿的行为指向中,丝毫没有表现出哪怕是一点点怨恨和嫉妒的迹象。

迄今为止,对两个儿童的观察已经持续了一年。我们没有观察到哪怕是一点点细微的嫉妒迹象。如今,那个3岁儿童B对待1岁儿童就像当初他第一次见到时那样友爱和关心。即使当保姆、母亲或父亲抱起1岁儿童并爱抚他时,儿童B也没有任何嫉妒反应。仅有一次,保姆差不多成功地建立起了儿童B的嫉妒心,她对B说:"你是个顽皮的孩子。吉米是个好孩子——我喜欢他。"接下来有几天B显示出嫉妒的苗头,不过随着保姆被辞退,一切又如初了。

尽管我们在实验中没有发现他们兄弟两人之间存在强烈的依恋,足以影响B的日常行为,但是当弟弟和B在一起时,如果他们的父亲或母亲试图责打弟弟手的时候,则B会帮助弟弟。如果弟弟因为挨打而哭,那么B会攻击父亲或母亲,或是父母两个人,并且还会说:"吉米是个好孩子,你们不该让吉米哭。"

关于嫉妒,我们能够得出什么结论吗?

迄今为止,我们关于嫉妒的研究还是初步的。如果要作出什么总结的话,大概是以下的形式:嫉妒是一种行为,刺激是一个(条件作用的)爱的刺激,它的反应是愤怒——不过这种愤怒除了包含原始的内脏反应之外,还包括许多肢体习惯的模式(如打架、拳击、射击、讲话等)。我们可以用下图将这些事实组合在一起:

(条件作用的)刺激┈┈┈┈┈┈(无条件作用的和条件作用的)反应

看见(或听见)所钟爱的　　　身体僵硬,双手握紧,

客体被干涉了　　　　　　　脸色发青——呼吸急促,干扰。

　　　　　　　　　　　　　打架,口头的训斥等等。

这个图当然只是简化的表达了事实。在真实的情况中,嫉妒反应可能采取多种形式,而刺激也可能由比我在这里所记录的还要微妙的因素组成。但是,我相信,我们用这些术语来描述嫉妒的做法是无误的。

小结:我们已经研究了人类情绪生活的诸多方面。行为主义者的重要主张是:人类的情绪生活是一点一滴地被环境影响而形成的。在过去,这种形成的历程完全是杂乱的,如同掷骰子一样。社会毫不关心人类各种情绪行为的形成。但是如今,已经有进步的迹象了,我们似乎已经能够按着一种有秩序的方法来形成各种情绪反应了。也就是说,关于培养情绪反应的程序,我们现在至少已经了解一部分了。业已建立的情绪反应,如果我们想要去破坏

它,其破坏的方法我们也大概知道了。我们很有兴趣了解这种方法的发展,在我们之中,没有几个人不曾有若干孩子气的爱的表现,或孩子气的愤怒,或孩子气的恐惧。既然具有这样的东西,我们都愿意将其破坏了。如果这类方法在将来发展成熟的话,我们就可以使用自然科学的方法来治疗情绪疾病,代替那些不确定的、不科学的称之为精神分析的方法。

即便如此,行为主义者是否也应该为自己的观点留有余地呢?毕竟他们现在所有的结论仍然只是建立在极少的案例上,而且实验也很少。我认为这在不久的将来就可以得到补救。因为现在应用行为主义方法来研究情绪的人已经越来越多了。凡是思想清楚的人应该都不会用詹姆斯及其信徒所用的那种陈旧的内省法来研究情绪了,那种研究方式几乎毁了心理学中最令人兴奋的领域。

在下一章中,我们将讨论肢体习惯的获得,各类技能动作的获得,各种职业行为以及诸如此类的种种行为的获得。

第九章 我们的肢体习惯

——它们是怎样开始的;我们如何保持和丢弃这些习惯

在上一章中,我们对1岁婴儿所具有的组织感到十分惊讶。然而,那些组织大致都是关于情绪和喂养的行为模式。至于1岁婴儿的肢体组织——对手臂、腿部以及躯干的控制能力——则比其他1岁左右的灵长类动物要薄弱很多。

1岁大的猕猴(Rhesus)可以四处冲撞,到处跳跃,用长而尖的声音发出与成熟猴子相似的叫声。虽然它们的力气还不足以与父母争夺食物,但是它会借助一些诡计。它会跑到一个角落,大声哭叫起来,流眼泪,装出有敌人攻击它的样子。这时,它的父母会放下食物去救它。可是幼猴会立刻停止哭叫,冲到食物所在之处尽可能多地偷些食物。如果它的父母在没看到敌人转回来,它拿着食物还没来得及逃走,就可能引起争夺、撕咬甚至攻击幼猴的情形。这些1岁幼猴的情形,使人不禁联想起那些年仅12岁却精于世故的报童的言行举止。相比之下,1岁的婴儿仍然只能从母亲的胸脯或奶瓶里获取所有的食物。他们只会咿咿呀呀,根本不会说任何话,或者只能说10~12个左右的单词。他们只能靠爬行来移动,或依靠部分家具的支撑来直立移动。一些成人不得不为保护他们而战斗。这似乎已是一个事实——有机体在进化序列中的层次越高,他们就越依赖习得的行为。

尽管人类婴儿难以自立,但他却慢慢能够成为动物王国中一种十分独特的生物。人类的独特之处主要在于三大习惯系统的巨大发展:(1)内脏或情绪习惯的数量、灵敏性与准确性,这我们在前两章已经讨论过;(2)喉结或言语习惯的数量、复杂性和完美性,这将在下一章进行讨论;(3)肢体习惯(manual habits)的数量和完美性,我们将在本章进行讨论。

人类有很多种能力,使他能够形成手指、手、手臂、腿和躯干的习惯。在前几章中,我将这一整个系统称为肢体习惯系统(system of manual habits),我们将继续使用这一术语。在这里,"肢体"这一术语包括躯干、腿、手臂和脚的组织结构。我们前面章节所说的肌肉类型中,横纹肌大多是为这类组织所使用的。

环境的转变促使习惯形成

根据我们前面所讲的内容,读者应该已经了解到,人类婴幼儿在不断接受外界的光线、声音、触摸、嗅觉、味觉等刺激的同时,也处在分泌的产生与缺乏、压力的存在与缺乏、食物在肠道中的移动以及肌肉(横纹肌和无纹肌)等身体内部的刺激之中。总之,人体处在不断的刺激之中。人类的构造在受到这些体内或体外的刺激时,又总是会产生一些行为(其他动物也是如此)。所有这些视觉、听觉、触觉、温度觉、嗅觉、味觉等刺激(所谓外在世界的客体)构成了我们视之为环境的东西。这些刺激仅仅是人类环境的一部分,即人类的外部环境(这对于群体来说大多是一样的)。除此之外,人体内部大量的内脏的、体温的、肌肉的和腺体的(发生在体内的)刺激,无论是条件作用的,还是无条件作用的,它们都是和桌子、椅子一样客观存在的刺激物。它们构成人类的另外一部分环境——内部环境。这一环境对每个人来说都是不一样的。这一部分的人类环境通常在有关环境和遗传之影响的讨论中被遗漏掉。经常受到两个环境刺激的有机体自然不会仅仅对内部或对外部刺激作出反应。在胃收缩的刺激下，人会去拿面包来吃；在视觉上看到一个警察时，会不由自主地停下手并束紧皮带；在性器官的刺激下，就会开始去寻找异性，如果囊中羞涩，那就会暂缓求婚或结婚的仪式，在年轻时被灌输过的言语性的戒律（喉结的言语刺激）可能会让他重新考虑自己与一个暂时的伴侣的关系。

这些来自身体外部和内部的有力刺激——如食物的缺乏、性的缺乏、肢体和言语两种习惯活动的缺乏——在刺激着个体，人类机体不得不做出持续的反应活动。这些刺激不断引起手指、手、躯体、脚、手臂的活动以及内部腺体器官的各种反应。在婴儿期，这些活动是"随机的"。但是，如果你使得它们不会被其他类似活动所激发，那么它们自然就不是随机的。它们会直接对刺激作出反应，而且会在未来生活中变得越来越有规则、有秩序。

持续的刺激和反应将日益变得有规则——甚至在睡眠中，有机体也会受到刺激的影响，这是永不停歇的。

有人可能会问：有机体在持续不断地刺激下不会产生顺应（adjusted）的状态吗？最近从一些心理学家和精神分析学家的口中，我们经常听到"顺应"（adjustments）这个词，并且被告知个体必须不断地顺应。有时，你会对这些著名学者的意思感到莫名其妙。行为主义者认为，一个仅仅是在顺应的人等同于一个死人——一个对任何刺激都没有反应的人。事实表明，个体对刺激A作出反应（习得的或非习得的反应，或是两者的结合），以这样一种方式来改变其环境的结果是他接着必须对刺激 B 作出反应，于是就会出现两种情况：刺激 B 实际上移除了刺激 A；或者，通过对刺激 B 作出反应，他可能改变了环境，使得他超出了刺激 A 的范围了。在第一种情形里，A 被消除了；在第二种情形里，A 在新的环境中不再是对有机体的有效刺激。这可能听起来有点复杂。让我们来看一个例子。饥饿的人首先会出现的是胃的痉挛（刺激 A），个体开始活动，他进入一个食物充足的环境——换言之，他进入食堂开始吃东西（刺激 B）。饥饿的人的痉挛（刺激 A）立刻停止。你将看到，这就意味着"顺应"作用。事实上，他不再遭受饥饿的刺激，但在吃饱了以后，另外的刺激（非食物的刺激）立刻产生影响，引起了其他反应，这证明了我的论点——有机体显然不会也不可能顺应。让我举例说明另一个事实——个体对刺激 A 作出反应会引起环境的改变，这时刺激 A 不再发生作用。个体 X 躺在床上准备睡觉，街灯透过一个遮光物的缝隙照进来。他扭动了一下，光线仍然照在他的眼睛上，他继续扭动，光线仍然照在他的眼睛上，这时他把头缩进被子里面，但因为被子里很热，所有他很快又会钻出来，光线仍然照着他，于是他起身做了一件明智的事——在遮光物的缝隙处钉上一张厚纸板。对刺激 A 作出的反应使他进入了一个新的环境，在这一环境中 A 不再是一个刺激。因此，前面的两种情形并不是完全不同的。个体都摆脱了刺激！但是他摆脱的仅仅是其中一个刺激！另外一些刺激仍会有效地作用于他。心理学家所谓的"顺应不良"，通常是指两种对立倾向的刺激抑制了有机体摆脱刺激的范围。尽管如此，"顺应"这一术语仍是可以使用的，我们可以用它来说明我们的意思：个体通过其活动从而平息一个刺激或摆脱它的范围。因此，"顺应"意思与学习训练的结果有些类似——动物获得了食物、性、水，或者摆脱了一个产生消极反应的刺激等等。

我们的论证表明，个体拥有足够的组织以适应可能"遭遇到的情境"。这意味着他必须形成这样一类习惯，即他能够消除刺激 A 或以一种活动方式来摆脱刺激 A 的有效范围。要达到这样的目标并无捷径可言。个体必须形成一些习惯。他已经学会在饥饿的时候到餐厅去。而不是像 1 岁的时候——他只能哭。成人已经学会当光线刺激他的眼睛时，他会在遮光物的缝隙处贴一张纸，而 3 岁的时候只会大声喊他母亲来关灯。

这就是我们形成所有习惯的基本状态。一些外部环境或内部环境的刺激（请注意，所谓的刺激的"缺乏"也是一种相当有效的刺激）促使个体活动。在他去除刺激 A 或使自己离开刺激 A 的有效范围之前，他会采用多种不同的方式进行活动。如果他重新进入相同的情境，他能够以更快的速度和更少的活动来达到之前的结果，于是我们会说，他已经"学会"或已经"形成"了一种习惯。

对于习惯形成的步骤所做的观察

要想了解基础习惯的形成，我们必须再次观察人类幼儿。以一个哺乳期的婴儿为例。当他 3 个月大时，慢慢地递给他一个奶瓶。当奶瓶接近并且几乎被他够得着的时候，你可以发现的婴儿的身体开始扭动，他的手、脚和手臂变得更加活跃，他的眼神专注，嘴巴微动并且哭，但是他并不伸手去拿奶瓶。在他有了这些动作后，我们接着就会把奶瓶递给他。第二天，我们又重复同样的过程，结果发现婴儿的身体活动变得更加明显。假如这个过程每天都重复进行，那么整个身体活动会变得更加明显，而且婴儿的手臂充当了杠杆的作用,以便完成更大幅度的活动。他的躯干、腿和脚起到了另外一种杠杆作用——这是一种有力的杠杆,只是活动范围比较小。婴儿的手臂和手比身体的其他部分更先碰到奶瓶的可能性很大,这也是为什么我们操作物体的习惯是通过手臂、手指和手,而不是通过脚、腿和脚趾来形成。如果婴儿失去了他的手臂,或者从未拥有过它们,那么这种习惯就会通过脚来形成。

在上述实验中,婴儿一旦碰到了奶瓶,或者为了更好地达到我们的目的起见,换作是一种食物,如一块糖,那么他的手会伸出来抓(非习得的抓取),然后把糖放入嘴里(这是以前习得的一种习惯系统中的一部分)。在 30 天内,如果我们每天都给婴儿 10 或 12 次重复试验,那他去拿一个小东西放到嘴里的习惯就差不多完全形成了。这里请注意,这种对于奶瓶或糖果的反应是一种条件性的视觉反应。形成上述反应的条件是婴儿必须一直通过奶瓶来喂养,因此,即使在这样一种简单的实验中,我们所面对的是已经多种组织得到长时间训练的婴幼儿了。如果我们想要他拿一支铅笔或一些和食品无关的东西,那么我们就必须大大延长实验时间,直到他对铅笔这一刺激有所反应。这里值得注意的是,奶瓶这一刺激引起了越来越复杂的反应:首先,以扭动来说,出现了越来越多的积极活动,特别是我之前已经提到的手臂、手和手指的活动。换言之,反应在不断地变化,不断地组织,或者,就像我们有时所说的反应在不断地"整合"(integrated)。更进一步说,反应变得越来越高度整合(许多新的要素以下述方式变成条件作用的,它们结合在一起,以一种新的或者更为复杂的反应产生作用)。

最后还有一点我们应该注意,当手臂、手和手指的活动日益完美时,即当反应在更高层次上被组织起来时——与手无关的一些活动,诸如躯干、腿和脚的活动就会消失。因此,这种抓取物品的动作,如果已经达到了很完美的程度,那么在它被发现的时候,它会很快形成,之前那些不必要的动作都不会再出现。拿取的动作是儿童最基本的肢体习惯,很快就会变得复杂。儿童不仅能够拿和握,而且同时也将学会扔东西。然后,他不仅能够拿到放在他面前的东西,而且还能拿到放在他左右两边的东西。最后,他学会了将拿到的东西翻转和推动——从盒子上取下盖子,从瓶子上取下软木塞,把拨浪鼓的柄戳进盒子,打开或关闭盒盖。这些复杂的习惯起源于我们拿取这一操作的习惯。那些认为操作的习惯是一种本能的人应该对出生120～200天的婴儿进行日常观察,然后他就会知道,婴儿付出了极大的努力才学会操作物体,甚至还学会了操作他自己身体上的各个部分。

我不希望误导大家去认为,认为操作的习惯仅仅包括手臂、手和手指的活动而已。根据我们上面所提到的,你们能够很好地理解,任何动作,例如拿一个物体,都能导致身体中几乎所有肌肉的顺应——就是内脏中的肌肉和腺体也会用到。换言之,每一个准确实践的动作都包括整个身体任何一个部分的反应。这就是我们所说的整体反应(total reaction),也是我们所谓的"完美的整合"(perfect integration)。在这种整体反应中,肩膀的运动,手臂的运动,肘的运动,腕的运动,掌的运动,手指的运动,躯体的运动,腿的运动,脚的运动,甚至呼吸和血液循环等等,所有这些都必须依据某种秩序进行。而这种秩序,则是在动作成为技巧(例如用枪射击靶心或把台球打得很准)之前,必定早已按照谁先谁后,谁长久谁暂时地分配好了。这些活动中每种所必须用到的能力的数量,也在动作成为技巧之前早已调整好了。

在拿取和操作这些早期的基础习惯形成之后,婴儿就可以开始控制这神秘的世界了。[①] 从用泥土制造工具到用钢材制造工具,

[①] 对于在幼儿期训练肢体动作的重要性,格赛尔和汤普森颇有意见[见于《遗传心理学专论》(Genetic Psychology Monographs), Vol. V1, 1929],他们认为,婴儿在小时候所获得的行为模式,其因素是"成熟"(也就是发育的因素),比"训练"更为重要。他们之所以认为"成熟"比"训练"重要,是根据他们的双生子实验的结果。这种实验,是用两个同卵双生子为研究对象,将其中一个C,不加以训练而使其自然成长,另一个T加以训练。例如,T在46周的年龄被训练爬楼梯,一共训练6周之久。而C在这个时期不进行爬梯训练。T在52周的年龄时,已经被训练了6周了,其爬楼梯的成绩是26秒。C在53周的时候,是没有训练过爬梯的,在没有别人的帮助之下,C爬上楼梯的成绩是45秒。但是C经过两个星期训练之后,其成绩就进步为10秒了。在55周年龄上的C的成绩可以说是远远超过了52周年龄上的T了,虽然T所受的训练比C要早了7周,且多过3倍。那么这种原因不能不说是在于C 55周的年龄比T 52周的年龄要大3周。这是其中一个实验的例子。格赛尔和汤普森等人所做的其他实验也得到相同的结果,因此也就使他们要主张成熟的因素要重于训练的因素。

格赛尔和汤普森的这种主张似乎意味着条件作用在婴儿各种行为习惯的形成上,其影响是很小的。如果他们的主张真有这样的含义,行为主义者是无法苟同的。行为主义者,可以说最主张肌肉的发育和强壮的情形(我在此要说明,我并不十分理解格赛尔等人所谓"成熟"的意思,我所说的肌肉发育情形及强壮情形,也许并不是他们所谓的成熟),是我们行为成立的因素。他不会去教一个年龄只有52周的婴儿驾驶汽车,也不会教他去赛跑,格赛尔等人所做的实验,虽然具有使用条件反射方法之意味,但并不是真正的在做条件反射的实验。而且在他们所做的实验中,我们看见C的行为模式和T的行为模式也是不相同的。他们如果是真正要做条件反射的实验,即便是初学做此类实验,也应该在各个相类似的实验之中,这次先用T来做实验,然后又再用C来做实验。可是他们并没有这样做。因此,他们根据这样的实验所得出的主张,认为对于46周至56周年龄的婴儿的行为反应,"训练"因素的影响要弱于"成熟"因素的影响,这对于一个熟谙婴儿研究的心理学家来说,是相当惊讶的,很难使人信服。无论哪一个人,只要有机会能看见霍勒斯·卡伦(Horace Kallen)教授的大儿子在52周年龄上做出的体操动作,就再不需要别的证据也可以相信,在一岁时,"训练"因素对于婴儿行为形成的重要性了。我希望卡伦教授对于他儿子的训练成果,将来能够发表出来。

关于习惯发展的实例

为了使习惯发展的整个过程更加具体化,我们仍以前面提到的 3 岁儿童为例。这个孩子已经形成了较好的操作习惯。我们在他的面前放了一个问题箱(problem box)——打开这个问题箱的方法是固定的,只有完成一系列操作才能打开。例如,他必须按下一个内在的小型木制开关。在我们将箱子呈现给他之前,我们先告诉他开启箱子后里面会有一些糖果。然后我们关上箱子并告诉他,如果他能打开箱子,就可以得到糖果。这个情境对于他来说是一个全新的情境。如果他用之前形成的操作习惯是不可能完全而又迅速地解决这个问题的,天生的或非习得的各种反应也不能帮助他。那么他会怎么做呢?他必须依靠之前的行为组织。如果他用之前操作玩具的组织来对待这个问题,那么他会以如下方式对付问题箱:(1)捡起箱子;(2)在地板上敲打箱子;(3)将箱子拖来拖去;(4)把箱子推向墙边;(5)将箱子翻转;(6)用拳头敲打箱子。也就是说,他采用了以前对待各种简单问题时的那些习得行为。他表现了全部的动作技能——使用他之前习得的行为组织来处理新的问题。我们假设他拥有 50 个习得的和非习得的独立反应。然后我们再假定他打开问题箱所需使用的反应大概也需要 50 种(实际上也差不多 50 种都要用到)。而初次打开问题箱所要用到的时间,我们假设是 20 分钟左右。等到他首次打开问题箱之后,我们就把他应得的糖果给他,然后再把箱子关上让他打开。在第二次的时候,他所使用的行为就少了;第三次会更少。大概到了10次之后,甚至还用不到10次的行为反应,他就能把问题箱打开而不花费无用的动作;而且所需的时间可能只要两秒钟。

为什么时间会减少呢?为什么在解决问题中不需要的那些动作会在整个过程中逐渐消失呢?这是一个很难解答的问题,因为从来不曾有人将这个问题简化到可以用实验来解决。对于这个问题,我们想基于频率(frequency)和近时(recency)因素以求其解决。我们所谓的频率和近时,我想我可以很清楚地告诉你我们的意思。我们现在暂且把那个3岁儿童所有的50种动作用一个数字来表示。最后一个活动,就是按下木制开关的动作,我们用数字50表示。第一次尝试中的所有的50项动作按随机次序展现(许多活动可能不止一次出现),让我们来看第一次尝试的次序:

    47,21,3,7,14,16,19,38,28,2……50

  第二次尝试:

    18,6,9,16,47,19,23,272……50

  第三次尝试:

    17,11,29,66,71,182……50

  第九次尝试:

    14,192……50

  第十次尝试,尝试成功:

    50

由此可见,第50号动作在整个系列中出现的越来越早,而且因为它出现的越来越早,其他动作出现的机会也越来越少。这是为什么呢?因为按照我们的理论,第50号动作是每次练习中都会出现的,而其他动作则不是每次都出现。也就是说,在实验中,那个孩子的环境使他要将第50号动作当作他所有动作的最后一个——这个动作,就是使他获得糖果的动作。而每次当他得到糖果之后,我们会合上箱子让他再度打开,他还是会用到第50号动作。那么因为这种动作每次都要成为最后一个动作的缘故,它在一切的练习中,就会成为最常用的一个动作——这种使用的频率,要高过其他49个动作中的任何一个。

上述是习惯形成中的"频率"因素。另外,由于第50号动作总是在前一次的尝试中成为最后的反应,因此我们有理由相信它很快会在下一次成功的尝试中较早出现。这就是"近时"的因素。用近时和频率的因素来解释习惯的形成,曾经受到一些学者的批评——田纳西州纳什维尔的乔治皮博迪学院的约瑟夫·彼得森教授(Joseph Peterson)和伯特兰·罗素教授(Bertrand Russell)①。在这个非常重要的领域中,至今还没有做过一次至少在我看来是非常重要的实验。只有少数心理学家对这个问题感兴趣,大多数心理学家甚至不觉得这是个问题,这是很可惜的。他们似乎认为习惯的形成是仁慈的神的事情。例如,桑代克(Thorndike)就认为,"愉快"的体验是动作得以成功保留的原因,而未被保留的动作则是因为其带有"不愉快"的印记。大多数心理学家也和桑代克一

---

① 关于影响简单动作学习的种种因素,克拉克·赫尔(Clark Hull)最近发表了一项很有趣的研究(*Psychol. Rev.* No. 3, May, 1930)。

样,滔滔不绝地谈论着人脑中新通路的形成,就好像那里有一群火神(Vulcan)的小侍从一样,他们在人的神经系统中穿过,手持斧子和凿子,边跑边开凿新的通路,并且加深老的通路。

我并不确定这样的解答是否可以解决前文的问题。我觉得必须要有一个更简单的方法来看待习惯形成的整个过程,否则习惯形成的相关问题仍将无法解决。自从条件反射假设的出现在心理学引起了各种简化以来(我经常担心这会使事情被过分地简化),我自己的喉结过程也被刺激着试图换一个角度来解决这些问题。

习惯与条件反射的关系

我们在前面讨论过的极为简单的条件反射与我们现在正在讨论的更为复杂、完整并受时空限制的习惯反应之间,在理论上是十分简单的关系。这种关系从表面上来看是部分与整体的关系——也就是说,条件反射是一个单位,是已经形成的整个习惯的一个单位。换言之,当一个复杂的习惯被完全分解之后,这个习惯的每个单位就是一种条件反射。让我们先回顾一下前文讨论过的条件反射:

S··R

电击(有害的刺激)　　　　　　　　脚的活动
　　当条件作用之后,圆形的视觉刺激　引起脚的同样活动

这是一种简单的条件反射。在我们的假设中,每个复杂的习惯都是由这样的单位构成的。现在,假设向被试呈现了圆形的视觉刺激之后,我们不是让他形成缩脚的习惯,而是让他形成向右迈步的

习惯。往右迈步之后,他面对的是一个方形的视觉刺激;对于这一刺激,他的条件反射为往前走5步,然后他看到一个三角形;对于这一刺激,他的条件反射为往右2步,这时他看到了一个立方体;在对立方体的反应中,他的条件反射为向前跨3步。你们可以从这个简单的例子中看出,这样的刺激能够引导他在房间里兜一圈,然后再回到起点。我们可以安排每一个视觉刺激,使他必须以某种方式移动——向右移,向左移,向上移,向下移,向前走或向后走,举起右手,伸出左手等等。现在,假设我每一次对他进行实验都让他从头跑完一整个系列。这难道不是老鼠和人在学习迷宫的过程中所发生的事情吗?迷宫当中的每一条小道、每一个转弯不正是学习迷宫的整个过程的一个单位吗?打字、弹钢琴以及其他一些特殊的技巧性活动在这样的系列单位中难道不能这样被分解和分析吗?当然,在现实生活中,当我们形成构成整个习惯的各种条件反射时,我们有时会在有机体作出正确反应时使用食物或者爱抚的方法;对一个错误的反应,我们会拍打或惩罚他,或者让他继续走错路,由此产生疲于奔命的感觉(疲劳的功能似乎和惩罚类似)。

既然习惯由许多简单的单位构成,那么这些简单的单位如何获得时间及空间上的秩序呢?然而看看我们所处的世界,其中并没有序列或次序——除了少数事例,如太阳、月亮、星星等。答案是:社会或环境中的意外事件促成了一种次序。我所说的社会是由男人和女人构成的,他们已经形成了复杂的反应模式,这些反应模式必须被完全遵从。这就像语言是由一系列字母组成的,它们必须遵守明确规定的序列或次序,这些序列或次序是由约翰逊

(Johnson)或韦伯斯特(Webster)以及其他一些早期的词典编纂者创建的。这也类似将高尔夫球击打进球洞必须按一定的序列或次序来进行,台球必须射进某一球袋中。我所说的环境中的意外事件,则是一些很简单的情况。假如你要从家里走到一个海滨浴场,你必须(1)走到小山的右边;(2)穿过一条小溪;(3)穿过一个小松树林;(4)沿着一条干枯河道的左岸走;(5)到一个牧场;(6)然后从后面的一个柳树林走;(7)到达你希望到达的地方。上述每一个数字都代表一个在学习期间能引起反应的视觉刺激。

对于上述所描述的,你可能会说:"是这样的,但这又能说明什么呢?对于条件反射形成的解释是不是要比解释习惯的形成更为简单呢?"我的回答是:即使我们不能真正做到"解释"一个条件反射,我们仍可以通过分析,把一个我们既不能解决又不能进行实验的复杂过程还原为简单的术语。至于其他的工作,我认为我们可以交给生理学家或生理化学家去完成。

我们交给生理学家或生理化学家去解决的问题是:

刺激 X 现在不能引起反应 R;刺激 Y 能够引起反应 R(无条件反射);但是,当先给予一个刺激 X,然后立刻给予刺激 Y(就是引起反应 R 的刺激),随后会出现刺激 X 也会引起反应 R 的现象。也就是说,X 变成了可以替代 Y 的刺激。[①]

[①] 这并不是夸张的说法。我曾看过一个儿童,他只碰到一个热的电器一下,他的条件反射动作就确定下来了。这个被确定下来的条件反射,以后再没有训练,然而却保留有两年之久。如果我们仍要用旧的术语,那么我们对于这种条件反射,应该说是只经过一次练习而成的习惯。那么在这种只经过一次练习的习惯中,当然也就没有所谓"将成功的动作保留下来"或"将不成功的动作取消"这些说法了。

生理学家可能会立刻以这样的解释来回答："你的假设中，X没有刺激有机体这一说法是错误的。X刺激了整个有机体，并经常微弱地引起反应R，只是没有强大到出现一个明显的反应。Y能够明显地引起R，是因为当有机体的构造就是受到Y（无条件反射）刺激时用R作为反应。但是在Y引起反应R之后，整个感觉运动部位的阻力或惯性逐渐变小，进入了本来只能微弱引起R的刺激X的范围，因此X也能明显地引起R。"当然，如果生理学家想要解释以条件反射为基础的各种现象，他只能从神经系统的阻力、冲突、累积、抑制、加强、促进等全有全无律来解释，因为这是他们所研究的现象。但是它们是非常复杂的现象，正是由于太复杂，以至于我们无法描述它们。在他们把这些现象还原为电或化学的过程之前，恐怕还不能对我们有多少帮助。

幸运的是，我们对于行为的研究，不必一定要等到这些现象有了物理或化学的解释之后才能开展。

关于学习曲线的详细说明

图16是一个学习曲线，表示19只老鼠学习复杂的汉普顿·考特（Hampton Court）迷宫（经过修改）的结果。这19只老鼠都是单独测试的。图中的水平线表示老鼠的学习次数。竖线上的每一点则表示老鼠在学习中获得食物所用时间的平均数。请注意，第一次学习中，老鼠获得食物所需时间的平均数超过16分钟。在这段时间里，老鼠在迷宫中跑，跑进死胡同，又跑回出发点，继续开始找食物，咬它周围的金属线，挠自己，在地板上嗅来嗅去。最终，老鼠获得了食物，但只被允许吃一口，又重新被放回迷宫。食

物的香味几乎使它发狂。它更快地跑动。在第 2 次学习中,所有的平均时间只有 7 分钟多一点;第 4 次学习所用时间不到 3 分钟;由此到第 23 次学习,进步就非常缓慢。然后进步几乎停止了(用这种方法训练)。它们是否达到了训练的生理极限,从这条曲线上无法确定。图 16 的曲线是根据这样的训练方法而得到的。如果我们用另外一种方法来训练,如果以每天少于 5 次的方法训练,则可能会形成一种新的进步的情况。部分的饥饿可能带来进步。其他许多因素也可能对它的操作带来影响。

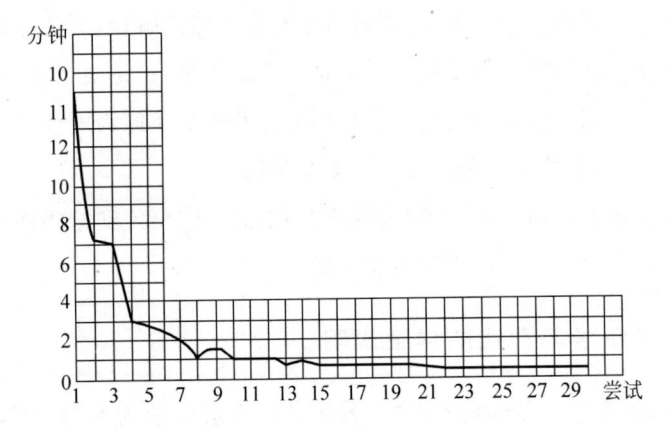

图 16:学习曲线。表明 19 只老鼠在学习汉普顿·考特迷宫 (Hampton Court Maze)时的发展情况。竖线表示老鼠获得食物所需的时间,水平线表示老鼠的学习次数。由此可见,在第一次学习中,平均需要 16 分钟。在第 23 次学习中,大约只需要 20 秒钟。请注意,初次进步是非常明显的,随后便越来越缓慢。

因为人类学习中有许多复杂的情形,这种动物学习的曲线所表现出来的学习的种种情形,恐怕比人类的学习曲线所表现的还要好。当我们研究老鼠的时候,我们可以不断地施加刺激。老鼠必须在迷宫中跑 5 次,否则它就无法得到全部食物。在第 5 次结束时和一天的最后一次学习时,它才能得到全部食物。人类在学习时会变得相当厌烦。其他的事情会干扰他。人体的内部环境也相当复杂;内部的言语(思维)始终是一个干扰因素。社会和经济因素也会干涉其中。人类的学习曲线(例如说打字和发送电报)会出现所谓高原现象。在此期间不会出现进步,也不会下降,曲线保持在水平状态。

要怎样才能摆脱这种高原现象,使之能够重新开始进步呢?这是商界和实验室所关心的问题。激励手段的实施,例如薪水和奖金的提高,利润的共享,权利的增加等,都能首先引起学习的很大进步,然后再出现另一个高原期。出现这种现象的原因,有时候,麻烦来自家庭环境——生病的妻子或孩子,或者说他需要时刻留心自己的妻子。有时候,麻烦来自经济因素——个体有足够的钱生活,任何刺激都无法促使他进步。通常,当进步的要求迫使他时,进步就又重新出现了。例如,他可能结婚,可能有了一个孩子,可能搬迁到另一个花费更大的城市里。我认为很难找到一种可以促使进步的万能方法。

在促使进步上虽然没有包治百病的方法,但是在阻止进步上,则有一般的通病。这就是一般人好像只要能够照常生活下去,就不考虑再有所进步了。人大多是懒惰的。很少有人想要工作。工作对于大家来说是很头疼的事情。你能在大多数行业中看到这样的状态。行政人员、领班、手工劳动者经常用这样的方式来进行合理化说明:"我不是为自己工作;为什么我要拼命地为企业干活,而让别人来享受我的工作所得呢?"这些人没有看到这样一个事实,即技能和在工作习惯中发挥作用的一般组织的提高,受益的是他自己。这是其他人所不能分享的私有财产。在年轻时所形成的早期工作习惯,所积累的工作的时间,所进行的更多的实践,也许是我们今天对任何行业中的成功者或者天才的最合理的解释。我遇到过的几位天才都是相当努力的人。

哪些因素影响肢体习惯的形成?

迄今为止,究竟哪些因素会影响肢体习惯(和言语习惯)形成还没有获得一个满意的解答。不仅相关实验的结果存在冲突,而且在理论上也具有相当大的差异。这些问题本身是非常有趣的。我们在此会列举一些问题,同时以我们正在进行的研究为例借以为它们作出解答。

(1) 年龄对于习惯形成的影响:我们关于年龄对习惯形成的影响知之甚少,因为对于该问题的研究似乎存在明显的阻力。我们知道年纪大与年纪小的老鼠学习走迷宫的方法是不同的。我们已经用图表展示了它们在学习步骤上的差别,每次成功学习的时间差别,以及最终准确无误地完成整个测试所用的时间差别。一只老鼠显然不会因为太老而无法学习走迷宫。年纪小的老鼠与年纪大的老鼠在学习走迷宫时所需的尝试次数很少有差异。年纪大的老鼠很少奔跑;它们的探索过程很慢。他们最终的奔跑时间——在学会走迷宫之后跑完整个迷宫所用的最少时间——也明显比年纪小的老鼠所用的时间要长。

我们目前还没有类似的关于人类的研究。但是人类的学习很明显停止得太早了。对于一般的家长来说,如果要使他学习一些新东西的话,就必须扰乱他的日常生活,否则我们是不能使他学习

第九章 我们的肢体习惯

新东西的。但是我们又不能控制他。至于动物,我们能够完全控制食物、水、性和环境中的其他因素。只有地震、洪水和其他灾难才能形成使大部分成人恢复到要学习某些新东西的情境。1929年证券市场暴跌就是一种情境巨变的好例子。尽管我现在无法完整地描述这一事件的影响,但是我可以说,它实在改变了许多人的消费习惯。那个时候,没有人购买奢侈品了。已经订购的汽车也取消了。珍珠宝贝没有人买了。大家都没有钱。在美国柯立芝(Coolidge)总统时代经济繁荣发展的时候,许多没有工作的人也出来工作了。因为我们无法控制人类学习中的刺激,所以关于人类学习的好的实验,数量还是很少的。心理学家都知道,促进人类学习的刺激不可能维持不变,也无法在各个实验室中保持完全相同。现在关于人类学习的大多数研究,大多是偶然的结论——如来自教室中的实验、博士论文等。人类学习的研究实在是很复杂的事情,我对于这一复杂的工作并没有十足的把握。将来某一天,当我们具有大量的实验室时,或许组建实验小组可以开展这种研究。而且,被试的食物、水、性和住宅要处于明确的控制之下——这些都作为事实与证据,用以表明人类从来没有放弃学习的迹象。如果一个人所处的形势很危急,那么即使他已经60岁、70岁,甚至80岁,他都可以学习。詹姆斯认为大多数人在30岁以后就不再学习了,这种说法也是对的。但这种说法的情况是说大多数人到了30岁以后,就发现了性的秘密,而且不再需要做出幼稚的行为以获得食物和饮料等。如果他们处境艰难,那么他们仍然会精力充沛的开展学习。

(2)分散练习。现在有很多关于分散学习如何影响肢体习惯和言语习惯形成的研究。

让老鼠练习走迷宫,是每天练习5次好?还是3次好?还是每天练习1次或每隔一天练习1次比较好?如果我们用几组动物来进行研究,给予每一组以不同的方法进行训练,我们发现了很奇怪的情况,在特定限度内,练习次数越少,每一练习单元的效率越高。换言之,如果每组老鼠练习50次,在50次练习之间间隔时间越长的那组,练习的结果越好(乌尔里希[J. L. Ulrich]的研究结果就是如此)。拉施里博士的研究个体学习英国的弓箭,结果也有同样的发现。另外的研究者,在研究一些有关打字和其他技能动作时也发现了同样的现象。

罗莎莉·雷纳·华生(Rosalie Rayner Watson)(约翰·霍普金斯大学心理实验室)在她尚未发表的专题论文中提到了与学习过程有关的一些有趣的结果。她研究的是成人的学习,即成人对准靶子投掷一支由钢和羽轴制成的飞镖。靶子由一块8英尺见方的软木制成,垂直钉在一个框架上,靶子的中央是一只画在白纸上的2英寸的靶心。被试从20英尺处投掷飞镖。她所研究的第一个问题是:持续练习对学习的影响——也就是说,在24小时中,以2分钟投一次飞镖的频率进行练习,个体将会发生什么情况?有10个人参加了实验。从星期六晚上8点开始到星期天晚上8点结束,依次每隔2分钟投一次。每隔6小时给予一定的食物。用餐时不允许干扰或中断工作——每个人在两次投掷中间用餐。食物是常规的冷餐。如果一个人经常喝咖啡或茶,那么可以允许饮用。实验的最后4小时用于检验药物的影响,所以只显示了20小时的情况。图17显示了实验的实际情形。在实验时,每个被试的投掷时间都会被记录,被投掷的飞镖离靶心的距离也会被记录。因为被试是10个人,而每隔2分钟又要投掷一次,所有在曲线图中的每一个点，都代表着差不多平均有 300 次的投掷。研究显示，第一个小时投掷离靶心的平均距离将近 17 英寸。开始 4 小时后，成绩迅速提高，随后 2 小时投掷期间的效率就降低了。第 6 个小时给予食物似乎带来了一定的提高，这次提高一直持续到第 9 个小时结束。随后，进步渐渐消失了，在第 20 小时结束时，实验组不再比实验开始时好了。这时的学习效果，如果不是被遮蔽了，就是完全消失了。但究竟是被遮蔽还是消失，研究者还无法确认。

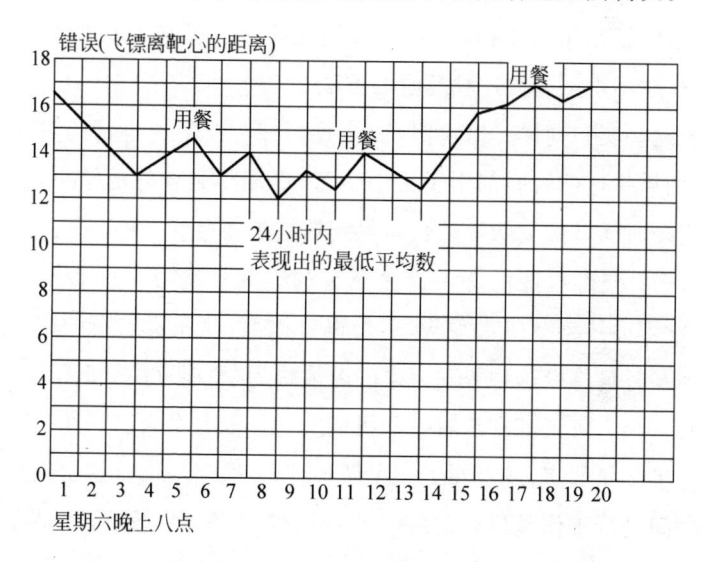

图 17：学习曲线。本曲线展示了 10 名被试在 20 小时每隔 2 分钟投掷一次飞镖的情况。垂直线表示错误——也就是飞镖离靶心的距离。水平线是时间的记录。请注意，开始 4 小时的进步是很迅速的，随后，准确度开始下降，直到食物出现时，准确度上升，并在随后 3 小时中进步迅速。学习是相当稳定的，一直保持到第 9 小时。随后，显然没有进一步的改善。在第 20 小时结束时，被试投掷的飞镖如同他们在刚开始时那样缺乏精确度。看来在没有休息的间隔期间用餐具有一定的促进作用。

上述实验可以是证明集中学习的效果并不好的例子。那么为什么各次练习的时间间隔长一些，成绩就较好呢？关于这一点，我们目前还无法作出无误的解释，只能根据现在的事实进行推测。尽管现在所有实验结果都显示分散练习优于集中练习，但我们也应该清楚，如果我们的目标是教导一群人尽快学会射箭以成为一名战士，我们应该要求他们将每次练习集中起来，使得每次练习的进步有可能集中起来。根据学习一种东西所必需练习的次数来看，集中练习显然是耗时的，但我们在实际生活中有时为情形所迫，往往不得不采取这种耗时的方法。

这些实验同样可以说明，即使我们分配给某一事情的时间不多，如果将这些时间都用于集中练习，也能得到较好的结果，甚至比起在时间分配上间隔较长而得到的结果还要好一些。

（3）获得机能的练习。在充足的时间里练习某一特定动作后，学习曲线会变成水平状，不会再有提高（除非引入新的因素）。我现在暂且将以这种方式习得的习惯称为"机能"(functions)。假设有一个人每天都在练习一种机能——例如有个人已经在打字机上打了十年的字，或者在工厂里做各种计件工作，那么这个人在什么时间进行工作是最好的呢？是在早晨、中午、午饭后，或是在退休之前的那段时间？是在星期一、星期三，还是在星期五？是在春天、夏天、秋天，还是冬天呢？所有这些问题都被研究过，但每个人的研究结果都不一样。

关于日间效率主题的研究，其中究竟存在哪些问题，这仍然是相当混乱的。为了能够大致说明这些问题，罗莎莉·雷纳·华生用了在投掷飞镖的过程中经过练习的9名被试（她的研究工作在上文介绍过),允许他们从上午8点到下午8点进行飞镖投掷。她的结果(见表1)表明,在这种实验条件下,机能的效率在整个12小时中是没有什么差别的。

表1 机能练习在白天的效率
(数字表示距离靶心的英寸)

	B	Gire	Gre	H	L	Ray	Rich	G	W	AV.
上午8点至9点——第1个小时的平均数	6.3	10.3	12.5	11.5	10.2	10.4	7	11.8	5.6	10.7
上午9点至10点——第2个小时的平均数	7.2	9.5	11.1	9.9	9.2	11.6	6.9	11.4	6.9	9.3
上午10点至11点——第3个小时的平均数	7	10.2	11.6	11.7	8.3	12.1	8.3	9.8	5.9	9.4
上午11点至12点——第4个小时的平均数	8.8	9.7	9.6	10.9	8.9	12.3	7.2	11.7	6.3	9.5
上午12点至下午1点——第5个小时的平均数	10	9.7	9.7	12.7	11.3	8.4	8.4	12.5	5.1	8.7
下午1点至下午2点——第6个小时的平均数	7.6	11.6	9.5	10.9	10	11	7.7	12.5	5.5	9.5
下午2点至下午3点——第7个小时的平均数	8.8	10	10.6	11.4	8.8	10.8	6.2	13	5.3	9.4
下午3点至下午4点——第8个小时的平均数	6.9	9.8	9.6	12.2	10	10.4	5.5	12.1	5.6	9.1
下午4点至下午5点——第9个小时的平均数	7.6	13.3	12.5	9.8	8.7	10.2	5.7	11	4.9	9.3
下午5点至下午6点——第10个小时的平均数	9.2	12.3	11.4	9.9	11	8.9	5.6	11.7	5.2	9.5
下午6点至下午7点——第11个小时的平均数	7.1	11.3	9.3	16.7	10.3	9.8	5.5	11.8	7.4	9.9
下午7点至下午8点——第12个小时的平均数	8.1	……	10.4	15.6	9.3	10	7	11	5.5	9.7

在该实验中,被试之间始终存在激烈的竞争,情境的刺激作用也贯穿 12 小时之中。出现差异的情况——也就是在一天或另一天的某一时间中效率下降——可能是由于饥饿,饭后活动有些迟钝,以及其他各种容易解释的因素。我们现在不必花时间去讨论它们,因为事实尚未清楚。

(4) 药物对于机能练习的影响——以类似的方法来测试药物对特定的机能的影响已有许多报道。对于可卡因(cocaine)、士的宁(strychnine)、酒精、咖啡因(caffeine)、饥饿(starvation)、寒冷、温热、缺氧、阉割(castration)(在动物身上),以及甲状腺素(thyroxin)、肾上腺素(adrenalin)以及睾丸提取物的摄入等的影响都已做过实验。这些研究亟待一些专题论文的分析。一般来讲,当一项机能已经得到长时间练习的时候,例如在我关于投掷飞镖的研究中(见表 1 的"w"栏的记录),药物对于分数的影响是惊人的。在不同的日子里,我服用了两倍剂量的士的宁和可卡因;另有一天,在 6 小时内,我喝了 50 毫升的黑麦威士忌酒,每隔 2 小时一次;结果,所有这些药物都对我投掷飞镖的分数没有影响(我服用药物时,所得的分数在上述表中没有下降)。当然,这个测试从另外一些人身上可能获得的结果会不同。而且,如果这个测试还涉及其他一些机能,那么这些结果可能并不是我自己的真实情况。不过显然的是,如果过度使用士的宁和可卡因等药物,必然会影响个体的动作协调。

习惯形成的最终阶段

我们对视觉、听觉、触觉和其他一些刺激已经建立起一种习惯后，正如我们前面所描述的，就有一种因素附加进来了。这就是当我们不断练习一种习惯时，实际的视觉、听觉、嗅觉和触觉等刺激变得越来越不重要。当这些习惯变得根深蒂固时，我们可以蒙住眼睛，堵住耳朵和鼻子，在皮肤上覆盖布料来进行操作。换言之，视觉、听觉、嗅觉和触觉等刺激不再处于必要的地位了。发生了什么？条件作用的第二阶段产生了。在学习过程的早期阶段，每次给予视觉刺激的时候，我们都对此作出一个肌肉反应（大致都是横纹肌）。在非常短的时间里，这些肌肉反应本身就会成为一个刺激，从而引起另一个反应，而下一个运动反应又能引起随后的运动反应，如此继续下去。基于此，有机体在缺乏视觉刺激、听觉刺激、嗅觉刺激以及触觉刺激时，还是能够走迷宫，还是能够做各种复杂的动作。肌肉运动所形成的肌肉刺激是我们肢体习惯中的各个反应遵循一定顺序的主要原因。为了更好地理解这一过程，读者可以回忆一下我曾经提到的一个观点：肌肉不仅仅是反应的器官，也是感受的器官。下面让我们用图来说明这一双重条件作用的过程。

假设一个人对圆圈的刺激在视觉上形成条件反射后：

S••R

视觉上的圆圈（第一级刺激）　　引起向右走两步的反应
　　　　　　　　　　　　　　　（或习惯中的任何肌肉
　　　　　　　　　　　　　　　反应）

（在进一步的条件作用之后）
则肌肉运动本身　　　　　　　　也能产生同样的反应

这种情况通常被称作动觉的（kinaesthetic）习惯或"肌肉的"（muscular）习惯。我们的内部言语习惯（思维）就是这种习惯很好的例子。我们所有的一切习惯，似乎都有到达这种我们称之为动觉的第二阶段的强烈倾向。这一过程表明，有机体内部并没有神秘的活力论（vitalistic）所谓的能量储存功能。这都是我们可以从条件反射形成的规律中推算出来的东西。

在行为主义者的主张下有记忆这种东西吗？

行为主义者从来不用"记忆"（memory）这个词，他也没有为这个词进行界定的义务。可是很多人在开始的时候倾向于行为主义，似乎都觉得缺少这个词很不方便。因此我必须举几个例子，说明我们所观察的事实为什么不需要这个词。

我们先用比人要低等的动物来进行说明——比如白鼠。有关白鼠学习走迷宫的情形，我曾经记录过。当白鼠第一次尝试时，它为获得食物而在迷宫中所花的时间为 40 分钟。它几乎犯了在走迷宫时可能犯的所有错误——多次折回，并一次又一次地跑进死胡同。在第 7 次尝试中，它用 4 分钟就获得了食物，并且只犯了 8 次错误。在第 20 次尝试中，它用 2 分钟时间就获得了食物，并且只犯了 6 次错误。在第 30 次尝试中，它用 10 秒钟就获得了食物，并且没有犯错。在第 35 次尝试以及后来的每次尝试，直到第 150 次，它用了约 6 秒就获得了食物，并且没有犯错。从第 35 次开始，它就像一架性能良好的机器一样在跑迷宫。在迷宫中的练习再也不能提高它的记录了。学习过程完成了。它走迷宫的速度已经达到了它的极限。

现在,假设我们让白鼠远离迷宫6个月,它对迷宫还存在记忆吗?不要推测,我们用实验来解答这一问题。我们使它跑迷宫的情境与之前最后一次跑的迷宫大致相似。令人惊讶的是,我们发现它只用2分钟就获得了食物,而且只有6次错误。也就是说,跑迷宫的习惯大部分被保留了下来。尽管白鼠的部分习惯消失了,但即使在没有进行练习的6个月后,它最初的重新学习的记录与它以前学习系列中第20次尝试的记录一样好。

让我们再来看看猕猴(Rhesus)学习打开复杂的问题箱的记录。第一次打开问题箱的时间,花了20分钟。在20天之后,第20次尝试时,它只花2秒就打开了问题箱。我们间隔了6个月时间暂停练习,然后再次进行实验。结果发现,尽管稍微有一些摸索的动作,它只花4秒就打开了箱子。

那么,人类幼儿身上的情形也是这样吗?1岁的儿童会爬到他父亲那里,发出咯咯的声音,并拉他父亲的腿。如果有一群人在房间里,他也会爬到他父亲那里。现在把他送出去2个月,在他周边的都是其他人。然后再次用他的父亲来测试他,他不再爬(或走)到他父亲那里,而是爬向那些在2个月里喂养他、照料他的人那里(如果这是大儿子或独子,那么这位父亲会很懊恼)。孩子对父亲的积极反应的习惯已经消失了。

让我们再看看3岁的孩子。我们让他学习骑滑板车和三轮脚踏车,直到他熟练掌握。让他脱离6个月后再做实验,我们可以看见他很自然的骑车,只是技巧有些笨拙。

最后,我们再来看一个20岁的年轻人学习打高尔夫的例子。最初,他在掌握这项活动的过程中,他的成绩缓慢提高,练习很辛苦。2年中，每周进行2次练习。他在18洞的球场中的得分将降至80或者偶然降至78。让他远离高尔夫3年，之后再对他进行测验。他可能在第一轮中就可以获得95分。但是在2周之后，他可能又回到80分了。

纵观我们提供的各种事实，我们发现，在一项动作已经习得之后，然后荒废或不练习一段时间——习惯产生的效率就会有一些丧失，但通常不会全部丧失（除了我们举例的婴儿）。如果荒废的时间相当长，有些习惯就会全部丧失。一个特定习惯丧失的总量在不同个体的身上是会发生变化的。同一个个体也会在不同类型的习惯中表现出不同的丧失率。

我们的肢体习惯，例如游泳、拳击、射击、滑冰、跳舞、打高尔夫等，在荒废了相对较长的时间后，大多数很少丧失，这是很奇怪的事情。如果一个低水平的射手或一个不精通高尔夫运动的球员告诉你，他在5年前是一个出色的运动员，由于缺乏练习而使他的水平有所下降，请你不要相信他，他永远不会是优秀的！一般来说，如果我们有一个人的学习成绩，并且与他重新学习的成绩相比较，我们总是能准确地测量出在没有练习期间他所丧失的量。

回到我们提到的心理学上的"记忆"问题。如果一个行为主义者站在科学的意义上发言，他永远不会说："詹姆斯已经有很多年不骑自行车了，他现在还记得怎样骑自行车吗？"他会说："詹姆斯已经有5年不曾骑自行车了，他现在骑车还能骑得有多好呢？"为了解答这一问题，他不会要求詹姆斯通过内省来告诉他。他要做的只是给詹姆斯一辆自行车，然后记录他骑完6个街区所用的时间以及失败的次数等等。在实验结束时，他会说："詹姆斯现在骑自行车的水平保持了5年前的75％。"换言之,为了能够得出保持多少和失去多少的数量,行为主义者只是把个体放回原来的情境中,经过一段没有训练的时期,看看发生了什么。如果在上述情况下,詹姆斯骑得不再比他得到自行车的第一天那般好的话,行为主义者会说:"詹姆斯已经丧失了骑自行车的习惯。"

关于记忆的这种说法,可以应用到人类所获得的一切动作中去。即便是人类及低等动物所获得的简单的条件反射动作,也是保留得很好的一种形式。在实验室里,我们重新建立了一个在电击之后对铃声的条件反射,反应是缩手。但是在经过一年不曾练习之后,这种反射动作还是保留着。安雷普描述了一个类似的案例。他的狗的分泌唾液的反应,已经对一种乐音刺激产生条件反射了,经过一年不曾练习之后,这种条件反射仍然保留着。

综上所述,行为主义者并不使用"记忆"这个名词,他只会说,在经过一段时间的荒废之后,个人的技巧还保留多少,或者丧失了多少。我们之所以反对使用"记忆"这个词,是因为它含有哲学的及主观的意味。

当然,我们对于记忆的说法也并不完备,因为我们还没有讨论到词语和言语习惯。下一章我将介绍言语习惯的形成。

第十章　言语和思维

——正确理解言语和思维，
打破现在所谓人具有"心理"生活的说法

引言：在上一章，我们介绍过，尽管人在刚出生的时候自立能力不如其他哺乳动物，但是因为他随后获得了许多肢体习惯（manualhabits），因此他的自立能力很快就超过了其他动物。当然，他奔跑的能力不会厉害到超过猎犬或鹿；也不会在与马或大象的力量比赛中获胜。可是，他能够控制这些动物。他之所以能做到这一点，是因为他学会了怎样制造和使用工具。起初，他学会了使用木棍；然后学会了投掷石头——学会使用投石器，这样可以用更大的力量投掷石头；再后来，他学会制造尖锐的石器。接着，他制造和使用弓箭，借助弓箭，他可以战胜最敏捷的动物；随后，他接连掌握了取火、制造青铜和铁质的刀具、制造弯弓以及制造火器。至此，人类完全掌握了控制世界的能力。

然而，尽管人类获得了控制世界的肢体能力，但是这些肢体上的种种能力却不是人类所独有的。大象可以被训练来装卸卡车上的木料；即便是较弱小的猴子，也可以被训练去熟练地操作门闩、拖拉细绳等事情；黑猩猩可以学会骑自行车，在排成行的十几个瓶子之间穿梭而且不会碰倒任何一个瓶子；它还能学会取下瓶塞，从

第十章 言语和思维

瓶子里喝水,吸烟和点烟,锁门或开门,等等几百种事情。

本章我们将介绍另外一个习得的行为习惯。这个行为习惯对于动物来说是无法习得的,更不用说与人相竞争了。这就是言语习惯(language habits)——也包括我们在闭着嘴巴内隐地发生言语时,我们可以称之为"思维"(thinking)的习惯。①

什么是言语?

言语,不论其复杂性如何,就像我们通常所理解的那样,在开始的时候是一种非常简单的行为。实际上,我们也可以说言语就是一种操作习惯。大概在我们"亚当的苹果"*(Adam's apple)所在的那个地方,有一个简单的小型器官,通常称为喉结(larynx)或者声带(voice box)。它是主要由软骨构成的管状物,穿过这个管道伸展着两片结构非常单一的膜(膜状的声门),在它的边缘形成了声带。我们不是用手来操作这些相当原始的器官,而是当空气从肺中排出时,通过与它相连的肌肉来操作它。如果你要想象我们操作它的情形,请你试着想象那些夹在我们嘴唇之间,使空气通过能够发出声音的简单的牧笛。我们拉紧声带,改变声带之间空隙的宽度,就像我们转动弦轴为小提琴调音。来自肺部的空气通过声带之间的空隙排出,导致声带振动,发出声音,我们称之为语音。当我们发出声音的时候,另有几组肌肉也在活动:一组改变咽

---

① 我们把不能言谈的人能不能思维这个问题放到以后再讨论。当我们结束我们的基本介绍时,你会发现人类几乎用整个身体来言谈和思维——就像他们用整个身体做其他事情一样。我们将在下一章里更充分地讨论这个问题。

* 亚当的苹果比喻男性的喉结,这是圣经里的隐喻。——译者

喉的形状；一组改变舌头的位置；一组改变牙齿的位置；一组改变嘴唇的位置。位于喉结上方的口腔和位于喉结下方的胸腔不断地改变大小和形状，进而导致语音具有音量、音色和音高的变化。当婴儿第一次啼哭时，所有这些器官就开始工作了。当婴儿发出非习得的声音如"da"或"ma"时，这些器官又再次开始工作了。以上所说的关于言语的事情，与我们在研究手和手指运动时所讲的事情并没有什么区别。

早期的语音

根据上一章的内容，我们知道，个体要形成操作的习惯，必须先基于手指、手、脚趾等基础的非习得动作。在言语方面也是按照这样的顺序，即以婴儿在出生时和出生后所发出的非习得语音为基础。婴儿大约在第一个月开始发出语音，通常从"a"、"u"、"nah"、"wah"、"wuh"等，到后来的"la"、"ah"、"ba"、"ahgoo"、"ma"、"ba"等。布兰顿女士曾经在育婴室观察了25个婴儿在一个月时所发出的声音，她说："在育婴室里，婴儿的兴趣是模仿不同动物的叫声。如鸡的叫声、山羊的叫声、小猪的哀嚎、野猫的鸣叫，每一个都模仿得很像。"

词语组织的开始

在研究肢体活动时，我们发现婴儿伸手抓握的习惯始于120天左右。到第150天，经过特别的训练后，这种习惯可以得到充分发展。第一次真正的发声习惯则开始得更晚一些，并且发展缓慢。我们甚至发现某些儿童到了18个月还没有形成任何常规的言语习惯。然而,也有儿童到1周岁结束时就可以表现出相当多的言语习惯了。

我和我的妻子曾在一个幼儿身上培养简单的言语习惯。这个孩子就是前文提到的研究嫉妒行为的孩子B。B出生在1921年11月21日。到5个月结束时,他所具有的言语习惯和其他同龄孩子一样,能够发出各种咕咕地声音,发出"ah goo"以及"a"和"ah"的声音。在5月12日那一天,我们将他所发出的与"a"相关的声音和奶瓶联系起来(B从第2个月结束时用奶瓶喂养)。我们的方法如下:将奶瓶递给B吮吸一下,然后将奶瓶拿开并且呈现在他面前。这时他开始用脚乱踢,身体扭动,并伸手要去抓奶瓶。在这个时候,我们大声发出"da"的声音的刺激。如果他一直拿不到奶瓶,他就会呜咽哀叫起来,在他刚要哀叫的时候,我们就把奶瓶给他。如此每天重复一次,持续3个星期。到1922年6月5日,当我们在他面前呈现奶瓶并且发出刺激词"da"的时候,他就会说出"dada"了。这时我们立刻就把奶瓶给他。这样的程序又重复进行3次,而且得到了同样好的结果。在三次中,我们都给他"da"这样的刺激词。此后,我们又5次从他手里拿走奶瓶,但是每次都不给他"da"的刺激,可是他都自己说出"dada"。在这5次中,有一次他还连续说了好几次"dada"。在几周后,他说出"dada"这个声音就非常容易和简单了,就像其他简单的肢体动作一样。不过他所说的只限于"dada"这个刺激。在有些场合中,当我们把他的玩具兔展示在他面前时,他也说了"dada",但把其他东西出示在他面前时,他却没有发生这种情况。

在他的言语发展中,还有一些有趣的事情值得我们注意。在

6月23日,他发出了其他类型的声音,例如"booboo"和"blabla"以及"googoo"(新出现的未学过的声音)。在这种场合,他无法恢复"dada"的发音。他会勇敢而急切地发出一连串其他的声音,但从未发出"dada"的声音。可是到了第2天,他却毫无困难地发出了"dada"的声音。在7月1日,尽管没有给他任何刺激词,"dada"的声音却突然变成"dad-en",原来的"dada"偶尔出现。在我看来,如果想打破这个婴儿原有的严格的哺乳习惯,就要在对婴儿发出"dada"声音的场合予以观察,并立即在相应场合给他奶瓶,那么他的这种习惯就会更早更快地形成,这是非常有可能的事情。至于我们开始用奶瓶喂他的时候大声的发出刺激词"dada",在这一最佳场合引出的反应的效果如何,我认为是可以讨论的。换言之,我对婴儿在早期阶段是否会有任何言语模仿持怀疑态度。当然,后来这种所谓的言语模仿确实出现了,不过大多数情况更可能是我们模仿儿童而不是儿童模仿我们。一旦这些声音反应形成了条件反射,那么整个言语便可看作是"模仿性的",因为在社交方面,个人的口头言语是在另一个人身上引发同样的或另一种言语反应的刺激物。

在六个半月时,我们粗略地建立了与伸手抓握习惯相似的条件性的发声反应。到第150天结束时,这种反应已经达到相当完善的地步。

言语的进一步发展

在条件性言词反应部分地建立之后,短语和句子的习惯也就逐渐开始形成了。但是,单词的条件作用过程是一直在进行的,因此,各种各样的单词、短语和句子的习惯同时得到发展。

关于B的言语发展,我们在前面已经提到一些。当B掌握了52个单词时,①我们注意到他首次出现了将两个单词连在一起说的现象。该现象发生在1923年8月13日,B的年龄是1岁7个月25天。在上个月的这一天,我们曾经试着培养B养成两个单词相连的言语形式,例如"hello,mama","hello,dada"等等,不过都没有成功。可是到了这一天,他的妈妈说:"对爸爸说再见(say good-bye to daddy)。"这给孩子设定了一个模式:"爸爸再见(good-bye da)。"B跟着妈妈重复的说了,他的妈妈表示了爱的反应,并用言语称赞他。他在同一天的晚些时候,又说了"bye-bow wow"两个声音。两天后,也就是8月15日,我们可以使他说出:"hello-mama","hello-Rose","ta-ta-Rose","ta-ta-mama"(ta-ta的意思是thank you)等词。不过在每一种情形里,如果要他作出说两个单词的反应,我们必须给出两个单词的刺激。他也首次说了"blea-mama"一词。在此过程中我们仍然需要给予他两个单词的刺激。到了8月24日,B在没有从父母那里得到任何言语刺激的情况下,把2个单词连着说出来。例如,他指着父亲的鞋子说:

---

① 他掌握的全部单词如下:Ta-ta(谢谢您),Blea(请),MaMa,Da,Roo(露丝),No-No(诺拉——当女佣离去后不再出现),Yea(是的),No,Bow—Wow,Melow(喵呜),Anna,Gigon(迪基),Doan(乔恩),Bèbè(婴孩),Ja(杰克),Puddy(漂亮),Co-Co(鸟),Archa(亚契),Tick(棒头),Tone(石子),Dir(泥土),Sha(羞愧),Toa(吐司,烤面包),Cra-ca(饼干),Chee(乳酪),Nanny(糖果),Abba(阿尔伯特),Bleu(蓝色),More,Moe(水),Boa(小船),Go-Go(手推车),Awri(好的),Te-te(撒尿),Shan(沙),Sha-Sha(沙拉),La-La(女士),Gir(女孩),Maa(男人),由Choo-Choo(火车),Ball,Baa(匣子或瓶子),Haa(热),Co(冷),Sow(肥皂),Plower(花),How-do(您好——新的发音,出现于8月14日),Boo(书),Shee(看见),Hello,Bye-Bye,Shoe。

"shoe-da",指着母亲的鞋说:"shoe-ma"。4 天后,在没有为其提供任何言语模式的情况下,他不时地应用上述两个单词来反应,并且还使用了另外一些从未建立过反应的两个单词,例如:"tee-tee, bow-wow"(狗小便),"bébé go-go"(当别的孩子拿他玩具车时所发出的声音),"mama toa","how-do shoes","haa mama","awri mama"等。当把他放回房间让他睡觉或午睡时,他经常说这些词,在房间里一遍又一遍地大声把这些单词组合起来——这种观察到的事实与行为主义者的思维理论有很大的关系,我们在后面会提到。

从这时起,儿童的双词阶段就会迅速发展起来。但是类似成人社交中那种用句子进行交谈的三词阶段则出现得更晚一些。然而,在这些阶段里,似乎都没有产生新的因素。

在未施加任何外力促使 B 学习的情况下,B 在 3 岁时具有明显的运用言语的能力。在 1 岁的时候,他只能说 12 个单词,这是 1 岁婴儿所能说的单词数量的平均水平。在 18 个月的时候,B 掌握 52 个单词,明显落后于一般水平。为什么会有这种情况呢?因为如果一个孩子被保姆看护得太周到,那么他的说话能力就不容易有进步——而在 B 的身上,除了有这种过度看护的因素外,还有一个因素是他的保姆是个法国人,掌握的英语有限。我提及这些事实是要说明,个体学习单词、双词或语句的等行为习惯的速度,其实受到很多因素的影响。

词语是客体和情境的替代

根据前面所讲的例子,我们可以了解到,单词和双词习惯的形

成过程完全类似于简单的条件反射的建立,例如在听觉或视觉刺激下缩手的动作。现在可以再次应用我们熟悉的公式来表示:

S···R

| 某种内部器官的刺激 | 发出"dada"的声音 |

被条件作用时

然后

| 看见奶瓶 | 也能说出"dada"的声音 |

无条件的或非习得的刺激会引起咽喉、胸腔和口唇等处的肌肉和腺体组织的某种变化(当然,这些变化也会被来自胃或外在环境等刺激所引发)。这种非习得反应是发出"dada"的声音——换言之,肢体活动大多是建立在非习得和无条件反应的基础上。我们静待各种时机,并在这些基础反应上迅速建立新的反应。不过我们在早期所做的单词的条件作用工作是非常粗糙的,因为我们还不太了解那些能够引起各种无条件语音的基础刺激。在这一方面,我们对动物所知的要比对婴儿所知的多得多。我们知道怎样在青蛙身体的某个部位上进行摩擦就能使其呱呱直叫;我们能让一条狗狂吠,或者使猴子发出一定的声音。但是,我不知道"打开婴儿身上的哪个开关"(无论是在身体内部或是身体外部)能使婴儿发出"da","glub","boo-boo"或"aw"之类的声音。如果我们能做到这一点,我们就可以以非常快的速度在婴儿早期就建立单词、词组和句子的反应。对于人类幼儿来说,我们尚且只能关注那些与某个常规性的单词最接近的声音,试图把它与成人中引起那个单词的物体联系起来(使它代替那个物体)。换言之,即使在很小的年龄,

我们已经开始设法把他带入与群体一致的言语世界了。有时候，我们不得不通过音节来引起儿童对音节的条件反射，从而使其习得一个完整的单词，也就是说，一个长单词中可能会有许多各自独立的条件性反应。因此，一个长单词的形成与我们所勾画的迷宫学习的内容是类似的情况。但即使这样，我认为在婴儿发出的非习得的声音中，我们具有各种反应的单元，当这些单元后来被联结起来的时候（通过条件作用），就是我们字典中的单词。因此，著名演说家的演讲再动人，他在演讲中所说的话都只是根据他所具有的非习得声音，经过婴儿期、儿童期以及青少年期的各种条件作用而形成的。

在言语习惯的形成过程中，有一件事非常明显，那就是第二级、第三级以及后续有秩序的条件反射都是以很快的速度形成的。对于3岁的儿童来说，"mama"这个单词多是如下情形所引起的：(1)看见妈妈；(2)看见妈妈的照片；(3)听见妈妈的声音；(4)听见妈妈的脚步声；(5)看见印刷体的英文单词"mama"；(6)看见手写体的英文单词"mama"；(7)看见印刷体的法文单词"mère"；(8)看见手写体的法文单词"mère"，以及其他各类刺激，例如妈妈的帽子、妈妈的衣服、妈妈的鞋子等视觉刺激。当这些替代的刺激被建立起来时，对"mama"的反应本身就变得复杂了。有时，他尽其所能大声尖叫，有时他用平常交谈的语气说话，有时用哀怨的腔调，有时哑着嗓子，有时温柔，有时粗暴。为他提供言语榜样，他就能用各种不同的方式说"mama"。这意味着这个词的反应是由几十个乃至几百个肌肉活动所构成的。

换言之，沿着我们自己的言语发展的足迹来抚养儿童，就像我们在词语本身(英语、法语、德语等等)和它们的发音与变调上形成条件反射一样,我们在言语上促使他们形成条件反射。我们可以通过一个孩子说"store",或"door",或通过几个词组,例如"you all","may I carry you home"等,知道他是美国南部的儿童,因为他在讲话的时候带有某种温柔和缓慢的语调。一个来自芝加哥的孩子,我们只要听他说"water"这个单词的方式就知道了。纽约东部卖报纸的孩子,他在说话的时候会有粗音和高音以及一些常用的单词,我们可以据此来判断。为什么我们会知道呢?这是因为我们在学习父母言语的时候,不仅是学习言语的内容,而且掌握了他们的言语习惯。由此,存在于北方和南方、东方和西方、拉丁人或东方人与黑人或撒克逊人之间的那些差异,并不是由于咽喉结构上的差异或婴儿期基本的非习得反应的类型和数量的不同。美国北部的父母在迁居南部之后,其所生的孩子都学的是美国南部英语而不是英式英语。有些法国孩子,到了美国被英国人教育之后,他们也都要说英式英语了。

如果我们在成人期学习一门外语,那我们在这时所说的那种外语很难不带有自己口音,正如一个40岁的铁匠不可能学会芭蕾舞一样。等到各种反应已大致成为习惯之后,它们就会剥夺机体肌肉的灵活性——使身体逐渐定型。一个总是垂头丧气、搭拉着脸的人,他的面部肌肉便永远是那样一种状态,表现出忧郁、丧气、扫兴的表情。此外,当然也有另外一种因素在发挥作用。在青春期后,喉结开始发生结构性的变化。它的灵活性逐渐降低灵活,不大可能发出新的声音了。

随着儿童的成长,他对外部环境的每个客体和情境都建立了一个条件性的词语反应。这是父母、老师和社会团体中其他成员组成的社会所统筹的结果。可是初看之下,有一件事很奇怪,那就是儿童体内环境中的许多东西——就是内脏本身的各种变化——都不曾发生条件性的词语反应。这是因为父母和社会团体的其他成员没有为它们赋予任何的词语。人类内脏中发生的事大多是非言语化的。我将在下一章中提到,这也足以说明所谓的"无意识"(unconscious)。

用词语代替客体有利于提高身体的效率

我们对外界环境中每个客体和情境加以命名,这是一件很重要的事情。词语不仅能够引起人对其他单词、词组和句子的反应,而且当个体各方面整合完好时,它还能够引起个体全部的肢体反应。词句所唤起的反应的性质和它们所代表的客体所唤起的反应是一样的。斯威夫特教长(Dean Swift)的书中曾有一个不能或不愿说话的角色,他只带一个包,包中装了许多常用物品,在需要向别人说话时,他就从包里取出物品来代替要说的内容给别人看。现在,如果我们不能用词句来唤起各种动作,就像用物品来唤起各种动作一样,那我们现在的世界,也会像斯威夫特书中所写的那种情形。如果我们雇用了一名罗马的女佣、一名德国厨师和一名法国管家,而我们只能说英语,除非各人说的话能够通达他人,否则我们就会觉得很无助。

思考一下,我们能用词语来代替大家所共有的东西,在节省时间以及促进大家相互合作上是多么重要。

人类很快就能使用词语来代替外界事物,不久之后,他又能在身体内部用词语来代替世界上的任何东西。当他具备这样的能力之后,他可以把整个世界随身携带。在他独处一室,或在黑暗中卧床休息时,他能操作言语的世界。我们现在许多学术上的发现,可以说大多得自在房间中对于言语的操作,而非来自于实际的世界。我们携带这种词语的世界,类似于实际的身体组织,处于喉结,胸部等处的肌肉组织以及腺体组织中(当然包括肌肉中的感觉器官和神经系统)。这种身体上的组织,无论是在白天还是在黑夜,都时刻准备发挥作用,只要适当的刺激出现,它就会发挥作用。那么,这种适当的刺激是什么?

词语组织的最终阶段(动觉的)

显然,言语习惯和肢体习惯一样,都是以同样的方式建立起来的。我在前面提到过,我们如果曾经对一个客体形成一种习惯(肢体习惯),那么在未来就算没有那个客体作为刺激,我们仍能够将那种习惯完全表现出来。换言之,当你第一次在钢琴上用一个手指学习乐谱,一个音符一个音符地弹奏"扬基小调"(Yankee Doodle)的曲调时,你会首先看一下乐谱,看到音符 G,然后你按下琴键弹奏它;接着你看到音符 A,于是就弹奏 A;再后来,看到音符 B,于是就弹奏 B,等等。你所面对的音符是一系列的视觉刺激,你的反应按照这个系列组织起来。但是,当你练习一段时间以后,即使有人把乐谱拿走,你还是能够正确地弹奏。你甚至可以在晚上弹奏,当有人请你弹奏钢琴时(在这种情况下,这个人所说的话就是一个最初刺激),你可以轻松地弹奏出乐曲。这种情形,你知道如何解释这种情形——你知道,你做出的第一个肌肉反应——在

235 弹奏乐曲时,你弹奏的第一个音,替代了弹奏第二个音符的视觉刺激。现在,肌肉刺激(就是动觉的刺激)替代了视觉刺激,整个弹奏的过程就像看着乐谱弹奏一样。

与此类似,同样的事情发生在言语行为方面。假设你从小人书中读到:(你的妈妈常常做出听众的样子)"我～现～在～要～躺～下～睡觉"这几个字。在你看见"我"这个字的时候,你就会说出"我"这个字(这就是第一个反应),在看见"现"这个字的时候,你会说出"现"这个反应(这就是第二个反应),这样一直持续下去。但是等到这样说过几次之后,仅仅说"我"这个字的时候,这个字所具有的动作的情形,就会成为说"现"这个词的刺激了。我们之所以能够闭着眼睛流利地说出远处的事情,就是因为这个道理。我们所有的旧的言语组织,无论是一个无关的人说的话,还是由于一个朋友所问的话,还是由于看到或听到我们眼前的事情,都可以将其引发出来。恐怕有人会说:这难道不是"记忆"吗?

"记忆",或言语习惯的保持

一般人所理解的"记忆"大概是这种情形:一个多年未见的老友来拜访他。他看到这个朋友的时候,吃惊地喊道:"我的天啦!西雅图的西姆斯!自从芝加哥的世界博览会之后,我们一直都没有见过。你还记得我们过去常常在老温德麦尔旅馆的聚会吗?你还记得那里的娱乐场吗?你还记得……"等等。关于这个过程的心理学解释很简单,讨论这个事情都有辱智商,可是因为有许多温和的批评行为主义的人,经常批评行为主义无法对记忆做出适当的解释。我们来看一下这种批评是否合理。

当这个人在路上初次结识西姆斯先生的时候,他不仅看到他,而且也得知了西姆斯的姓名。他可能在一周或两周以后又看到他,并听到了同样的介绍。再下一次,当他见到西姆斯先生的时候,又听到了他的名字。不久之后,两个人成了朋友,几乎每天见面,变得非常熟识——也就是说,他对彼此之间的关系,对相同或相似的情境形成了言语的习惯和肢体的习惯。换言之,这个人在路上完全是以许多习惯的方式对西姆斯先生作出反应。最终,只要一看到西姆斯先生,即使几个月不见面,也同样会引起他原有的言语习惯,而且还伴有许多其他类型的身体和内脏的反应。①

但是,也许相隔几个月之后,当西姆斯先生真的进入房间时,这个人会冲向他,表现出"记忆"的各种现象。但是,当西姆斯先生来到他面前时,他可能吞吞吐吐叫不上名字。如果是这样的话,他可能不得不回到老一套的借口上:"你看起来很熟悉,但是我一时想不起来你叫什么。"在这里发生的情况是,原有的肢体组织和内脏组织还在(握手、表示欢迎、拍肩等等),但是言语组织即使没有完全消失也是部分消失了。言语刺激(姓名的声音)的明显的重复将会重新建立起原有的完整的习惯。

但是,西姆斯先生可能离开的时间太长了,或者我们与西姆斯的初次相交很浅(这是一个练习期),以至于在相隔十年后再见面时,整个习惯组织可能都完全消失了——肢体,内脏以及言语的习

---

① 实际上,你甚至不需要来自西姆斯先生的视觉(或其他感觉器官的)刺激,就能启动关于这位先生的言语过程("记忆")。在商务洽谈中,有人可能会问你住在西雅图的人的类型。这个问题可能会激发起关于住在那里的人的名字的整个言语组织。西姆斯先生的名字几乎不可避免地会适时出现。

惯组织都消失了(这三种习惯对于产生一个完整反应是必须的)。这种情形在有一些术语中就是所谓完全"忘记"了西姆斯先生。

在生活中,我们每天都按这种方式与他人交往、读书、做研究,处理我们经常遇到的事。有时候这种组织是偶然和临时的,有时候它是由老师灌输给我们的,例如乘法口诀表、历史事实、诗的结构等。在学习中,有时组织主要是肢体的,有时组织主要是言语的(例如乘法口诀表),有时组织主要是内脏的;通常的组织是这三种组织的结合。只要刺激每天出现(或经常出现),这个组织就会不断地复习和加强;但是,当刺激被长时间移走后(缺乏练习),这个组织就崩溃了(保留得不完整)。反应消失之后,当刺激再度出现时,涉及原有操作习惯的反应就会与名称(喉结的习惯)、微笑、笑声等等(内脏习惯)一起出现,这是一个完整的反应——"记忆"也可以说是完整的。这个整体组织的任何一个部分都有可能完全或部分地消失。詹姆斯曾经说过:温热而亲密的情感是附着真正的记忆的。这种说法,从行为主义的角度来看,他的意思是说,如同个体的喉结组织和肢体组织得以保持一致,内脏组织同样能够保持。

因此,关于"记忆"的含义,我们仅仅意指这样的事实:一个刺激消失之后,当我们再度碰到它时,我们就会按初次遇到它时的旧习惯行事(说原来说过的话,表现原来的内脏行为或情绪行为)。

思维是什么?

在试图理解行为主义者的思维理论之前,难道你不想查阅一下内省心理学家的任何一本心理学教科书中有关思维的章节吗?

难道你不想去了解一下哲学家关于思维的论述吗？我曾经设法以这样的方式去理解思维。但我最终放弃了这样的努力。我相信读者也会如此。在阅读其他人的解释之前，请暂且不要挑行为主义理论的薄弱点以相争论，认为行为主义的观点是错误的。行为主义的思维理论是非常简单的。行为主义理论之所以没有得到大多数人的认同，其唯一的阻碍，就是我们以往所具有的行为组织使得我们不能承认它，我们在母亲的腿上以及在心理学实验室里，都被人教导说：思维是一种抽象的东西，是一种不可捉摸的东西，是一种很容易消失的东西，是一种特殊的心理现象。因此，当行为主义的思维理论提出之后，大家都会反对它，消极地对待它。在行为主义者看来，这种反对都是因为有些心理学家不愿意放弃其心理学体系中的宗教思想。思维这种东西，因为它发生在身体内部，本来是不易被察觉的，也无法做直接的研究。对一般人来说，这种东西看不见，又总喜欢把它想得很神秘。因此，思维在以前被大家看得很神秘也就不足为奇了。可是在各种科学的事实被发现之后，我们无法观察的现象越来越少了，神秘的东西也越来越少了。行为主义的思维理论是根据各种科学事实建立起来的。行为主义认为思维是非常简单的，是生理过程一个部分，和打网球没什么区别。

行为主义者的思维观

行为主义者认为，思维并不是以前的心理学家所说的什么特别的东西，只不过是我们自己和自己说话而已。关于这种观点的证据，大部分都是理论性的，但是截至目前，在各种思维理论中，这种主张是最合乎自然科学的。不过在此我要声明,在提出思维理论的过程中,我并不认为喉结是在思维中发挥重要作用的部位。我之前确实有过类似表述,但那是为方便理解起见。事实上,许多证据能够证明,当个体的喉结组织被切除以后,他的思维能力并不会完全丧失。但同样也可以说,当个体的喉结组织被切除后,他所丧失的是有声的言语能力,并不会破坏他的无声的言语能力。无声的言语(缺乏清晰的发音)有赖于位于面部、舌头、咽喉以及胸部的肌肉反应——可以肯定的是,这些肌肉组织的反应是在使用喉结的时候建立起来的,但是在喉结被切除之后,它们还是能够各自发挥作用。任何人阅读过我的著述都会知道,我在很多地方都特别强调,喉结和胸部的肌肉组织是非常复杂的。但是,如果声称构成喉结的一些软骨承担了思维(内部的言语),那几乎就等于说由一些硬骨和软骨构成的肘关节是我们打网球的主要器官一样,完全是可笑的。

我的理论认为,外显言语中习得的肌肉习惯决定了内隐或内部言语(思维)。而且我还认为,个体存在着几百种肌肉组合,一个人可以凭借它们发出声音或对自己说出几乎任何一个单词,言语组织是如此丰富和灵活,我们的外显言语习惯是如此变幻无穷。我们知道,一个很会模仿的人能用几种不同的方式说出相同的词组,用男低音、男高音、女中音、女高音,用大声的或温柔的耳语,像一个英国伦敦人说话那样,像一个英语说得不连贯的法国人说话那样,像一个美国南方人说话那样,像一个小孩说话那样,等等。因此,我们说每个单词的过程中所形成的习惯的数目和变化几乎多得不计其数。从婴儿期开始,我们使用言语,其作用千倍于我们使用双手表达的情形。在这种情况中会成长出即使心理学家看来也难以把握的一种复杂组织,而且,在我们外显言语习惯形成之后,我们不断地同自己交谈(思维)。新的组合问世,新的复杂性出现,新的替代发生——例如,耸肩或身体任何其他部位的运动都成了替代一个单词的信号。不久之后,任何一种身体反应都有可能成为一个单词的替代。

对于这个理论,有人有别的看法,认为在大脑中发生的所谓中枢过程是很微弱的,以至于没有神经冲动能够通过运动神经传输到肌肉,因此,在肌肉和腺体里没有发生任何反应。即使拉施里和他的学生,这些对神经系统抱有浓厚兴趣的人,似乎也认同这种观点。阿格尼丝·索尔森(Agnes M. Thorson)[①]近来发现,内部言语过程中一般不会出现舌头的运动。即使这种情况是真实的,也不会对我的理论造成任何压力。舌头上有非常敏锐的受纳器,是大块的反应器官,其主要功能是将食物在口中翻搅。除了这些主要功能之外,舌头确实在内部言语过程中也发挥了一部分作用,但是它所起的作用可能就像爵士乐短号手把手伸进号角调整声音时所起的作用一样,如此而已。

---

① 她的论文《舌头运动和内部言语的关系》(The Relation of Tongue Movements to Internal Speech)发表在1925年《实验心理学杂志》。她的实验非常缺乏说服力。舌头的运动由一个精密的杠杆复合系统记录。依赖这种装置也许能够获得积极的结果,但是这个方法太不严密,不能作为结论的依据。比起其他装置,弦线式电流计更不灵敏,借此无法得到相反的结论。她说用这种方法发现在舌头运动和内部言语之间没有联系,因此"只剩下这样的假设,活动是内部神经系统的过程,在该过程的每一阶段不必涉及完整的运动表达"。这一观点需要修正。

行为主义者观点的有利证据

（1）我们的主要证据来自于对儿童行为的观察。儿童在独处的时候会不停地说话。在3岁时，儿童甚至会大声地说他在一天中要做的事。当我把耳朵凑近育婴室的钥匙孔时，这种事情经常得到证实。可是在这个时期后不久，社会就会以保姆和父母的形式加以干涉，告诉这些孩子："不要大声说话，爸爸和妈妈从不自言自语。"于是，外显言语减弱成低声细语，一个熟谙唇语的人依旧能够读出儿童关于世界和关于自己的想法。有些个体从来没有对社会作出让步。独处的时候，他们依然大声地自言自语。更多的人独处的时候，甚至从来没有超过低声细语阶段。通过钥匙孔窥视那些没有高度社会化的人坐在那儿思考的样子，完全可以明白这一点。但是，在持续的社会压力下，绝大多数人都会进到第三个阶段。"不要对自己小声低语"和"你能在阅读的时候不要动嘴唇吗？"等是经常可见的命令。在这之后，这个过程被迫只能在嘴里发生。在这种围墙式的嘴唇内部，你可以用你想到的最坏名称来称呼一个恶霸为王八蛋而丝毫没有笑容。你能说一个惹人麻烦的女性实际上是多么可怕，而随后又面带笑容地对她说着恭维的话。

（2）我搜集了很多证据都证明，聋哑人在交谈时使用的手势在其进行同样内容的思维时也会出现。但是，即使在这里，社会也都会压制最小的运动，以至于外显反应的证据通常很难观察到。从托马斯（W. I. Thomas）博士那里，我了解到这样的观察：柏林学院和曼彻斯特盲人收容所的负责人塞缪尔·格里德利·豪（Samuel Gridley Howe）博士，他曾教会一位聋、哑、盲的名叫劳拉·布里奇曼(Laura Bridgman)的人掌握一种手势语言。他宣称（在学院的一篇年报中）："即使在梦里，布里奇曼仍使用手势语言以非常快的速度自言自语。"

关于我的理论，要想得到对此有利的大量证据恐怕比较困难。细致的内部言语的过程本来就是很轻微的。而其他过程，如吞咽、呼吸、循环等过程总是在运作之中，这可能让较为微弱的内部言语活动变得更加模糊不清。我的理论虽然还缺乏许多积极的证据，但如今也还没有别的理论是可取的——其他理论都与已知的生理学事实不符。

因此，寻找证据的责任就暂时交给与我的理论主张相左的那些人吧，比如意象主义者（imagists）和心理联想主义者（psychological irradiationists）。当然，我们大家都是注重事实的。如果获得的事实证明目前的理论站不住脚，行为主义者将很乐意把它抛弃。但是，如果我的理论无效的话，那么关于动作的整个生理学上的概念——动作是由于感觉刺激而引起的——也要跟着取消了。

我们如何思维以及什么时候思维

在试图回答"我们什么时候思维"这个问题之前，让我先提出一个问题：你什么时候用你的手、腿、躯干等来行动呢？你如实地回答应该是："当我想从一个不协调的情境中摆脱出来时，我就会用手、腿和躯干来行动。"我在前文中曾举过例子，当胃在强烈收缩时，一个人会到冰箱拿东西吃，或者当强光刺眼时在窗缝上贴纸以挡住光。我还想提出另一个问题：我们什么时候用喉结的肌肉发出明显的活动——换句话说,我们什么时候会大声说话或轻声说话呢?回答是:当情境需要大声说话或轻声说话的任何时候——也就是当处于某种情境中,除了使用声音这一活动而不能使用其他任何方法摆脱时。例如,我站在讲台上讲课时,除非我准备好演讲稿,否则我就得不到五十美金的酬劳。或者当我不慎踩破冰面掉进水里,除非我大声呼救,否则我就无法脱离险境。再比如,有人问我一个问题,而社会文明要求我做出礼貌的回答。

上述所有这些应该已经看起来相当清楚了。现在,让我们回到最初的问题上——我们什么时候思维?请记住,思维是无声的言语。当我们不出声地运用言语组织帮助我们从不协调的情境中摆脱出来时,我们就是在思维。每个人几乎每天都有很多这种情境的例子。我将给出一个相当戏剧性的例子。R的雇主有一天对R说:"如果你结婚的话,我想你会成为这个组织中更稳定的一员。你愿意吗?我请你务必在离开房间前告诉我愿意还是不愿意,因为你必须愿意结婚,否则我会解雇你。"这时候,R不能大声地自言自语。他要默默地说很多话。如果他大声说话,他可能会被老板解雇。既不能大声地说,肢体动作也不能帮他。因此,他只好自己想着,在想通了之后再大声说"愿意"还是"不愿意"——也就是在一连串无声言语之后,继而产生最后的有声言语。并不是所有需要采用无声言语的情境都是如此严重和戏剧化。日常生活中你恐怕每天都会被人问到这样的问题:"下星期四你能和我一起共进午餐吗?下星期你能到芝加哥去旅行吗?你能借给我100美元吗?"等等。

我想依照我的思维理论,再提供一下思维的定义及相关命题。

第十章　言语和思维

"思维"这个术语包括一切的言语行为,只要在发生的时候没有声音。如果我们采取这种说法,那么那些对自己大声或轻轻说话的人,是不是在思维呢？在最严格的定义下,这当然不是思维。对这种情形,我们只能这样描述：他在大声或轻轻自己说着他的问题。这样说并不是认为思维完全区别于大声或轻轻地对自己说话。只是因为我们大多数人所认为的思维,实际上是按照最严格的思维的定义,所以我们现在的问题是,在最严格的定义下,思维有哪些类型？要解决这一问题,我们只能根据已有的关于思维的事实。我们的思维都有其最终的结果,就是在无声言语之后产生的有声言语(也就是结论)或肢体动作。我们对于思维的所有事实,都是根据观察这种最终结果(有声言语)而得到的。根据已有事实,我们认为思维可以分为以下几种类型：

(1) 无声的运用已经完全习惯化的言语。例如,假设我问你这样一个问题："在'我现在要躺下睡觉'这段祈祷词的最后一个词是什么？"如果这个问题以前没有被问过,那么你现在只要将这段词中的每一个单词回顾一下,然后再发出声音来说"睡觉"这个词就可以了。在这一思维中,丝毫没有学习的因素。你只是把已经成为习惯的祈祷词中的单词一个又一个地回顾一下,犹如音乐家回顾一段乐曲或一个孩子大声说出记得很熟的乘法口诀一样。你只是将一种你已经获得的言语习惯内隐地运用了一下而已。

(2) 另外一种形式稍微不同的思维。这种思维也是完全习惯化的言语行为,被刺激或情境引起而无声地表现出来。不过这种言语行为当初并不曾形成得很好,或者虽然形成得很好,但在时间上相隔很久了,所以在其表现的时候,还需要一点学习的因素或再学习的因素才可以。我举个例子来说明。尽管我们比较熟悉心算的方法，但是我们几乎没有人能够立即心算出 333×33 的结果。如果我们要算出结果，我们并不需要新的行为，只要略微进行几次低效率的言语活动（摸索的言语活动），就可以得出正确答案。帮助我们获得正确答案的言语组织，个体本身早就具有了，只是有点生疏而已。因此，在顺利进行运算之前不得不进行练习。这就是说，要把三位数与两位数相乘的问题进行心算解答，经过两周练习可以很快给出正确解答。我认为这种形式的思维和许多肢体动作类似。例如，几乎每个人都知道怎样洗牌和发牌。我们几乎都可以在一个较长的暑假中学会。但是如果我们隔了一年或两年没有玩牌，然后再来洗牌和发牌，这个动作就有点迟钝了。如果想再次玩得顺畅，必须练习几天。同样，这种形式的思维也是我们内隐地练习一种我们从来没有完全获得，或者获得的时间太早以至于不曾很好保留的言语功能。

（3）另外还有一种思维类型。在历史上一直被称为建设性思维（constructive thinking）或计划（planning）等。这种思维是需要学习的，所需的学习量与我们掌握任何肌肉动作所需的学习量差不多。引起它的情境是新的，或者对我们来说是新的，就像任何一种新的情境。现在，在我提供一个引起该思维的新情境的例子之前，我先提供引起肢体动作的一个新情境的例子。例如，我用布蒙住你的眼睛，然后递给你一个解谜玩具，它由 3 个圆环组成，要求你把圆环解开。在这种情况下，无论如何思维或推理，或者大声地言语、轻轻地自语，都无法解决问题。你需要拿着三个圆环，翻来覆去地观察，等到三个圆环在一个固定的位置，它就会解开了。这

第十章 言语和思维

种情形就像第一次练习某个动作——而且也如同在有规律的学习实验中的第一次练习行为。

同样,我们也时常处在一些别的新情境中,我们只能靠思维来作出反应。现在我举个例子。

有一个朋友来找你,告诉你他要创业。希望你能辞去现在收入丰厚的职位,作为合伙人一起创业。他是一个很有信用的人,也有良好的经济背景。他描述了一个极好的未来,并且说,如果你能参加,你将得到比现在的职位更多的回报。他向你描绘你最终会成为老板。然后,他因事不得不马上离开,去拜访对这项冒险事业有兴趣的其他人。他让你一小时后给他回电话,给他答复。这个时候你会思维吗?会的,你会思维。你会在地板上踱步,你会拉扯头发,还会出汗,想要抽支烟。在这些动作进行过程中,你的全身都在活动,就像你正在做着凿壁的工作一样——只不过在思维这个活动中,喉结的活动占据主导地位。

这类思维最有趣的一点是:在这种新情境被应付或解决之后,我们通常不会以同样的方式再次应对它。这类思维只有在学习过程中第一次练习的时候才会发生。不过这种情形,在我们用肢体动作对情境做反应时也时常出现。假如我要驾车到华盛顿。我对汽车的内部情形并不了解。可是在路上,汽车发生故障停了。我进行了修理它又能开了。可是跑了十几英里又出故障了。我进行了修理,它又可以开动了。在这种实际情形下,我们从一个情境转换到另一个情境,但是每一个情境都与其他所有情境有点区别(除了像打字或其他技能活动的特定功能)。因此,关于我们避免这些情境的情形,是无法像在实验室里描绘学习曲线那样描绘出来的。

我们日常的思维活动恰恰是以这样的方式进行的。引起复杂言语的情境，我们通常得通过思维来解决，但只有一次。

行为主义者认为，复杂的思维，就像我们刚刚介绍的建设性思维，其发生的情形就是无声的内部言语。那么有任何证据证明这种说法吗？我们发现，当要求被试出声思维的时候，心理上非常类似于迷宫中老鼠的行为。老鼠走迷宫，先慢慢地从入口进去；在笔直的通道上跑得很快；在迷路的时候会摸索着走，走到终点之后它又折回到起点，而不是走向食物所在的地方；等到回到入口后，它又转身走向食物了。老鼠是这样走迷宫的，那么人类被试如何呢。现在，向被试提问题。让他告诉你某个物体是用来做什么的（对于被试，这个物体必须是新的和陌生的，并且是复杂的），请他出声地解决这一问题。借此，你们可以了解他是否徘徊着进入每个可能的言语的死胡同，迷失了方向；然后又折回，请你们让他重新开始，或者向他出示物体，或者再次要求你告诉他关于该物体的所有事情，直到他最后获得了解决的办法或者放弃（与老鼠在迷宫中放弃而倒下睡觉一样）。

在你如此做实验之后，我认为你会确信你的被试是用言语行为来解决问题的。那么，如果你承认他在做有声思维时是使用言语行为的，为什么他在对着自己思维的时候，你会认为这比思维要神秘呢？

但是被试又如何知道他该什么时候停止思维，什么时候问题已经解决了呢？有人可能会说，老鼠"知道"问题已经解决，是因为它得到了使饥饿感消退的食物。那么人是如何知道问题已经解决的呢？答案很简单。我们在前文曾经举过一个例子，是说一个人用厚纸片挡住窗户透过来的光。那么这个人怎么知道他在窗户上挡了一张厚纸的时候,光就再也刺激不了他呢。思维的情境正是如此;只要在这个处境中有因素(言语的)存在,它就会继续刺激个体做出进一步的内部言语,这个过程会持续下去。当他得到一个"言语的结论"时,就不再有促使进一步思维的刺激了(相当于得到了食物)。但是,言语的结论可不是一次就能得出的——被试可能会累了或厌倦。这样的时候他只好去睡觉,等到第二天再来解决问题——如果问题还没有被解决的话。

那么,"新"的因素是怎样产生的?这是经常出现的一个问题:写诗或写散文这种言语上的新创造,我们是怎样获得的?答案是:我们获得它们,是因为巧妙地使用言语反应,我们反复地反应,直到一个新的模式偶然出现,从而获得新的言语创作。我们在思维时,每一次遇到的情境都是全新的,因此在此之下产生的言语行为也必然是新的。不过我们所谓各种言语反应模式的差异,并不是说我们的字词是不一样的,而是说各个词语之间的关系有了变化。至于我们每个人所有的言语反应,都是一样的。那为什么我们无法写出一首诗或一篇散文呢?我们显然能够使用文学家所使用的任何词。但是作诗或写文章并不是我们的专业,我们操作文字的水平比较低,而文学家的水平则比较高。一般的文学家,他们会在这样或那样的情感和实际情境影响下运用词语,就像你使用键盘上的键或一组统计数字,或者木头、黄铜和铅一样。为了容易理解,我们来看一个肢体行为的例子。帕图(Patou)是怎样做一件新长袍的呢?他具有长袍做好之后看起来像什么样子的"脑海中的图像"吗?他没有,或者他不想浪费时间去勾勒图像;他将勾勒一个关于长袍的草图,或者告诉他的助手怎样去做。在开始他的创造性工作时,请记住,他关于长袍的组织是相当多的。这一样式里的每种东西都随手可及,像过去所做的每件事情一样。他把模特叫进来,拿起一段丝绸裹在她的身上;他用丝绸在模特身上比划,使它在腰部或紧或松,或高或低,或短或长。他摆弄布料,直到它呈现出一种长袍的样子。在摆弄停止之前,他不得不对这一新的创造作出反应。没有一件东西与以前曾经做过的东西是正好一样的。他的情绪反应被完成的产品所引起。他可能把它扯下来重新开始。他也可能微笑着说:"非常完美!"在这种情况下,模特看看镜中的自己,笑着说:"谢谢先生。"其他一些助手说:"太漂亮了!"看呀,一个帕图样式产生了!但是,假如一个喜欢竞争的时装商人恰巧在场,帕图听到他用旁白的语气说:"很漂亮,不过它是不是有点儿像三年前做过的那件?是不是有点普通了?帕图是不是有点守旧而跟不上快速发展的流行世界了?"我们可以相信,帕图听了这番话后会撕烂新长袍,把它踩在脚下。在这种情况下,操作又开始了。直到新的创造物引起他自己(一种口语化或非口语化的情绪反应)和别人的赞美表扬,操作才算完成(相当于老鼠找到食物)。

画家用同样的方法从事创作,诗人也不例外。后者可能刚刚读过济慈(Keats)的作品,可能刚从月光下的花园散步归来,碰巧他漂亮的女友颇为强烈地暗示他从未用热烈的词语赞美过她的魅力。他回到房间,情境使他无所事事,他能摆脱无聊的唯一办法是做点什么,而他能做的唯一事情就是操作言语。随后,他与铅笔的接触激发了言语活动,就像裁判的口哨解放了一组好斗之人一样。自然地,表达浪漫情境的话语很快流淌出来——在那种情境里,他不会创作出一篇丧礼上的哀悼词或一首幽默的诗。他处在以前从未有过的情境中,于是他言语创作的形式也多少会有点新意。

行为是否蕴含"意义"?

批评行为主义者思维理论的一个主要观点是:行为主义者的观点并不能适当地解释意义(meaning)。我现在打算指出批评者在逻辑上的错误。我认为,批评行为主义的理论必须基于行为主义的前提才行。行为主义者的前提并不包括关于意义的命题。在行为主义者看来,意义是从过去的哲学和内省心理学中借来的术语。它并没有科学内涵。不过我们现在且来讨论一下那些使用意义这个术语的哲学化的心理学家所说的话。他们的话有什么意义吗?

让我再把他们的话解释一下——在我面前这个香香的黄色橘子的意义就是一个观念(idea),但是无论什么时候,假如我心中有了一个观念而非知觉,那么这个观念的意义又是另外一个观念,以此类推,永无止境。埃迪(Eddy)女士是善于说咒语的,但是即使在她说着最具巧妙的咒语的时候,她也无法建构一种东西出来,从而比这种说法更能诱惑那些陶醉于认识论的人。

在我看来,这就是所谓的意义。行为主义者要维护自己的主张,现在不得不再对意义做出说明。那么,我在此举一个简单的例子,以"火"来说明。

(1)我在3岁那年,曾被火烧伤过。从那以后,我看见火就会躲。通过一个条件作用的过程,我的家人帮助我克服了这个消极反应。新的条件反射产生了。

(2) 从寒冷的野外回来,我知道要靠近火。

(3) 在我第一次打猎时,我知道用火来烤鱼。

(4) 我知道火能融化铅,如果我用火把铁条烧得通红,就可以把它弯成我需要的东西。

经过多年之后,我对火会产生很多种反应。也就是说,依据我现在所处的情境和一系列导致目前状况的情境,我能够在有火的情况下做一百种事情中的任何一种。但事实上,在某个时刻我只能做一种事情。那么我做哪一件事呢?我以前的组织和如今的生理状态所能引起的那件事。如果我很饿,我会用火熏肉和煎鸡蛋。在另一个场合,如果是野营结束的时候,我会到小溪边取水把火浇灭。房子着火的时候,我先下楼,然后喊:"救火!"我会跑向电话呼叫消防队。当我在森林中遇到火灾的时候,我会先跳进湖里。冬天的时候,我会在火炉前取暖。在乡村间传闻有谋杀事件的时候,我会捡起一根正在燃烧的木头,在整个村庄点起火照明。如果你乐意承认"意义"只是个体对某个物体进行反应的所有方式中的一种,在那个时刻,他只能用这些方式中的一种方式进行反应,那么关于意义也就没什么值得争论的了。我举的例子,虽然是关于肢体动作方面的,但其实在言语方面也是一样的。也就是说,当我们理解了个体行为的所有形式的起源,知道了他的组织的不同变化,我们就能安排或操作引起他的这种或那种组织形式的各种情境,因此,我们也就不再需要意义这样一个术语。意义最多只是一种说法,用来告诉我们一个个体正在做什么。

由此,行为主义者可以将批评者的批评再转赠回去。那些批评者并不能给出关于意义的任何解释。行为主义者反而能够说明,但是行为主义者认为意义对心理学来说是没有必要或是无用的,或许只可以作为一种文学表述。[①]

前面所做的仅仅是对个体整体行为组织中言语功能的初步概括。关于言语,我们无疑还有太多东西没搞清楚。下一章,我们将会谈到这一章没有提及的最为困难的两个内容。这些内容是:(1)言语行为、肢体行为以及内脏行为之间的关系是什么?(2)我们必须依靠词语来思维吗?

[①] 内省主义者的许多术语也同样应当被抛弃。例如,"注意"。行为主义者如果乐意的话,也能够解释"注意",给它下定义并使用它,但是他不需要这个词。内省主义者,即使是詹姆斯,也不得不根据活力论(vitalism)而把注意定义为从其他事件中选择某个事件的一种主动过程。这样的术语显然只会慢慢消失。在它们消失之前,某些人仍然会指责行为主义不够成熟。

第十一章　我们总是用言语来思维吗？

——抑或我们整个身体都参与思维活动？

引言:如果只是偶然读到前两章,恐怕你们会觉得:肢体的习惯、语言的习惯,甚至内脏的习惯,都是各自独立发展而成的,而且是在不同时间发展的。实际上并非如此。个体对于一个东西或一种情境发生反应的时候,必然是整个身体都参与进来。在我们看来,这意味着,任何时候,只要我们的身体产生反应,那就是肢体组织、语言组织(在起作用之后)和内脏组织共同在发挥作用。当然,三者必定在一起发挥作用的说法,也有例外的时候,不过我们现在暂且先不去理会这种麻烦的例外。这三种组织共同反应的形式,取决于我们之前是否获得过它们的共同反应,如果之前并没有三者的共同反应,那将来也不会一起反应并成为相互辅助的形式(而且时常是互相代替的)。

这种说法可能理解起来比较困难,我们借用一个例子来加以说明。假如有两个人共同走在森林里。突然有一条蛇爬到他们走的路上,盘绕着发出咻咻的声音。两个人吓坏了,脸色苍白,头发僵直,嘴巴大张,呼吸几乎要停止了。其中一个人突然喊叫:"蛇。"另一个人说:"响尾蛇。"接着,两个人都大喊:"打死它。"于是一个人跑去拿一根大树枝,另一个去拿了一块石头。当他们在寻找武器的时候,蛇爬向灌木丛去了。这时一个人喊道:"看,在那儿,它爬到右边那棵小矮松下面了。"这种情形,你是否认可是那条响尾蛇在这两个人身上引起了一种很强烈的反应?语言的、肢体的以及内脏的组织,在这种强烈的反应上是一起发挥作用的。对此,你还会有任何疑问吗?

三组习惯的同时获得

对于那些喜欢研究发生心理学(genetic psychology)的人,我认为无需多言就可以使他们相信:我们的手、喉结以及内脏在学习动作的时候是一起学习的,而且后来也一起发生作用。事实上,因为受到社会需要的影响,一个幼儿在成长过程较好地掌握了言语表达,他的言语习惯和内脏习惯势必是与肢体习惯相一致的。仅有的例外就是那种沉默寡言的人,在生长过程中日常所接触的只有他的父母,而他的父母又过于严肃,极少与他说话。在这种情况下,他的语言习惯会落后于另外两种习惯。更准确地说,我们在日常生活中面对每一种情境或客体时所形成的语言习惯、肢体习惯和内脏习惯都组织在一起,形成了我们整体习惯中的一个部分。关于这种情形,我用一个简单的图示来说明(见示意图18)。

这幅图说明了我们学打高尔夫球时组织运动的情况。这三个分离又相互关联的习惯系统一起发生作用——箭头表示它们是相互依赖的:(A)表示打高尔夫球时的肢体组织,脚、腿、躯干、胳膊、手和手指的使用;(B)表示语言组织——外显的语言、低声细语的语言、无声的语言。用语言表示球洞的名称,俱乐部,射门方式,不同的位置,怎样射门,我们在打高尔夫球时的错误方式,以及专业

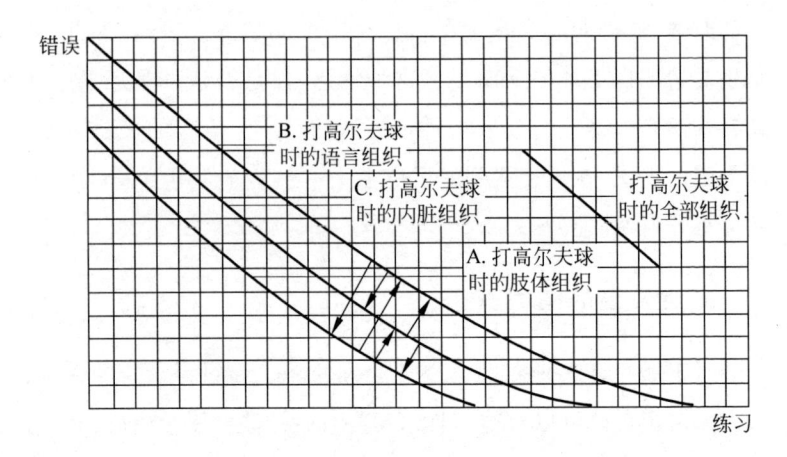

图18：打高尔夫球中的各种习惯组织。这幅图表示我们学习打高尔夫球的情形。我们的手(以及手臂、腰、腿及脚)、喉结和内脏，都是同时用来学习如何去打高尔夫球。

     A：表示肢体组织的曲线
     B：表示语言组织的曲线
     C：表示内脏组织的曲线

人员的反复叮嘱，等等；(C)表示内脏组织的曲线——在每次射门时，或者在射门之前和之后，循环系统的变化。胃腺改变它们的节律，排泄器官可能减缓或者加快工作。在第四章中，我曾经讲过，我们整个身体中有大量的无纹肌。人体中的胃、心脏、肺、横膈膜、血管、腺体、排泄器官以及性器官都由无纹肌组成。我们还提到，这些由无纹肌所构成的器官以及腺体器官所发生的动作，在婴儿出生后不久就会转变成条件作用的行为。这已经得到了很多证据的证实。现在我只需再次列举我们的事实。对于人来说，排泄功能在幼儿身上已经可以成为条件作用的行为了。口腔和胃腺，可能还有许多其他类似的东西，很快就会建立习惯模式。瞳孔、呼吸

第十一章 我们总是用言语来思维吗？

和循环等反应,所有这些都展示了习惯形成的效应。现在所谓的自主神经所管理的过程,绝对不会无缘无故地成为条件作用的行为。事实上,它们在技能活动中发挥一定的作用。当膀胱急涨,需要排尿,而排泄功能受到威胁时,当汗腺不起作用或功能过于强烈时,当嘴巴干燥时,当消化不良时,当正要射门却打起哈欠时,当内在的性刺激强烈时,谁又能准确地射门,很好地用力踢球呢？当准确的技能活动发生时,所有这些都必须协调一致。这就像我们的胳膊和大腿的横纹肌如果不稳和颤抖,或者胳膊和手指的剧痛以及皮肤的紧缩会影响效率一样,它们对效率也会构成威胁。

因此,我认为即使在技术动作中,训练内脏也是很重要的。这就像训练手和手指一样重要。同样,语言在整个身体组织中也是一个同等重要的因素。①

实际上,语言往往更加重要。一个商人,必须时常谈论高尔夫、狩猎、钓鱼等活动,尽管他在这些活动中的水平不怎么样。当一个商人的肢体动作贫乏,无法与他的语言动作相比时,他虽然可以谢绝参与打高尔夫、狩猎或钓鱼等活动,但他并不拒绝谈论这些业余爱好的技术要求,并竭力留在爱好者的圈子里。

为什么会有这样的情形呢？因为自我们学会语言后,差不多面对一切情境时,都是先用语言来发出有声或无声的动作(这就是

---

① 如果内省主义者能够了解这一事实的话,他将比较容易从混乱中解脱出来。比如,有时候他们会在文章的首页宣称自己是平行论者,而在文章的另一部分却又使用交互论的概念;当他们试图让"意识"做些事情时——纠正一个习惯的错误,或者当一个新的习惯通过试误的过程形成时,把其中意外的令人惊喜的成功的活动固定下来。

所谓的语言反应的"优势")——接着产生肢体反应和内脏反应并逐渐达到条件作用的程度。换言之,个体行为的发生似乎总是语言的条件作用反应占第一位,而肢体及内脏的条件作用反应占第二位。①

观察一个打高尔夫的人打了一个坏球的情境,并且询问他错在什么地方。如果你熟谙唇语,你可以在很多场合不用问他任何问题就说出他要说的话来:"我站得离球太近了。我应该站得靠后一点。我弯腿了,没能做好击球时的弧形动作。"接着观察他第二次击球。他自言自语道:"站得靠后一点。"于是,他往后站了站;"左脚别放那么远,会被割到";他的脚很快就会缩回来。语言的组织,除了在俱乐部的房间里为引起注意而派上用场外,如今在学习打高尔夫球上,它也成为整个行为组织中极其重要的部分了。

行为主义者相信,语言的过程,无论在何时出现,它总是每个技能行为的实际的功能部分。

如果"我们使肢体行为语言化"这一观点被接纳的话,那么它将为我们带来一种看待"记忆"的新视角。你可以看到,记忆实际上应该是一个整体习惯系统中语言部分的功能。一旦我们将一个身体习惯语言化,我们就总能谈论它。如果我们不能谈论高尔夫球,那么能证明或显示我们在这方面的组织(你对于它的"记忆")的唯一办法,就是到高尔夫球场一个洞接一个洞地打球。但是,引发你对高尔夫球进行语言组织的情境,要数倍于引发你的肢体实际打高尔夫球的情境(同时出现高尔夫球场、闲暇、俱乐部、高尔夫

---

① 参见拉施里的文章,发表于 1923 年《心理学评论》杂志。

第十一章 我们总是用言语来思维吗？

球、同伴、衣服，外加整体和语言定势——"我现在要打高尔夫球了"）。那么，"记忆"的通俗意思应该是：整体身体组织中语言部分的展示或表现。这一组织中的肢体部分不会表现出来——如果肢体部分被引起的话，那么我们会说"他正在打高尔夫球"，而不是"他正在想起打高尔夫球"。在图18中，如果一个人的整体习惯中的其他部分——假设是肢体部分（就是曲线"A"）——受到适当的刺激（假设是高尔夫球场）之后，竟然发生作用了，那么他用球棍击球的肢体动作则能表现出他对高尔夫球的"记忆"，这和他用语言来谈论打高尔夫球是一样的。

现在，关于我们所说的整体的习惯必须含有肢体、语言和内脏三种动作的说法，我们用一系列的图示来说明。我们首先用图示说明手对视觉刺激的反应。在这些图示中，我们并不会描绘神经系统的状态，而是分析涉及的感受器、传导器、效应器以及与此相关的辅助组织。

我们所处的环境，正如它显示的那样，使得客体按序列排列（因为人是一个能动的动物）。如图19所示，在我们的肢体组织中形成一个明确的1—2—3的次序。

在图示中，S_1、S_2等代表视觉刺激——例如，你正用手指在钢琴上弹奏音符。RK_1、RK_2、RK_3等分别代表对视觉刺激S_1、S_2、S_3等的反应。

但是，在音符被弹奏过多次后（习惯形成了），只有最初的音符（S_1）对于引起整个组织是必要的。这一过程的变化如图20。

当看到音符时，原来在第一种情形里作为反应的RK_1、RK_2、RK_3、RK_4、RK_5，现在被学习的次序替代了对音符的视觉刺激。

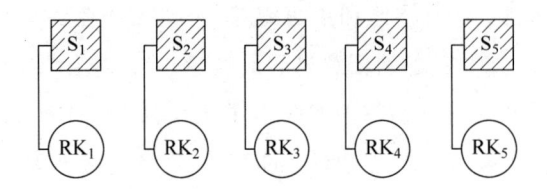

图 19：一连串的动觉反应（肢体组织）。该图表明动作习惯是怎样形成的。

S_1、S_2、S_3 等是客体（例如一个乐谱中独立的音符）。RK_1、RK_2、RK_3 等是对每一个独立的音符予以独立反应的肢体。这表示当你看到音符 $G(S_1)$ 时，你弹奏键 $G(RK_1)$。

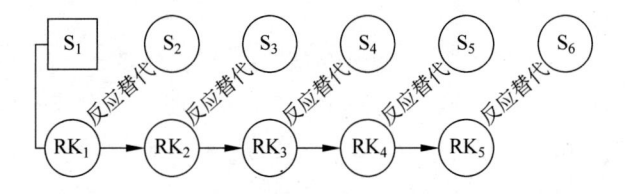

图 20　表示一个人在已经学会弹奏一首简单的乐曲时所发生的情况。S_1——第一个音符（G）——展现在你面前，然后乐谱被拿走。但你能继续弹奏。为什么？因为你一看到第一个音符 G，就在钢琴上弹奏键 G。这个运动（RK_1）成为下一个运动（RK_2）的刺激物。换句话说，你所作出的第一个反应成为第二个对象的替代刺激。

也就是说，当它们作为反应停止的时候（或在这个过程中），它们成了引起下一个反应的动觉刺激。这就是我在上一章中提到的标准的习惯图示。

这个图示所代表的情况，在之前当然已经说过好多次了。不过这里所要讲的，也有以前的内容所没有涉及的——这一章所讨论的中心点——就是环境在组织肢体动作时，也同时组织另外的两组过程——与语言和内脏有关系的过程。让我们变换一下图示

第十一章 我们总是用言语来思维吗？

来说明这些事实。在下一幅图示中，S_1 和 S_2 仍然代表客体；RK_1 代表与该客体相关的动觉组织；RV_1 代表语言组织；RG_1 代表内脏组织。我在此想说明的是，正如 RK_1 可以代替 S_2 而成为一个动作的替代刺激一样，RV_1 和 RG_1 也是可以代替 S_2 而成为刺激语言动作和内脏动作的替代刺激。

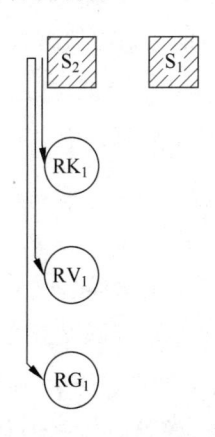

图 21：这个简单的示意图展示的事实和图 18 一样——当我们对任何对象，例如说 S_1 反应时，我们不仅用胳膊的横纹肌反应（RK_1），而且语言（RV_1）和内脏（RG_1）也参与了反应。

由此可见，每一种复杂的身体反应都必须涉及肢体的组织、语言的组织和内脏的组织。在获得语言技能时，嘴巴、颈、咽喉和胸腔是身体中最积极训练和组织的部分；在获得肌肉技能时，最活跃的部分是躯干、腿、胳膊、手和手指；在获得情绪组织时，内脏部分是最活跃的。因此，在日常生活中，伐木时肢体组织是最主要的；演讲时语言组织是最主要的；悲痛、哀伤、爱是内脏组织的活动——我们借此可以将所有身体动作中包含的肢体的组织、语言的组织和内脏的组织所扮演的角色都分析出来。

上述规律的某些例外

至少有两件事情完全符合我们所描述的上述规则。但是,有些身体的习惯组织似乎并没有含有语言习惯的成分。这就是:

(1) 在婴儿期所获得的一切习惯组织;

(2) 一生中,内脏部分占主导地位时所获得的一切习惯组织。

我们现在就这些例外来分别讨论。

婴儿期的习惯组织

你们可能对近期的婴儿研究已有所了解,这些研究似乎表明,尚且不会说话的婴儿身上令人难以置信地具有许多组织。它们不仅表现在胳膊、腿和躯干等外显组织上,而且在内脏方面还表现得不错,诸如条件性的恐惧、愤怒、爱(强烈依恋母亲或保姆)、发脾气、对人的消极反应等类似情况。

我们的观察表明,30个月以下的婴儿无法为每个单元的肢体习惯匹配相应的语言习惯。在我这里有一个2岁3个月孩子。在适当的客体和情境的刺激下,他能说大约500个词,但是句子的组织水平仅限于"罗斯与比利再见","穿上比利的上衣",等等。他仍处于不停地重复词语和句子的年龄。在保姆把他带入房间的时候,父亲说:"比利,你看到了什么?"他说:"你看到了什么。"等等。与此相对,同样是这个孩子,在两岁的时候曾学习操作一个相当大的儿童自行车。他推动小车,控制方向,骑上,滑下土堆,把车推上斜坡,沿着人行道推动,飞速滑下。他不要帮助,跌倒也不哭,骑上重新开始。然而,与此匹配的语言仅仅是:"比利骑儿童车。"他将车把转向左边或右边时组织的语言,就缺乏你所组织的能引起的将车把手转向左或转向右的语言;也没有关于脚踏车上山比下山困难、坡越斜速度越快的语言组织等。然而,他的外显动作反应是很好的,即使几个星期和几个月没有练习也表现得很好。从成百的例子中选出来的这个例子表明,对两岁半和更小的儿童来说,动作习惯是无法语言化的。在这些例子中,你能说明"记忆"或"组织"的唯一办法是把儿童放到他能展示身体组织的情境中去。与此相对,在散步时,在参加聚会或看电影时,或者坐火车旅行时,3岁半至4岁的孩子会像盲人、聋哑人一样与你交谈。我相信这个概念将有助于排除心理学中的许多神秘的事物,例如,它抛弃了弗洛伊德心理学的许多内容(但不包括其所描述的事实和疗法)。

正如你们所知道的那样,弗洛伊德主义者声称,童年期记忆的丧失是因为童年期那些带来"快乐"的自由和自发活动置于社会的禁令之下;社会的惩罚和痛苦被压抑进了"无意识"。他们进一步认为,这些童年期的记忆只有分析学家通过神话般的话语打开贮存记忆的地窖方能得到恢复。现在看来,这个假设有许多地方无法令人满意,原因很明显:"儿童从来没有使这些活动语言化。"

我无比怀疑所谓成人的"记忆"可以追溯到两岁半童年期的观点。我的怀疑来自对儿童的观察而不是通过任何预先的假设。我近期测试了一个2岁3个月的饥饿儿童对于一个盛满牛奶的奶瓶的记忆。测试的细节如下:

记忆奶瓶的测试

婴儿 B,年龄 2 岁 3 个月。

婴儿的吃饭时间是中午 12:30。他的保姆抱起他来说:"比利,吃午饭了。"她按平常的习惯把他平放在儿童床上,让他仰躺着,然后像在他 1 岁 3 个月时喂奶一样,把温热的奶瓶递给他。

他用双手接过奶瓶,用手指拨弄橡皮奶嘴,然后开始号啕大哭。因为在他这个年纪,主食是肉和蔬菜。当保姆告诉他"喝他的牛奶"时,他把奶嘴放进嘴里,尝了一下牛奶的味道后开始"咀嚼奶嘴"。喝奶的行为没有被唤起。他喊妈妈,哭着把奶瓶递向她,并且坐了起来。他用双手把奶瓶推向妈妈,又推向爸爸。然后,他躺到地板上,稍稍恢复了情绪。

他被告知"吉米用奶瓶喝奶"(吉米是他的弟弟,处于婴儿期)。然后,他拿过奶瓶,把它放到嘴里走开了,边走边咀嚼奶嘴。因为早就停止使用的原因,喝奶的行为消退了。它被"遗忘了"。[①](如果喝奶的行为得到不断的实践,那就能够无限期地持续下去。我曾经记录过直到 3 岁多还用母乳喂养的孩子。)

比利只在出生第一个月是在妈妈的怀里吃奶,然后就全靠奶瓶喂奶。9 个月末就不再用奶瓶给他喂奶,而是让他用一个银制杯喝奶。在 1 岁之前,他都用奶瓶喝早餐时的苹果汁。从 1 岁开始直到测试的那一天,他就再也没见过奶瓶。

---

① 在同一天,同样给他一个在妈妈怀里吃奶的机会,他仍然没有把奶嘴放进嘴里,不久他开始从膝盖上喂奶的位置挣脱出来。

在测试开始之前，我们尝试过很多方法，试图引起某种言语记忆，但是并没有用。他被问及："你小时候是不是没用过奶瓶喝东西呀？"然后告诉他，他过去习惯用奶瓶喝东西。接着再问他："比利不能用奶瓶喝东西吗？"等等。整个过程中，他行为都完全是针对陌生新事物的反应，当他整个身体试图对他通常的食物作出反应时，就像被强迫去对奶瓶作出反应。

我们这个实验的结果，不但表明婴儿期那个很重要的喝奶动作缺乏与其匹配的言语组织，而且显示甚至肢体组织（包括吮吸动作）也消失了。

因此，这证明那些认为"压抑"过程在婴儿期埋葬了许多只有在精神分析学者的魔术中才能重见天日的无意识的宝藏的说法，其实完全是一种自然的状态。身体习惯正常的形成，既有回避和亲近的习惯，也有操作的习惯；但是，身体习惯缺乏相关的言语，因为婴儿在稍大一点才能获得它们。

我认为弗洛伊德的整个"无意识"理论能够沿着我所指引的路线来适当进行反思。弗洛伊德主义者们在此争论中并没有提供任何积极的证据，至少现在还没有。在他们关于婴儿日常生活的文献里，我也没有看到任何实际的观察。赫格-赫尔墨斯（Hug-Hellmuth）的婴儿心理学著述似乎也没有提及任何目前的婴儿，对婴儿的观察和假设是不准确和不科学的。

内脏引起的整体反应中的非言语组织

我们在前面已经讨论过，条件性的内脏反应和情绪反应从婴儿期开始就逐渐在形成了。这些条件性的反应会迁移至不同的情境；而且持续时间很长，可能持续一生。但是，至今我们仍然无法讨论内脏的组织。

造成这种情况的原因之一是社会。社会没有要求我们关注无纹肌和腺体的习惯，或者很少这样要求。当唾液分泌的条件反射在童年期建立时，儿童从来没有被告知他建立了唾液分泌的条件反射；社会也不会要求人们将排泄的习惯语言化，这些习惯与性高潮的放慢或加速有关。很少有男人（女人则更少）会用词语来匹配其性活动。

此外，有哪一个儿童曾经用言语来组织其乱伦性的依恋（incestuous attachments）吗？并没有。这不是因为有任何的压抑，恰恰相反，是因为社会并没有这样做，而且也没有将儿童的乱伦性依恋置于禁令之下的组织。但就在几天前，一位出色的儿科专家在谴责一家实验性托儿所的观点时说："婴儿需要母亲的爱。他们应该在妈妈身边跳来跳去，受到爱抚和悉心照顾。"如果告诉一位母亲，总是让孩子在自己的眼皮底下玩，会导致其依赖的习惯。她总是亲自喂孩子（这导致了一种情况，一换成别人喂，孩子就会大发雷霆），这样做实际上正在为孩子制造麻烦，导致孩子无法打破恋巢习惯。可以肯定，这种告诫将会引起这位母亲的强烈反对。

发生心理学家只要稍微研究一下这类事实就会相信，自婴儿期至衰老，我们内脏组织中的一大部分时常都是缺乏相关的言语的。即使是针对内脏的物体和情境的适当的名称列表也没有，更缺少针对发展中的个体进行条件性词语训练的社会机制。它们中只有很少一部分言语化了。当在长辈面前出现打嗝、排泄、放屁、自慰等动作的时候，这种情况就会发生。这种言语的条件作用的心理过程采取的形式是:"在社交场合不要让你的胃发出声响。""你可以跑到外面去或用咳嗽把它的声音掩盖住。""在社交场合,当胃发出声响时要说对不起。"虽然在内脏领域会发生许多类似的言语化例子,但这种言语化是例外,而不是一般规律。为了使你们有个总体的把握,我在此总结如下:

1. 我们所形成的肢体习惯之中,有很多都不曾伴随言语的习惯,特别是在婴儿期所形成的那些肢体习惯。

2. 有一大部分内脏的组织(无纹肌和腺体部分的组织)是在没有言语组织的情况下逐渐形成的,不仅在婴儿期如此,而且贯穿人的一生。

3. 非言语化的组织构成了弗洛伊德主义的"无意识"理论,这个假设似乎有其合理之处。(至于符合自然科学的所谓"无意识"的另一个来源,可以在由于这样或那样的原因使言语组织受到阻碍的情况下看到。例如,给一个处在热恋中的人一个刺激,当着他的面说出女孩的名字,这个人会保持沉默。在这种情况下,只有内脏组织显示出来,例如,语无伦次、脸蛋发红等等。)它同样可以构成内省主义者的"情感的过程"。

4. 到达合适的年龄后,语言的、肢体的和内脏的组织将会同时发生,这就是发展的规律。

5. 一旦肢体动作开始言语化之后,由于人们不得不用言语解决问题,因此言语组织很快就会占据优势。于是,言语刺激可以引起有机体的任何一种反应,或者调整任何已经开始的行动。例如,"我现在必须开始制作书橱了"或"我射得太高了;我必须瞄得低一点"。

6. 内省主义者认为行为主义者难以对付的"记忆"问题,仅仅是早期具有的动作习惯的相应言语化。在行为主义者看来,记忆是过去所具有的肢体组织、言语组织和内脏组织的显示。

我认为,当主观心理学家(subjective psychologists)在身体组织的整个过程中给予言语化一个应有的位置时,他们将会承认,"意识"只是一种用语,对解释内外客体的活动给予通俗的或文学的描述;"内省"是一个更窄的流行词,描述了一个更为棘手的活动,那就是表示正在发生的组织变化,例如,肌肉的活动、肌腱的反应、腺体的分泌、呼吸活动、循环系统的变化等。在行为主义者看来,它们不过是一些文学式的表达。

我们可以不用词语而思维吗?

行为主义者的思想之所以不能完全被人们采纳,其中一个很大的阻碍就是人们通常都以为,在行为主义者的思维理论中我们只可以用词语来思维,也就是说,思维只是言语器官的活动。我的回答是:是的,或者说,是根据条件作用的词语替代来思维,诸如耸肩或在眼睑、眼的肌肉甚至视网膜中发现的其他一些身体反应(当然,我认为"表象"[image],就是那些对不在眼前之客体的幽灵般的记忆画面,应该从心理学中消除出去)。这些条件作用的替代物代表了在所有初始学习(original learning)中的简短快速的过程。

不过现在我想再提出一点意见。我之前在国际心理学和哲学会议上所讲的论文忽略了一些内容,我现在想作一补充。那就是:只要个体在思维,他的整个身体组织就处于工作状态(内隐的)——即使最后的解决方法可能是说、写或无声的言语等表达方式。换言之,从个体通过他所处的环境进行思维的那一刻起,最终

第十一章 我们总是用言语来思维吗？

的适应活动就已经被引起了。有时候,活动的发生依据是(1)内隐的肢体组织;更为经常依据的是(2)内隐的言语组织;有时依据是(3)内隐的(或外显的)内脏组织。如果(1)或(3)占优势,那么不用词语就可以思维。

我在这里列的图表22是对图表21的一个详尽分析。它是我目前对思维的较为清晰的认识。在这个图示中,我认为整个身体都会被同时组织起来,以对一系列客体产生反应、肢体的反应、言语的反应以及内脏的反应(参见图18)。我进一步认为,其中一个客体,即最初的那个S_1,一旦开始,就使得身体开始对问题进行思维操作。现实中的客体可能是一个人问个体一个问题(例如,以我在前面章节中问到的问题为例——"X会放弃目前的工作而成为Y的合伙人吗?")。假设整个世界都不理会他,他不得不考虑通过思维以解决问题。

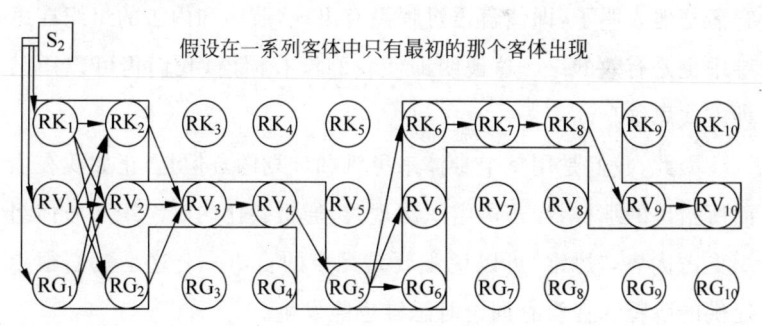

图22:表示行为主义者的思维理论。有时,我们同时运用肢体的、言语的和内脏组织来进行思维。有时,只运用言语组织,有时,只运用内脏组织,而在其他时候,只有肢体组织参与思维。在这个图示中,参与整个思维过程的组织被两道连续的线条标记起来了。

请注意，RK_1 可以引起 RK_2、RV_2、RG_2；RV_1 可以引起 RK_2、RV_2、RG_2；RG_1 可以引起 RK_2，RV_2 和 RG_2；它们都能分别作为 S_2 的动觉、喉结或内脏反应的替代物。S_2 是一系列客体中最初产生组织的下一个真正的客体。请注意，根据图示，思维活动可以不用词语而进行相当长一段时间。如果在这个过程的任何一步中，RV 组织都没有出现，思维就可以在没有词语的情况下继续持续下去。

在某一持续时间内的思维活动可以是动觉的、言语的或情绪的，这种看法似乎是合理的。如果动觉组织受到阻碍或缺乏，那么言语过程就起作用。如果两个组织都受到阻碍，情绪组织就占据优势。然而，基于假设，我们认为，如果一个人产生的最终反应或适应必然是言语的（包括无声的）。将这个最终的言语行为称作判断（judgment）最合适不过了。

这些讨论展示了一个人的整体组织是怎样进入思维过程的。它清楚地表明了，即使言语过程没有出现，肢体和内脏的组织在思维中也是有效的——这说明即使我们没有词语，我们仍可以用某种方式思维！

因此，我们是用整个身体来思维和计划的。但是，正如我在上面所指出的那样，当言语组织出现时，通常会比内脏组织和肢体组织更占优势，"思维"可以说主要是无声的言语——这是我们很想提供的解释。在没有词语时思维也能发生。

本章帮助我们将那些以前被割裂研究的人类组织再次整合在一起研究了。我们必须剖析人以服务于教学。在下一章也即最后一章，关于人格，我们要将一个人各方面的行为完全地整合起来，并将人看作一架复杂的、运行着的、有机的机器。

第十二章　人格

——提出我们的人格只是习惯之产物的观点

行为主义者所谓的人格意指什么？在这一章,让我们试着把人当作一架准备运行的有机的机器。我们的意思并无任何繁冗之意。试着把四个车轮、轮胎、轴、差速器、发动机和车身组装在一起,我们就能得到一辆汽车。这辆汽车能够承担特定的职责。基于汽车的构造,我们将它用于不同的工作。如果这是一辆福特汽车,那么它适合于去市场购物,接送客人,在崎岖的路面上行使,在阴雨天气中行驶。如果是一部劳斯莱斯汽车,那么它适合兜风,拜访一些社会阶层比较高的人,给贫穷的人传递车主是富人的信息。对于一个人来说,也是一样的,一个叫作约翰·杜(John Doe)的人,他的相关部件是头、手臂、手、躯体、腿、脚、脚趾、神经、肌肉以及腺体系统等。他没有受过教育,现在也因为年纪太大无法接受教育了,但是他仍然能够承担某些工作。他的身体强壮得像一头骡子,能够承担整天的体力劳动。他太笨拙了以至于不会说谎,太刻板因此也不会开玩笑和玩耍。他能胜任的工作是做一名清洁工、挖掘工或伐木工。一个叫威廉·威尔金斯(William Wilkins)的人,有着同样的身体部件,但是他相貌堂堂,受过教育,精于人情世故,喜欢交际,又曾经到各处旅游,因此他适合在更多的情境中工作——作为一名外交人员、政治人物或房地产交易人员。但是威尔金斯从小就爱说谎,因此别人不会将重要的位置托付于他。他过于自私,别人也很难拥戴他。他常常在午间离岗去打高尔夫球或打桥牌。

机器中的这些差异从何而来?我们在前面讨论本能的时候曾说过,在人这种机器上,凡是健全的个体,所有的人在出生时都是平等的(equal)。这种平等的说法,在美国《独立宣言》中也提到过。尽管这一文件的起草者可能不懂心理学,但他们的说法还是比较合理的。如果能在"平等"这个词之前加上"天生"(at birth)这几个字,那么他们的说法就更完美了。我们每个人,之所以有人成为伐木工,或水利工,或外交家,或小偷,或成功的商人,或著名的科学家,那实在都是生下来之后的原因所造成的。在1776年主张美国独立的人,就不曾注意到这一事实,那就是,大凡四十岁的人所经历过的环境都是不相同的,因此神并不能够使他们平等。

要想研究一个人的人格——知道他适合做什么,不适合做什么或者什么不适合他——我们必须在他参与日常复杂活动的时候,对其进行观察;这种观察不是只观察某一瞬间,而是每个星期、每一年的长期观察,观察他在压力下、诱惑中、在物质条件丰富或贫乏的条件下,他所有的行为。换言之,为了详细描述一个人的人格,我们应该把他召集来,给他安排一些任务清单,让他在工作场所里经受所有可能的测试,从而知道他是哪一种类型的人——他是哪一种类型的机器。

我们所说的要将他放在我们所生活的世界中是什么意思呢?我们想要回答这些问题:约翰·杜有哪些工作习惯?他是哪种类

型的丈夫？哪种类型的父亲？他对下属的行为如何？对他的上司又如何？他在工作团队中对同伴或同事的言行举止如何？他是一个有原则的人，还是在星期天唱赞美诗假装虔诚，而在星期一又握紧拳头、不讲道义的商人？他的教养如何，在他成长的学校里，或在他所游览的一个国家里是否形成了不讲礼貌的习气？在朋友危急的时候，他是否是一个值得信赖的朋友？他会努力工作吗？他快乐吗？他会自责吗？

行为主义者通常对个体的道德（morals）并不感兴趣，除非他作为一名科学家要研究道德。实际上，行为主义也不关心个体是哪种类型的人。但是无论什么时候，只要社会有需要做此类分析工作，他都必须去研究所有的人。作为一个有科学思想的研究者，行为主义者想要回答的问题，不仅是上述问题，还包括其他所有可以询问约翰·杜的问题。这也是行为主义者的科学工作想要展示的：一个人适合做什么，并且能够预测一个人未来的能力，以便在社会需要的时候提供服务。

关于人格的分析

为了使大家清楚地了解行为主义者所使用的"人格"，我再具体解释一下。你还记得我在第四章中介绍的动作流吗？我认为，婴儿在出生以及成长过程中的行为大致都是从非习得行为发展而来的。我也指出，大部分非习得行为在出生后很快就会被条件化。在此之后，每一个非习得的单元都会发展成为一个相当广泛的系统。在动作流的图表中，我们勾勒了一些线条以便展示可能发生的事情。

现在，假设有一张足够复杂的动作流图表能够表明一个人从幼年到24岁整个过程中的每一个行为组织。为讨论起见，我们暂且假设行为主义者在实验室观察研究了个体从幼年到24岁的整个生活过程，因此行为主义者对于个体所做的所有事情都绘制了习惯的曲线。那么，如果他绘制了你在24岁时活动的横截面，他就能够把你可以做的每一件事情都弄清楚。他会了解到，这些动作都是互相关联的——都是围绕着同样的东西发展起来的，如家庭、教会、网球、制鞋，等等。我们现在且举一个制鞋这种动作习惯系统为例。

制鞋，在过去的时候，第一步是饲养牲畜，然后宰杀它们，把兽皮送到制革工场。在制革工场，工坊地上有一个大缸，缸里装满水，水里加入某种腐蚀物质。然后把兽皮放入缸内，从而去掉皮上的毛发。毛发去掉之后开始染色。染色所用的物品是用橡树树皮里产生的鞣酸兑水而成。染色之后，要将兽皮洗刷干净再拿去烘干，并经历一些其他的化学变化。等到皮革制成之后，需要制造鞋子的模型。接着是皮革的切割和在模型上定型。然后再为这些蒙在鞋子模型上的皮革缝上鞋底。在我祖父家那个地方曾经有一个人，他对这一操作过程了如指掌，而且能够准确熟练地完成。与制鞋有关的所有活动，我们在这里称为"制鞋的习惯系统"（当然，由于制鞋技艺的特殊性，这一习惯活动每隔10年都会有所变化）。这种制鞋的习惯系统是由许多单独的动作构成的，你应该很容易能够理解，如果我们把那个系统分解成独立的活动，我们需要在图表中标明许多个区域，以便能够描述制鞋这个行为组织。为了使我们的图表更加完善，并且能够帮助我们预测一个人制鞋活动的

第十二章 人格

未来行为,我们应该标明每个习惯开始形成的年代和从那时起到现在的整个历史。这个研究将为我提供个体形成制鞋习惯的全部历史。

现在,让我们转向另外一个复杂的习惯系统。在谈论一个人的人格时,我们经常听到评价某个人的话是:"他是一名虔诚的基督徒。"这句话是什么意思呢?它的意思是:这个人每个星期天都会去教堂,每天阅读圣经,在桌旁祷告,希望妻子和孩子和他一起去教堂,也试图让邻居成为一个信仰宗教的人;同时他还参与很多基督教的活动。现在我们把所有这些独立的活动汇总到一起,其称之为一个人的宗教习惯系统。现在,组成这一系统的每个独立活动都可以追溯至一个人的过去,以及从那时起截至24岁这一整个历史过程。举例来说,在他两岁半的时候,他知道了小孩子的祷告词:"现在,我要躺下睡觉了。"这一习惯在6岁的时候消失了,接着出现了主祷文(Lord's Prayer)。后来,如果他接受主教派信仰(Episcopal faith),他就会阅读固定的祈祷文。如果他是一个浸信会教徒(Baptist)、卫理公会教徒(Methodist)或是长老会教徒(Presbyterian)的话,他就会有自己的祈祷文。18岁的时候,他开始在某些公众演讲的组织"领导"祈祷会。在4岁时,他开始看圣经中的图片,阅读和被告知一些圣经故事。这时候,他开始去主日学校(Sunday School),背诵圣经中的某些细节。不久之后,他就能够完全阅读圣经并记住整本书了。总而言之,如果我们要把这个人的所有宗教的习惯组织,其中含有的单独动作都列举出来,并将它们的发现日期和发展历史都追寻出来,那实在是一种太复杂的工作,我们现在还无法做到。

274 　迄今为止，我们详细讨论了两种习惯系统，但是在 24 岁这个横截面上，其实有数以千计这样的系统。这些习惯系统，有些我们已经熟悉了，比如婚姻的习惯系统、为人父母的习惯系统、公众演讲的习惯系统、渊博思想家的思维习惯系统、饮食的习惯系统、恐惧的习惯系统、爱的习惯系统、愤怒的习惯系统等。这样列举习惯系统当然是比较粗略的，这些系统显然还能够再细分为很多更小的系统，但即使是这样的列举，也应该足以帮助大家理解我们所要表达的事实。我们现在用一张图表把所有事实集中到一起(见图 23)。

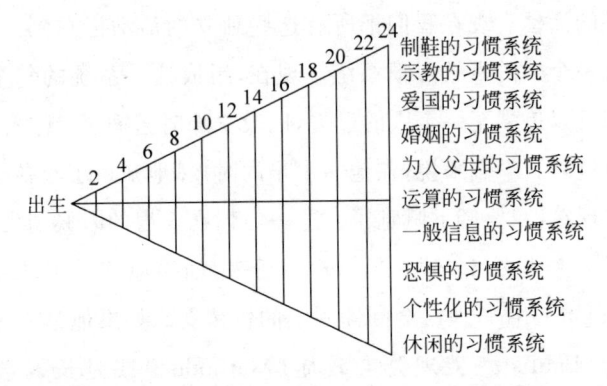

图 23：表示行为主义者所谓的"人格"及其发展的情况。在理解本图时，请联系第六章的动作流。本图的主要思想是，人格由占支配地位的习惯所构成。24 岁这一横截面上所显示的人格仅仅是一小部分，实际上有许多习惯系统。请注意，24 岁的横截面把制鞋视作是一种占支配地位的职业性习惯系统，而制鞋的习惯系统是由 A、B、C、D 等各自独立的习惯所构成。所有这些独立的习惯都置于不同的年龄。其他一些习惯系统，诸如宗教的习惯系统、爱国的习惯系统等，也将具有类似的发展路线，从个体的婴儿期开始，经历幼年期、青年期，才能完成。为了表达清晰的缘故，我们将其省略了。

第十二章 人格

以上这些关于人类动作的探讨,使得我们可以得到一个有关人格的客观而清晰的描述。人格就是一切动作的总和,这些动作,只要我们有足够长时间的观察,就能够得出可靠的信息。也就是说,人格只是我们所有的各种习惯系统的最终产物。至于研究人格的方法,就是设法将动作流切断而去观察其横截面。然而,我们的人格,虽然是由全部动作所构成的,但是在所有的活动中有占优势的习惯系统,在肢体习惯中(如职业上的习惯)、在喉结习惯中(如喜欢说话的,善于讲故事的人,或者寡言的思想家)以及内脏习惯中(害怕别人、羞愧、易怒、需要别人关爱等我们称之为情绪的东西)都有占据优势的系统。这些优势系统显而易见,很容易观察。许多人能够快速判断别人的人格,大多是根据这种优势习惯系统完成的。我们对人格进行分类,也是以优势习惯系统为基础。

许多人都觉得人格这个词有神秘的成分,现在我们试图将人格还原为可以看得见和客观观察的东西,这可能与人格这个词所包含的情感性内容不太一致。如果我没有给人格下定义,而是仅仅列出人格的特点,例如说:"他有一种做领袖的人格","她有一种使人开心,吸引人的人格","他有一种令人讨厌的人格"。但是所谓做领袖的人格,究竟是什么意思呢?是说那个人的话语之间有一种权威的气势,他的体格比别人强壮,他的身高比一般人高吗?

另外一种因素,我们在图表中没有显示出来,那就是——人格的评定(personality judgments)。人格评定通常不是完全根据个体的动作图来完成的。假如个体人格的研究者在研究的时候完全没有偏见,不会受到自己已经获得的习惯系统的影响,那么他一定能够客观地评定他人的人格。但是我们几乎没有人能够做到完全不带有偏见。我们在评定别人人格的时候都会受到过去所获得的习惯系统和自身人格的影响。我们来进一步看一下"领袖的人格"。在目前抚养儿童的习惯方法下,父亲通常会表现出他是一个体格强壮、能量巨大,或是超过人类的野兽,大家都要服从他,否则就会受到惩罚。因此,在这种状况下长大的人,在遇到和他父亲一样的人走近房间的时候,他很容易被他的"魅力"所折服。这种一个人受到另一个人的魅力所影响的情况,在行为主义者看来,并没有什么深奥的意义,它只是表明了一个事实:那个在行为上和父亲相似的人,还具有父亲的魅力,足以使我们在他的行为之下表现得像个孩子。这是我们对于所谓"领袖的人格"这种评定的解释。其他人格的评定,我们自然也可以做出如此的解释,从而发现其真正的样子。

在上述对于人格的介绍之后,我想有一点会变得越来越清晰,即我们所处的情境总是在支配我们,并且不断唤起这些强有力的习惯系统中的一种或另一种。例如,田里务农的农夫,在听到纪念基督的祈祷的钟声时,就要停止手头的工作,阻止肢体习惯系统的活动并暂时将自身置于宗教习惯系统的支配之下。概括来讲,我之为我总是受情境所影响的——在牧师和父母面前,我们是一个品行端正的人;在女性面前,我们是一个英雄气概十足的人;在一个团体里是滴酒不沾的人,在另一个团体又是很喜欢喝酒的人。

在动作流中,还有一点没有体现出来——这一点也是非常重要的。那就是,我们的习惯系统由许多习惯构成,在这其中难免会发生冲突。也就是说,多少会有一些刺激是在同一组肌肉或腺体上唤起或半唤起两种相反的动作。如果出现这样的情况,那么导

第十二章 人格

致的结果就是不发生动作或发出迟疑不决的动作,或发出颤抖的动作。这还只是动作上暂时冲突的情况。还有些情形,这种冲突的状态差不多可能是永久性的。这种永久冲突的情形是非常严重的,往往会导致一个人出现精神疾病。这一点我们在后面还会讲到。

对于在习惯系统上完全没有冲突现象的人,当他遇到一个要求其某个习惯系统的活动占据优势的情境时,他的整个身体都会启动。在正要发生的动作上未被使用的横纹肌和无纹肌产生张力,使得身体肌肉上的紧张状态得以释放。因此,所有的肌肉紧张状态得以解除,目的是要使全身所有的横纹肌、无纹肌和腺体都有产生活动的自由,从而使得在这个时候需要发生作用的习惯系统,能够从容的做出活动。这个时候,虽然全身的运动器官都在松弛状态下,却只有被需要的那一个习惯系统才能够充分活动。这样,发生动作的那个人,整个人就变成了"富有表达性"的了,他的整个人格,借助他的活动,也变得"独占式的"了。

习惯系统占优势的说法,或是只有一个习惯系统能够充分活动的说法,使得行为主义者的心理学中完全不需要注意这个术语。"注意"的意思仅仅只是说:有一个习惯系统,无论是语言的习惯系统,还是肢体的习惯系统或是内脏的习惯系统,是会完全占据优势的。至于所谓"注意的分散"(distraction of attention),只是说明这样一个事实:一个人所处的情境并不会立刻使他的一个习惯系统发生占据优势的活动,而是先使这个习惯系统发生活动,接着又使别的习惯系统发生活动而已。也就是说,当一个人正在做一件事情时,有另外一个刺激来影响他,使他的另一个习惯系统处于半活动的状态。这就导致各组肌肉的应用出现一种冲突的情形。这种冲突情形的结果就是语言动作上的摸索状态,肢体动作上的摸索状态,或者也可以表现为释放出来的肌肉活动的能量并不充足。例如,当你正要跳高的时候,你的同学嘲笑你;当你正手握高尔夫球杆,试图固定身体姿势而不再晃动的时候,有人在旁边说话;当你考虑问题陷入沉思时,水开始溢出浴缸——在这些情形中,你的动作受到阻碍,甚至前功尽弃。这种有两种或三种(有时是综合的)习惯系统互相争夺优势支配的事例有很多。因此,行为主义者认为"注意"这个词在心理学中毫无价值,我们应该将此神秘置于心理学术语之外,它只是我们无法冷静思考的时候的一种说辞。当然,我们总是喜欢保留这一神秘感以便不时之需——在我们去掉神秘感觉得不舒服的时候,再次把它拿来使用。

如何研究人格

青年时期的人格变化很快:如果人格这种东西只是一个人所有的全部习惯组织在某一时期的横截面,那么你显然会看见它一定是每天至少都有一点变化的——不过这种变动并不是非常快的,因此我们在各个时期都可以找到一个清楚分明的图形。在一个人的一生中,人格变化比较快的时期是在青年时期。在这个时期,各种习惯模式都正在形成、成熟和变化中。从15岁到18岁,一个女性从儿童变成了妇女。在15岁的时候,她还只是一般男孩或女孩的玩伴。到了18岁,她便变成为男人所追求的性的对象了。在30岁以后,人格变化非常慢,从我们研究习惯形成的资料中来看,这段时间大多数个体安于过一种平凡的生活,除非受到一个新的环境的持续刺激,否则其习惯模式会相对稳定。如果你对一个普通的30岁的个体有一个充分的观察,那么你将会发现,他们在往后的岁月中只有极少的变化——像大多数人一样生活。一个大声聊天、爱讲闲话、与他人不和、幸灾乐祸的30岁妇女,将在40岁,甚至60岁都是这样,除非奇迹出现。

研究人格的各类方法

许多人在判断别人的人格时,他们都还没有对其要评判的个体做过实际的研究。当然,在快速发展的生活中,我们往往需要快速作出判断。但是我们却养成了只作表面判断的习惯,而且结果往往对别人造成严重的伤害。有时候,我们因为自己能够快速判断人格而颇为骄傲。我们也为自己能够一眼就知道喜欢或不喜欢一个人以及永远不会改变我们的判断而自豪。这往往意味着,以这种表面观察为基础的人会做出一两个与个体特殊的倾向性或爱好不一致的判断。因为我们关于人格的判断根本不是真实的结论,而只是对我们自己永远不会发生冲突的讨厌之物的一种展示。真正的人格观察家会使自己尽量避免表象的影响,而用一种客观的方法去观察其他人。

假如我们都是认真的人格观察家,假如我们能够很好地从直觉中跳脱出来,并真正去寻求对个体人格的正确评价,那么我们应该怎样来获取这一信息呢?这里有一些可供大家选择的方法:(1)研究个体的教育经历;(2)研究个体的成就;(3)运用心理测验;(4)研究个体的业余时间和休闲活动;(5)研究个体在日常生活情境中的情绪形成。这些研究都是比较麻烦的。要研究个体的行为和心理的构造是没有捷径的。在心理学领域中有各种各样的骗子,他们相信有捷径,但是他们的方法无法获得任何有效的结果。

现在,我们来看看上述研究人格的各类方法。这里虽然我们已经提出了一些方法,但也不是说我们对研究人格已经有了明确的科学的方法。这只是根据实践而来的符合常识的客观方法而已。

(1) 研究个体的教育经历:通过研究个体受教育的情形,我们可以获得关于他人格的很多资料。我们可以了解到:他是否读完了小学?或者是在12岁时中途退学?他为什么退学?是因为经济的压力?还是因为寻求冒险?他是否高中毕业?他是否继续攻读大学直到毕业?这都说明了他的工作习惯如何,即便不能说明他的智力,但至少表明他有毅力。因为现在的大学学业就像赛跑一样——如果你已经开始了,那就必须坚持到底。我一直认为,一个人的工作习惯就是其所具有的配置的一部分,而这一部分,我可以看出他是曾经上过大学而没有顺利毕业的。我认为大学是使人成长的地方——是把家庭里的习惯解除的地方;是使人学会友爱态度的地方;是使人学会社交手段的地方;是使人学会穿戴整齐、表现得干净整洁的地方;是使人学会在女士或男士面前表现优雅的地方——总而言之,大学是使人学习如何使用和学到如何思维的地方。如果大学无法使我们做到上述所言之种种,那它实在是太失败了。对于在大学中所获得的肢体的和语言的习惯,很少是我们能够保持以终生不忘的。我曾经在大学中读过四年书。在四年中,我都在学习拉丁文和希腊文。可是现在,希腊文的字母我都不会写了，也无法靠阅读色诺芬（Xenophon）的《远征记》（Anabasis）。如果我的日常生计的问题都要靠我去读维吉尔的书或者恺撒（Caesar）的《评注》（Commentaries）才能解决，那就麻烦了。这类书我现在一页都读不了。我也曾经研究过历史，但现在要我列出10位总统的姓名或历史上的重要日子，我也无法完成。同样的，我也没法概述美国的《独立宣言》，或者说出墨西哥战争的概况。

不过，虽然大学有这些我们所说的许多缺点，但是它实际上确实培养了许多人物。他们（在战争中）在事业上都是成功的，没有受到什么挫折，比起那些未曾受过大学教育的人，总是比较成功的，比较没有受到太多挫折的人，在大学中培养出来的人在大体上比较受人欢迎。但是这种说法也有许多例外。因为没有受过大学教育的人也并不总是意味着是莽夫，或是缺乏获得成功的资质。

（2）研究个体的成就：我认为，在判断别人的人格、品格和能力上要依据的一个最重要的因素是这个人的成就史。关于这些成就，我们只要去看那个人在各种职位上的任职时间，以及他的收入在每年的增长情况，就可以客观了解其成就。通常，一个人如果在30岁已经更换了20次工作，而每次更换都没有获得明确的提高，他就有可能在到45岁时再更换20多次工作。如果我拥有一笔不错的商业生意，我不会雇用一位30岁、每年还没有赚或赚到至少5000美元的人来担任要职。我应该有信心地期望这样一个人在40岁时还能赚得更多。我在这里无法提供一种确定的原则——实际上也有例外。但是我可以说，每年职位的提升和每年工资的增涨是个体进步中的重要因素。

同样的道理,如果要判断的人是一名作家,我们就要根据他每年的稿费收入来作判断。如果在各类有名的杂志上,他在30岁时与24岁时获得的稿费相同,那么说明他是一个平庸的作家,他不会成为什么著名作家,而且永远只是那样。在文学和艺术领域,就像做生意一样,如果你想要预言一个有机体的每一个器官是否完好,以及身体器官将来怎样良好地运作,我们就必须依据成就来判断,至于你要依据什么标准来衡量成就,那是可以自由确定的。①

(3) 心理测验作为研究人格的一种方法——自从闵斯特伯格在美国开始研究工作起,心理学目前已如人们所期望的那样获得了很大的成就。以前,心理学上曾经有很多奢望——希望能为美国的实业节省7000万元,希望在选择或激励员工方面提供指导。美国著名的心理学家中,有些就是这样奢望的。但是如今,各种商业组织对于这类奢望已经有所怀疑了,一半是因为那些心理学家

---

① 关于用金钱来计量文学和艺术的价值,伯特兰·罗素(Bertrand Russell)曾有所批评:"如果将这种标准应用到佛教、基督教、伊斯兰教,或者应用到弥尔顿(Milton)和布莱克(Blake),那我们会看到以前那种评估人格价值的方法现在要发生一种有趣的改变。除了上面所说的,在华生的话中,还涉及另外两个伦理准则:一是一个人的杰出之处必定应是容易评定的;二是杰出之处必定是符合法律的。如果根据物理学的理论推演出伦理学上的准则,则这两点确实都可以推导出来。不过我是无法认同的。我无法相信一个人的德行和他的收入成比例,也无法相信一个人不合群都是他的过错。当然,这都是我的个人观点,更何况我既贫穷,行为又怪癖;但是纵然如此,我的见解并不能因之便不应该表达出来。"[参见罗素1928年出版的《怀疑论集》(Skeptical Essays)的第96页]

我想罗素先生所讲的有些是很有道理的。现如今,把各种价值都化为金钱的标准实在是太不好了。不过我敢说,那些从事写作、绘画或歌唱的人,都还会把能够交易的东西予以标价;而且近十年来,即便我们的作品没有任何进步,但是其所定的价格也是逐渐在增加的。我们的市场大大扩展了——需求量增大了。我们的价格越高,收入也就越多。换言之,我们的作品其实和其他任何商品都是一样论价销售的。

的野心太大,还没有学会爬,就想走了。另一半则是因为要把心理学应用到各种特殊商业上去,还需要长时间的研究才行,可是那些商业组织却不愿意再等了。不过这些商业组织也有问题,这些问题不仅是因为它们不愿意等那些慢工出细活的心理学研究结果,也因为它们不想在心理研究上增加投资。它们愿意无限期地等待化学家和物理学家的研究结果,但他们也期望心理学家能通过一些手法和一些临时的宣言参与进来,并在行业存在的整个过程中,用另外一些方法来解决商业主管不能解决的问题。我认为,心理学在商业上所能作出的贡献显然就是关于选人、用人和激励人的问题,而在解决这些问题的时候,我认为了解人格是最为重要的因素。

目前,心理学在绘制职业习惯的横截面方面已经取得了一些进步。我们能够很快地测试一个人的算术能力,大体的知识范围,是否懂拉丁语和希腊文;一个女性能否在 1 分钟内速记 60 个字,能否 1 分钟写 100 个字,能否连续写 40 分钟而没有错误;一个人能否驾驶汽车通过弯曲的道路而没有撞到标杆或其他汽车等等。许多不同的职业测试正处于日益完善的过程中。①

但是,我们必须认识到,各种职业测验的结果,只能表明个体在一定时间内完成一些事情,其所犯错误的数量是一定的而已,也就是说,职业测验只能表现出一个人的单一能力。但这种单一的能力对一个人的系统的工作习惯并没有代表性。例如,一个人在

---

① 关于心理测验的价值,约翰逊(H. M. Johnson)曾提出一个颇值得注意的警告,参见他在 1929 年 12 月在《论坛》(Forum)杂志上发表的《心理测验中的科学与巫术》(Science and Sorcery in Mental Tests)。

饥饿的时候,在没有地方住的时候,他的工作效率会很高——他在吃饱了之后以及有地方住之后,是否工作效率还是很高呢?他是不是有很多私事,使得他时常要看手表呢?有许多人是这样的。对于这些人,九点上班实在是太早了,五点才下班又觉得太晚了。我曾经写过一篇关于挑选员工的短文,那时我是这样写的:如果我不得不根据一个特点来选人的话,我所要根据的特点一定是工作习惯——热爱工作,愿意承担超负荷工作,能加班,在工作完成之后会清理工作场所。这样一些习惯,我觉得必须在个体很小的时候就要训练才能够形成,否则就无法再培养了。迄今为止,还没有心理测验能够将个体这些优势和劣势测试出来。

(4)研究个体的业余时间和休闲活动:每个人都有一些娱乐或消遣的方式。有些人的娱乐是读书,有些人是游戏,有些人是运动。但也有些人热衷于性、酒精、飞车;有些人喜欢和家人待在一起;也有些人以工作为乐,这种人很少,所以每当有这样的事报纸就会大肆报道——不过这种宣扬以工作为乐的报道,往往是"言过其实"的,就如以前报道马克·吐温逝世的消息那样。

我认为户外运动和其他类型的娱乐活动很能够表现一个人的人格。我认为某些类型的户外游戏,应该视为一个人所特有的资产,而另外一些运动,则可以看作是令人困扰的债务。热衷于飞车的人,往往会导致事故;色情狂往往会遇到许多不能解决的纠纷;有酒瘾的人则往往会引起身体损伤,无法工作,并最终导致疾病。

至于其他类型的户外游戏,则会使人身体舒适,使人在竞争中更加敏锐,使人在合作中发挥应有的作用。我在考核别人的成绩时,如果有人在某种户外游戏的水平上高于常人,我往往总是给他较高的成绩。至于这种户外游戏是哪个类型,无论是打高尔夫球、打网球、划船、捕鱼、打猎、拳击或跑步,那并不重要。

室内游戏也很重要,如玩牌、下棋、跳舞、唱歌和弹奏乐器等。我认为,一个人如果学不会一种娱乐活动,那他赚钱和找工作的能力也不会太好。同样,如果一个人缺乏友爱的态度,难以与人和睦相处,那么他也很难学好各种户外游戏活动。所以请各位暂且认可这种观点:户外游戏和其他类型的娱乐,大致都是能够展现一个人的人格的。因此一个人在户外游戏和其他类型的娱乐上的成绩,也就值得我们开展研究了。

(5)在实际条件下研究个体的情绪形成:前面所述的几种研究都难以展现个体人格的全部状态。一个人可能工作习惯良好,肢体的和语言的习惯都很好,但他也可能是一个令人讨厌的人,在宴会上,在高尔夫球场上,在旅行中不受欢迎;他可能是一个卑鄙的、吝啬的、不友善的、傲慢地对待别人的人——他可能是一个不好相处或不好亲近的人。我的意思是,某些人在情绪方面没有得到足够的发展。他们是情绪的失败者。我们只要进行观察就能够了解这一现象。如果我们没有十足的勇气去邀请这个人到家里来做观察,或去他的家中观察,那么我们只好从侧面了解。我们可以去了解他有多少朋友,可以去看他和别人友谊的持续时间。如果他的朋友不多,与别人的友谊也不长久,那我们大概可以判断:他是一个不好相处的人——不论他的工作做得多好。但是,即便一个人在情绪方面的习惯培养得很好,我们也不能因此就说他在商业或别的职业上一定会成功。我们不是也经常会听到"他是个愚蠢的人,但上帝就是喜欢他"这样的话吗?但即便如此,一个人的工作习惯和成就，我们通常都会将其与情绪的情形结合起来看。

在判断人格时，我们很难了解到个体的说谎的习惯、诚实的习惯和其他所谓的道德品质。除非我们能够去了解他的历史以及细致的研究其生活，没有什么更好的办法。但是我们要去了解他的历史以及细致地研究其生活，又只有从他的朋友那里去做许多的观察工作，耗费很长的时间才行。如果人们总是在信件中诚实地评价他人，那么我们判断这个人的情绪习惯就比较容易而且可靠。但是我们大多数都很缺乏勇气，总是不肯书写诚实的信件，平常的推荐信就很少有靠得住的。因此，除非我们能够建立一所学校，让一个人在其中被我们细致地观察，否则恐怕我们永远都不能对其人格的情绪方面作出有价值的判断——所谓人格的情绪方面，就是一个人所具有的与他人相处的能力；他在劳动强度大的情况下工作效率高，还是在劳动强度小的情况下工作效率高；他是独自工作时状态比较好，还是和团队工作时比较好；他的工作习惯是不是懒散的呢；他能够将工作做好，或者只是把不适应工作的地方隐藏起来而已；他的工作是在鼓励的情况下做得好，还是在批评的情况下做得好；等等。即使我们知道一个人的智力很好（就是指个体具有良好的肢体习惯和语言组织而已），但他在一生之中往往还是会遇到失业的时候。这是为什么？大概是因为他在内脏方面缺乏好的习惯组织——也就是说，他缺乏平复情绪的训练。如果我用你们常用的一些词汇，你们会更好理解。例如，他是一个"敏感的"人、"易怒的"人、"粗暴的"人、"报复心重的"人、"专横的"人、"孤独的"人、"孤傲的"人、"傲慢的"人、"不愿接受批评的"人，等等。这些情绪因素，如果我们要找出来，那么我们必须将具有这些情绪因素的人置于某种情境中才可以,如同我们前面所述的研究婴儿那样。这些情绪实际上就是婴儿时期缺乏组织的反应类型——是从婴儿时期一直遗留下来的东西。不过所谓要将个体置于某种情境,这里的情境,如果在日常的研究中,即使经过了一个星期或一个月的时间,它们自然出现的机会还是很少。所以我们要观察个体,还是要经过很长的时间。我觉得如今的各类商业组织已经多少明白这一点了,并且对要从事该行业的人,也比以前更多一些实践训练了,包括那种大规模的轮岗。

人格研究是否有捷径

我们能否通过与被试的访谈来了解其人格?通过访谈,我们能够稍微了解个体的一些情况。然而,要想从访谈中了解一个人的人格情况,需要将访谈的范围加以扩展,应该开展不止一次访谈,而且不止一个访谈者。在访谈期间,观察者需要注意和利用许多细节。观察一个人的声音、姿势、步态和神色,在我看来都是相当重要的。你只要访谈过一个人,你就能够根据上述方面,知道他是否受过教育,是否有良好的举止。有的人进来访谈室还戴着帽子,嘴里叼着香烟;有的人会惊慌得说不出话来;也有的人会自夸,以至于你想立刻远离他。

另外,衣着在许多方面也反映了一个人的行为,显示他是否有良好的卫生习惯。如果他的衣领很脏,如果他的手腕上满是污垢,我们就有相当的证据认为他是一个举止不文雅、不整洁的人。但是在私人访谈中,我们无法知道一个人的工作习惯和诚实与否,他是否坚持原则以及能力如何等情况。要解决这些问题,正如我前面提出的,我们必须追溯一个人的生活经历。

为什么业务经理和民众普遍认为他们能够判断别人的人格呢？大多可能都是自以为是吧,其实他们还不行。但是虽然他们并不能够准确判断别人的人格,为何他们所做的判断,能够混淆视听呢？这是因为他们所做的观察,其缺陷不易被发现。例如,现在有人要到你那里找工作,找一份办公室文秘工作或是其他一些不需要特殊的专业能力的工作,如打字或速记(在这些事上,有缺点都是比较容易发现的)之类的,那么假如你蒙住眼睛来挑选,选择到一个合适的人的正确率有50%,或稍高些。现在很多公司要求的工作效率都不是很高,如果稍微定的高一些,那么很多人是无法胜任的,因为工作效率要求定的比较低,因此能力比较低的人也可以做。所以那些自以为能够判断别人人格的人,他们所做的观察,即使有可能犯错的缺陷,也不容易注意到。不过,如果公司经理是精明能干的人,那么在面试的时候,通过试探性的问题,然后留心应聘者的回答,那么从这些回答中,则可以较多的了解他们的情况。然而,如今那些选择人才的办法,即使是做的最好的,也不比随便选的要好多少,这也是为什么有些心理学骗子那么容易蒙混过关的原因。

成人人格的一些弱点

在人性中有许多弱点。因为数量很多,所以我们无从知晓该从哪个角度把主要的弱点列举出来。事实上,一个人越是密切地观察人类生活,就越能得出这样一个观点:看来最有实力的东西恰恰是一个人的主要弱点。现在我们把人格的弱点分为以下几类:

(1)我们的自卑;(2)我们易受奉承;(3)我们为成为国王和王后而不断奋争;以及(4)幼年时期的遗留物。

(1) 我们的自卑——关于个体将自卑组织起来成为现在各种习惯系统的经过,这里不再赘述。精神分析学家已经对此做过了分析。尽管如此,我们还是要用科学的术语来表述这些事实。我们大多数人已经形成了一组掩盖、隐藏自卑的反应。羞怯(shyness)就是其中之一,沉默(silence)也是其中之一,还有发脾气,以及对社会问题或道德问题抱以激进的主张,这也是常见的反应。自私自利的人总是说着反对自私自利的话,以遮掩他的自私——贪污的人也时常唱着廉洁的调子。平常最容易受到引诱的人,总是最大声地宣称其道德和行为水准依据某种规章制度。拙劣的人,因为过于拙劣的缘故,实在很需要这些遮掩之词来支撑他的门面。比较好的例子就是,肾亏阳痿的人总是吹嘘他们的性能力。

类似的,我们组织了一些别的习惯系统来遮掩身体上的自卑。个子矮小的人经常大声地说话,穿着大胆,趾高气扬,行为激进。为了引人注意,他必须以不同寻常的方法来表现自己。女性在有一些自卑的时候,会培养别的优点来掩盖这种自卑。她们的外表也许并不漂亮,但她们的身材却很优美;她们的手臂可能很笨拙,但她们的腿却是艺术家所欣赏的。假如在生理上没有优势——她们就求助于时尚。当太胖而不能保持风度时,她们就坐漂亮的汽车,戴耀眼的珠宝,住好房子。

然而,无论如何,大多数人都不能永远掩盖其自卑——即便是那些精神分析学家也不能。我有许多朋友都是精神分析学家。当他们的理论遭到攻击,或者当有人说他们不是好的精神分析学者的时候,他们一样会感到很愤怒。有人例外吗?无论哪一个人,当他们大肆宣扬自己好的一面时,我去问他原因,他总是表现出一种幽默的样子来——这种样子,至少从他的外表来看,是承认他在那个时候需要吹牛或者卖弄一下个人的优点,这就像一个婴儿在某些时候也是很需要他的奶瓶一样。这种情况,精神分析学家认为这是一个人的"自我"(ego)的表达。其实并不是。在我看来,这些所谓的"补偿"动作是一个人具有的有组织的习惯系统,是早在母亲膝盖上时就已形成了。我们大概都曾对自己的孩子说过,你是聪明伶俐的孩子,比邻居的孩子要聪明。我们又宠爱自己的孩子,并且十分宠爱。这就种下了孩子骄傲的基础。而且作为父母,自身还要掩盖一些自卑,这会更加促使孩子的补偿动作的养成。做母亲的人,她自己的孩子无论怎样矮胖,当别人来的时候,她肯定会在自己宝贝身上发现长处。如果她孩子的脚很粗大,那么也许她孩子的手小而美,那么她就会提起孩子的手的优点。因此,孩子从她父母那里听到的全都是称赞的部分而没有一点不好的。这样,一个人就形成了一种关于她的资源的语言组织——就是她能够说出她的长处——却不会谈论她的短处。

(2)我们易受奉承:通过观察男性和女性的人格使我们觉得在我们的"盔甲"中总是有弱点的。如果我不得不给你提供一个武器,以帮助你去刺破别人的"盔甲"的话,我所要提供的武器一定是奉承。不过现如今,奉承已然是一门艺术了。只有在奉承学校毕业的人才能够尝试使用它。我在前面已经讲过,许多人都有一组占优势的习惯系统。可能是宗教的习惯系统、道德习惯系统、职业习惯系统或艺术习惯系统,等等。如果有一个人时常被另一个人所恭维,说他在这些习惯系统上有很好的造诣,则后者接近前者的成功率很高。有时只是5分钟的谈话就可以看出一个人占优势的习惯系统。一个反对吸烟的人,一个反对饮酒的人,一个鼓吹工作效率的人,一个拜金的人,一个喜欢飞车和玩弄女人的人,都可以通过谈话较快地观察到。在做了很多的观察后,我们觉得,当一个深谙此道的陌生人能够从一般人的弱点着想而去做恭维的工作,使其所恭维的人非常喜欢他,以至于总会说:"他是一个很特别的人,令人愉快,很能吸引人,而且十分聪明。我认为我们应该与他亲近。"

通常,性格弱点是弗洛伊德主义者称作防御机制的东西。例如,A不想伤害任何人的感情。可是结果他不但屈服于金钱,也放弃了原则。他因为胆怯而不敢向别人倾吐心声,所以愿意使自己担负起关心别人、为别人分忧的责任。

任何一个男人或女人会不会因为遵守戒律而恪守信念,会不会因为有了任何终身的信仰而不会受到伤害呢?对这一点我很怀疑。我认为在以往的时代,不受伤害是可能的。但是在今天,习俗被如此普遍地逾越,宗教禁令经常被违背,商业诚信和公平也成了一种法律问题。所以现在无论哪一个人,只要有别人根据我们的弱点趋附我们,而且时间足够长,态度又很坚决,方法也很巧妙,则我们总是有被伤害的可能。这并不是说你和我将会去抢银行、去杀人或强奸女性,或者不怀好意地去利用他人。而是说我们在某些特定的条件下会做出许多所谓的不道德的事情。在商业上或职场中经常会发生这样的事。只要前人对你有帮助,你就会很周到地为他提供应得的利益。他做的事情永远是对的。你支持他,在各种场合支持他。但是当你不断接近他,当你开始与他分享权力的时候,无需交谈,你会发现你的耳朵更能适应犯错误了。当你听到一些不太符合他的人品的话时,你的内脏中产生了一种强烈的变化! 在这件事过去之后,你又遇到他,你开始怀疑你之前的竞争对手,是否无法被一个更低水平的人取而代之。对于这种怀疑,你又从经济上着想而将其合理化了,你以为可以一举两得,既可以增进你的资产清单,又可以稳固你的地位,以防之前的竞争者卷土重来。

我在这里揭示人的本性并没有什么恶意。我只是想告诉你们,在某些情境中,我们的行为方式几乎是自动的。我们中有些人知道自己的弱点,我们也在不断地观察它们。有些人则没有很好地分析过。他们认为这是人类共有的,并且基于此而对弱点予以宽恕。我认为心理学家在人际关系的各个发展阶段能够发挥很大作用。我意译了《圣经》上的一个说法:若想看到别人身上的缺点,唯有先去掉自己身上的缺点。这种说法从心理学上看来,是一条马太福音和路加福音中的那种金科玉律,或者甚至比康德的"普遍论"(Kant's Universal)更能使人从心底里信服的准则。关于"己所不欲,勿施于人"这种金科玉律,我们知道得太少了。我们大多数人在某些方面都是病态的。如果你要以"己所不欲,勿施于人"与他人行事,则你会经常做出不妥当的事情,有时甚至是非常不妥的事! 康德的普遍论也是不稳妥的。"依照准则行事以达成普遍性"这种普遍论的说法,其不妥之处,在于那种永远在变化中的心理世界并没有一种行为准则是具有普遍性的。适合于伊甸园的准则永远不会适合于恺撒时代,也不会适用于1930年。但是如果每个人都能注视他自己的行为方式,那么当他面对激发他行为的真正刺激时,他一定会时常感到惊讶。对恭维话的感受性、自私、回避困境、不愿意揭露或承认缺点、知识的贫乏、嫉妒、害怕竞争,害怕成为替罪羊,为使自己逃脱而把批评强加在别人身上——构成了人性中最令人费解的部分。当一个人真正面对他自己的时候,经常为揭露出来的东西所压倒(虽然并不全然都会)——幼稚的行为,不道德的准则,靠合理化的面纱来掩饰。只有真正勇敢的人才能面对自己毫无掩饰地"灵魂"。

(3) 我们为成为国王和王后而不断奋争:我们大多数人,由于受到父母的培养训练,受到书本的熏陶和伟人传记的影响,每个人都认为成为国王或王后是他不可剥夺的权利。所有历史也都促成我们产生这种见解。国王和王后都能受到爱戴,受人敬重。他们所有的东西都是别人做好的;他们吃的食物比别人要丰盛和美味;他们所住的房屋比别人宏大,比别人更具艺术性;他们在性生活上能够获得更多的满足,比别人更多享受。这些想法许多都是在孩提时代所获得的。这是我们很难将其丢弃的原因之一,而且事实上,我们在后面会提到,我们很难将儿童期的东西完全的丢弃。我们总是试图将孩提时代支配父母的那种支配性带到成人时代。劳工领袖说:"打倒资本家,劳动者站起来",这犹如我们渴望成为国王一样。资本家说,"打倒劳动者",这也是渴望成为国王或觅求国王的王位。任何人都不能反对这种奋争,这是生活的一部分。这类支配性的奋争始终存在,而且还将继续存在下去(直到儿童的教养任务全权交由行为主义者为止)。每个男人都应该成为国王,每个女人都应该成为王后。但是他们必须懂得，他们的领域是有限的。在这个世界上，令人反感的是那些想成为国王和王后、但又不允许其他人努力成为王室成员的人。

（4）婴儿的遗留物是导致不良人格的普遍原因

在婴儿时期和青年早期所养成的种种习惯系统，有许多都会被带到成人时期。这是普遍事实。我们前面所讲的种种人格的弱点只是其中的一些例子。那些被带到成人时期的习惯系统，有许多都是非言语化的——缺乏与习惯系统相伴随的言语及言语的替代物。因为是非言语化的，所以个体无法谈论它们，如果有人说我们把孩子气的行为带到成人时期，我们会否认。但我们虽然要加以否认，可是在遇到适当的情境时，那种孩子气的行为还是会表现出来。那些从幼儿时期带到成人时期的东西，可以说是形成一个健康人格的最严重的障碍。

我们从幼儿时期带到成人时期的那些习惯系统，有一种是我们对家庭中一个或几个成员产生的强烈依恋（积极的条件反射）——母亲、父亲、兄弟、姐妹——或一些在抚养我们的过程中扮演重要角色的人。我们对于物体、地点、故土也往往会产生强烈的依恋。此类习惯系统我们通常称为"恋巢习惯"（nesthabits）。美国南部的人把这种习惯培养得特别牢固。我们常常听到这样的话："我的家族如此如此"，"史密斯一家从来不曾被征服"，"琼斯一族永远不会忘记这种耻辱"。贵族家庭孕育了他们自己的习惯系统。这些习惯嵌入家庭格言和战袍中。由于婚姻往往意味着把一个陌生人带入一个群体中，所以在这个陌生人被妻子或丈夫接受之前，常常会出现很多困难的地方。这就是为什么会有那么多世仇的原因之一。它归于这样一个事实,即你的父母把这些习惯遗留给了你,你的父母同样把它们带给了陌生人,我们这种孩子气的行为便成为一种永久的社会遗传了。民族的习惯系统也是如此在各个民族中形成的,不过其培养的方法并不那么死板。

不过我们现在感兴趣的是个人身上习惯的发展。因此,我们现在要回到个人的身上来。假设在你3岁的时候,你的母亲曾经使你做出下面这些行为。她非常周到地照顾你,使你在家庭中成了一个小天使一样的孩子,你的一言一行在你母亲眼里都是对的。同时也没有人纠正你。你父亲肯定也没让你改正。如果你的保姆责备了你,她还会被责备。3岁之后,你开始上学,但是你在学校里是一个讨人厌的孩子,不久你开始逃学;但是你的母亲总是维护你。你后来又经常偷东西和撒谎,于是你的老师把你送回家,劝你退学。可是你的母亲请了一位家庭教师到家里教你。这位家庭教师是教导你学习了,但是他不能管你,他受你母亲支配。因此,这件事的结果是,你名义上是在读书,可是实际上并没有读什么书。这样的人到处可见。他们没有打破恋巢习惯——遇到家庭对他们的宠爱停止的时候,他们就束手无策了。等到青年时代过去,他们就会出现慢性的精神疾病。

我们应该每年摆脱一些儿童期的习惯,就像蛇蜕皮一样——不过并不完全像蛇一样将它的皮一下子全部蜕去,我们要随着新环境的需要,逐渐摆脱一些孩子气的行为。在3岁的时候,正常的儿童有一个组织良好的3岁人格——一种适合于那个年龄的系统。但是当他步入4岁时,一些3岁的习惯必须丢弃——婴儿般的话语必须放弃,个人习惯必须改变。4岁时,尿床、吮吸拇指、遇到生人怕羞、不能流利地交谈等问题将不再被忽视。裸露的动作也应该放弃。应该教会儿童不能乱闯房间,不能不顾其他人是否在交谈就开始插话。他必须开始自己穿戴,自己洗澡,必要的时候自己在夜间起来上厕所,以及做许多3岁时并不期望他完成的事。

只要我们构建足够好的家庭生活,就足以使3岁的习惯进步到4岁的习惯时而不带有任何婴儿时期的遗留物。但是这是不可能的,也永远不会发生,除非我们的父母在他们的婴儿时期就没有遗留下什么——除非他们学会怎样养育儿童。

我们现在举一两个例子来说明,那些遗留物是如何影响我们的成人生活的。因为母亲过于温柔,并溺爱她的孩子,结婚对于她的儿子来说变得很困难或不可能——母亲反对由儿子作出的任何抉择。儿子最终结了婚,家庭的争吵也由此开始。争吵暂时平息后,儿子和儿媳过来与父母生活在一起。接下来事情更糟糕。儿子有了两个"妻子"——他的母亲和他的新娘。这个年轻人必须要改造一番——强迫他消除母亲的条件作用,这是非常不自然的,而且他从未注意到。

又比如,一个女孩在婴儿时期依恋她的父亲。在这种依恋状态下,她一直到24岁还没有结婚。但是她最终结婚了。可是因为她与她的父亲之间从来不会有性关系,因此她与她的丈夫之间也不会有这种关系。如果她被强迫,就会大受刺激。可能会用自杀或精神错乱的方式去逃避这样的关系。

每个成人如果能对由婴儿时期的遗留物所释放的言语、肢体和内脏行为作一个一天的观察并形成详细的图表,他不仅会惊讶,而且会为他的将来感到恐惧。我们的"感情被伤害",我们"会变得愤怒",我们会被"激怒",我们"给了某人一件好东西",我们"给了别人一个温柔的吻";你的前任是一个"傻瓜"、"白痴",你会争吵,你"发脾气",你生病,你头痛,在你的下属面前你不得不炫耀,你愤怒、郁郁不乐,整天心不在焉;你的工作不能很好地完成,你笨拙地做好你的工作,弄糟你的材料;你会对那些下属很凶,你会"自负"——几乎是不可避免的一种表现方式,而且"自负"经常损害人格,它显示了一种无知和愚昧。一个聪明人总是对自己一无所知的事情抱有这样的愿景,随着智慧的增长他会越来越谦卑。自负来自婴儿时期的溺爱。谦卑和不够优秀同样是遗留物,通常是由一个"自卑"或不够好的父亲和母亲所造成的。父母在这些方面的倾向性累积形成了所谓的家庭中的"意向的"因素(我所谓的倾向性是通过下一代能看得到的),这并不一定要回到遗传才能说明。

什么是"病态的"人格

在术语的使用上,现在没有任何一个学科,其混乱的情形更甚于精神病理学。内科医生很少了解行为主义。因此,你会发现精神病理学中的术语都是老的内省心理学或是弗洛伊德主义者研究鬼神学(demonological)的术语。我曾经希望自己能活得长久些,以便有足够的时间彻底地用行为主义训练一个人,而且这种训练要在他运用药物和接受精神病理学治疗之前进行,但是迄今为止,我还没有成功。一个不懂医学的行为主义者是无法使人恢复健康的,当然,一个不懂行为主义的医生也难以完成这一任务。"精神疾病"(mental disease)和"无意识"的概念仍然使人迷惑。医生在这些领域里进行工作的主要困难是他对哲学史乃至物理学都一无所知。对大多数精神病理学家和精神分析学者来说,意识是一个真正的"压力"——能够促使去做某件事情的东西,能够启动一个生理过程或检查、抑制、降低一个已经存在的过程的东西。只有一个忽视物理学和哲学史的人才会持有这样的观点。现如今,没有一个心理学家愿意被认为是相信相互作用(interaction)这一表述的(我认为有些心理学家确实是相信的)。如果你能使内科医生在处理行为的时候面对这样一个物理的事实,即你只能用一种方法来移动你面前的台球——从静止状态到运动状态——为了使之移动,你是用球棒来击打它还是用另一只运动中的球来击它(或其他一些运动的物体来击它)——如果你能使他面对这样的事实,即如果球已经处在运动之中,你不能改变它的运动速度或方向,除非你做了这些相同事情中的一种——你将永远不能获得关于精神病理行为的一种科学的观点。精神病理学家——他们中的大多数人——今天都相信"意识"过程能启动生理之球的滚动,然后改变它的方向。虽然我已经批评了内省主义者,他们在他们的概念上不是那么天真。甚至在很久以前,詹姆斯就表达了这样的观点(虽然他没有坚持用"意志"和"注意"),即你用来"减退"或者改变一种身体过程的唯一方法是启动另一种身体过程。如果"心灵"对身体产生作用,那么所有物理定律都是无效的。精神病理学家和精神分析学者的这一物质的和形而上学(metaphysical)的天真观点是这样表达的:"这个意识过程制约着这种或那种行为方式";"无意识的欲望抑制了他去做这样或那样的事"。我们今天所有的诸多困惑都可以追溯到弗洛伊德。他的拥护者看不到这一点。在他手边(无论是亲自的、二手的、三手的)经历过分析的大多数人,形成了一个强大的肯定"父亲"的组织。他们完全不希望用批评来谈及他们的"父亲",这一不愿意接受批评和不愿意进步的行为已经使他从现代最重要的运动的顶峰跌落。我敢断言,从现在开始,在今后的20年间,一个运用弗洛伊德概念和术语的分析学家将与一个颅相学家处在同一水平。依据行为主义原理来进行的分析将会盛行,并且是社会必需的一种职业——与内科学和外科学有着同样的价值。通过分析,我认为,用我已经概括的一些方法,对人格截面进行研究,将与诊断法一样具有相同的价值。与此相结合的将首先是无条件作用,然后是条件作用。这些将构成治疗的一部分。这样的分析本身是没有功效的——没有治愈的价值。新的习惯、言语的、肢体的和内脏的等等,诸如此类,将会成为精神病理学家处方中的内容。

是否存在像精神病一类的疾病?

我认为,所有这些围绕着分析家和内科医生提出的问题而展开的多少有点模糊的争论,总结起来大概就是如下这些问题:是否存在精神疾病这类东西?如果存在,那么它是怎样表现的?应该怎样治愈这种疾病?

一直以来都存在一种错误的观点,认为存在心灵这种东西。只要这种错误的观点还存在,精神病、精神症状和精神治疗就也会存在。我的观点与此不同。我现在简略地概括我的观点。人格的疾病,或行为疾病、行为障碍、习惯冲突等等,是我用来取代精神障碍、精神疾病的术语。在许多所谓精神病理的障碍中("官能性精神病"、"官能性神经症状"等等)并不存在引起人格障碍的器质性失调,也不可能传染,不存在身体上的损害,不缺乏生理性反射(在器质性疾病中经常表现的)。然而,如果个体有一种病态的人格,他的行为可能受到严重的阻碍,或者陷入我们所谓的精神错乱(一种纯粹的社会分类),甚至不得不暂时或永远地将他监禁。

目前,没有人能够对我们社会结构中存在的各类行为障碍给予一个合理的分类。我们听说过躁狂抑郁性精神错乱(manic depressive insanity)、焦虑型神经症(anxiety neuroses)、偏执狂(paranoia)、精神分裂症(schizophrenia)等等。对于我这个门外汉,这些分类毫无意义。我大概只知道什么是阑尾炎、乳腺癌、胆结石、伤寒症、扁桃体炎、肺结核、瘫痪、脑瘤、心机能不全等。一般说来,我知道有机体发生的情况,例如一种受到损害的组织,某种疾病的一般疗程。我能够理解内科医生告诉我的病情。但当精神病理学家试图告诉我一种"精神分裂症",或一种"杀人癖"(homicidal mania),或一种"歇斯底里症"(hysterical)发作时,我感觉他都不知道自己在说什么,这种感觉随着时间的推移越来越强烈。我想,他不知道自己在谈论什么的原因,在于他总是从"心灵"的观点来看待病人,而不是从整个身体行为的方式和行为的遗传原因出发。在过去的几年里,这方面无疑有了很大的进步。

为了表明在所谓精神疾病中并不需要引入心灵的概念,我给你们提供一幅从一只疯狗想象出来的画面(我以狗为例是因为我不是一名内科医生,没有权力用人来作例子——希望兽医原谅我这么说!)。假设我曾经训练过一条狗,它能离开一个令人愉快的、放有汉堡牛排的地方,而去吃已经腐烂的鱼(我现在就可以提供这个真实的例子)。我训练它(用电击的方法),使其不要在狗道上去

第十二章 人格

闻母狗——它会围着母狗走,但不会靠近母狗十英尺以内(摩尔根[J. B. Morgan]在老鼠身上已经做过类似的实验)。另外,只让它与小公狗和大公狗玩,当它做出与母狗交配的姿势时就惩罚它,如此,我就将其培养成一只同性恋的狗了(莫斯[F. A. Moss]在老鼠身上也做过类似的实验)。在这之后,早晨当我走近它的时候,它就不是很活泼地走到我面前来舔我的手,而是躲起来发出哀鸣声,露出它的牙齿。它不会像猎犬那样去追逐老鼠和其他小动物,而是逃避它们,显得极为害怕。它睡在垃圾筒里,弄脏自己的床,每隔半小时要随地小便一次。它并不去闻树,而是对每棵树发出咆哮的声音,用爪子在地上刨土,但又不敢靠近树,保持2英尺的距离。它每天只睡2小时,在这2小时中,它倚着墙睡,而不是使头与臀部接触地面躺着睡。它很消瘦,因为它不吃脂肪类食物。它的唾液腺常常在分泌唾液(这是因为我曾将它的唾液分泌强化到与数百种东西相练习),这影响了它的消化。然后,我把它带到治疗狗的精神病理学家那里去。它的生理反应正常,没有发现任何器官损伤。因此精神病理学家认为这只狗的心理出了问题,确切地说是精神错乱。它的精神状况导致了各种器官障碍,如消化不良等问题。它身体上的种种虚弱的情况,也是由于这种精神状态所导致的。一只狗通常所应该做的事情,它都不做了。而与一只狗无关的其他事情,它却做了。精神病理学家说,我必须把这只狗送进专治精神错乱的狗的医院去,如果不把它关起来,它也许会从十层高的大楼上跳下来,或者毫不犹豫地走进火堆。

我告诉治疗狗的精神病理学家,他对我的狗不了解。实际上,如果从这只狗所处的环境来看(就是我训练它的方法),它是世界上最正常的一只狗了。它之所以被当作是"疯了"或精神病,是因为精神病理学家用来区分常态和病态的分类标准是错误的。

我试图让精神病理学家接受我的观点。结果他厌恶地对我说:"既然你已经提出了这样一种观点,那你自己去治疗吧。"于是,我试图矫正狗的行为困难,至少达到让它能够开始与其他的漂亮的狗交朋友的地步。如果它的年龄很大或者行为反常已经根深蒂固了,那我只好把它关起来;但是如果它非常年轻,而且很会学习,那我就设法重新训练它。我用行为主义的方法来重新训练。我先用无条件反射训练它,然后用条件反射训练它。不久之后,我让它在饥饿的时候去吃新鲜的肉。这点做到之后,我就据此开展进一步的工作。我使它饥饿,而且只在每天早晨打开笼子的时候给它东西吃;不再使用抽打或电击的方法;不久,它听到我的脚步声会快乐地跳过来。几个月之后,我不仅把旧的行为消除了,而且还建立了新的行为。所以假如你再来看它的时候,我就可以得意地给你看它,它的毛发光亮,身体健康,行为非常的可爱,头上还戴着一个从展览会上拿来的奖章。

也许有人会说,我这里所说的话有些言过其实——近乎亵渎!的确,这与我们在每所医院的精神病区里看到的病人完全不能相提并论!从这一角度来说,我承认这是言过其实。但我这里所说的是一些基本事实,千万不要误以为我这里说的是全部现象。为简要起见,我粗略地将行为科学的基础介绍了一下。我在这个常规的例子中所要说明的是:由于条件作用的历程,我们不但能够在病态的人格中造成行为上的种种冲突和错综的现象,还会由于这种种历程造成器官上的错乱,而其结果就是患有各种生理上的疾病——而做到这一点，我们又可以毫不引入身心关系的概念（心灵影响身体），甚或可以丝毫不离开自然科学的领域。换句话说，作为行为主义者，即便在处理"精神疾病"的时候，我们也是运用与神经病学家和生理学家一样的材料和规则去处理问题。

如何改变人格

改变病人的人格——精神病患者——是医生的工作。尽管医生在这方面做得并不是很好，可是当有变态的事情发生时，我们还是不得不去找他。如果我已经无法用手拿刀，如果我的手臂麻木了，或者如果我的视力无法看见妻儿，但是生理上的检查又都毫无头绪，那么我在这时仍然是要赶去找我精神分析的朋友，对他说："请不要介意我之前说你的那些话，请你帮我摆脱这个困境。"

不但病人无法自己消除自身的变态行为，就是我们"常人"，如果观察到自己还有许多幼儿期的遗留，现在决定要将其中一些不好的地方去掉，那么我们自己也会觉得在人格上做这种改变是非常难的事情。你可以用一晚上的时间就学会化学吗？你能在一年之中就学成一个音乐家或艺术家吗？仅仅去学这些东西就已经很困难了，如果在你学习一种新的东西之前，还必须先去掉一个巨大的旧习惯系统，那一定是加倍的困难。这就是那些想要获得一个新的人格的人所不得不面对的。没有任何一个医生能替你做这种事，也没有任何一所学校能指导你如何去做。真正能够促使你去做这种事的是新的环境或事件。差不多任何意外事件，都能够使一个人的人格发生变化；洪水泛滥，家中有人死亡，宗教信仰的改变，患有重病，遭遇争斗，都能够使一个人的人格发生变化——任何事件，只要它能够破坏一个人当前的习惯模型，都足以使他的行为异于平常，都足以使他处在一种特殊状况下，使他在这种特殊状况下不得不对一些与以前不同的东西和情境发生反应——任何这类意外的事件，都足以开启一个人建立新人格的征程。在新的习惯系统的形成中，旧习惯系统因为不再使用的缘故便逐渐消失了——也就是说，在旧习惯的保留上出现了损失，因此一个人受旧习惯的支配也就逐渐地减少了。

在改变人格上我们应该做什么呢？我认为，一方面要忘却以前所学（忘却可以是一个积极的无条件作用的过程，或者也可以是消极地不使用），另一方面是要去学习一些新的东西，这总是一个积极的过程。因此，完全改变人格的唯一的方法，就是完全改变一个人所处的环境，使他在新的环境中形成习惯。环境变化的程度越高，人格改变的程度也越高。很少有人能够独立完成这所有的事情。这也是为什么我们的人格年复一年缺乏变化的原因。将来，我想总要建立起一些医院来帮助我们改变人格，改变人格其实和改变鼻子的形状一样简单，仅仅是所需要的时间比较长一点而已。

语言是改变人格的一个障碍

通过改变环境来改变人格存在一个障碍，这是我们平常不大会注意的。当我们试图通过改变个体的外部环境来改变其人格时，我们无法阻止个体以词语和词语的替代等形式，携带他的旧的内部环境。例如，一个从来没有工作过的人，一直被母亲溺爱的人，只喜欢在剧团中捧角的人，一个城市最好酒店的资助人，一个服饰用品商店的老板,现在你要把他送到刚果自由区,并把他放在一个能使他成为一个"边缘人"(frontier individual)的环境中,但是他带着自己的语言和其他一些原来生活地方的替代物,我们在学习运用语言时看到,当语言完全开发后,它实际上为我们提供了一个可操作的个人生活世界的复制品。因此,如果目前所处的生活世界无法接受他,这是有可能发生的事情,他就可能从他的边缘区域中撤回来,而使自己的余生都生活在旧的替代的语言世界里。这样的人可能成为一个孤独的、离群索居的人——一个做白日梦的人。

然而,尽管在改变人格的道路上存在诸多困难,个体还是能够改变人格的。朋友、教师、戏剧、电影都会帮助我们塑造、重建和改变人格。从来不想使自己面临这种刺激的人,将永远无法使自己的人格变得更为完善。

行为主义是未来一切实验伦理学的基础

行为主义,应该成为帮助男人和女人理解其行为原理的一门科学。它应该促使所有人都热心于重新安排自己的生活,尤其要使他们热心去用一种健康的方法来教养后代。我希望你们能够了解:每一个健康的孩子,我们都可以将其培养成一个丰富而精彩的个体,只要我们让他们养成良好的习惯,并为其提供一个美好的世界供其实践——这个世界不会受到历史轶事的桎梏;不会受到可耻的政治历史所阻碍;不会受着既无意义又束缚人的风俗习惯所影响。我在这里不是要求变革;不是要求人们到一些被上帝所遗弃的地方建立一个殖民地,赤身裸体地生活在一种简单的社会生活中；也不要求人们去吃树根和野草；更不倡导"自由之爱"(free love)。① 我不过是试图在各位面前提供一种刺激，一个言语刺激，如果你们对这个刺激能产生反应的话，那么我们现在所处的世界会逐渐得到改变。为什么这么说呢？因为随着这个世界的改变，你们所培养的孩子将不是在放荡不羁的自由中长大，而是在行为主义的自由中成长（行为主义的自由现在还无法用语言描绘出来，因为我们对它还知之甚少）。那些在行为主义的自由中长大的孩子们，由于他们所拥有的思想方法和生活方法比我们要好，他们会取代我们而形成一种新的更好的社会，他们会采用更合乎科学的方法教养后代，而他们的后代又逐渐地发展进步，以至于最终会让我们这个世界成为一个宜人的地方，难道不是吗？

---

① 请注意，这里我不想为赞成任何"自由"而争论，尤其不想为赞成言论"自由"而争论。我时常对言论自由的倡导者感到困惑。在我们这个轻率而又冒失的世界里，仅仅被允许言论自由的人会变成一只鹦鹉，因为鹦鹉的语言与它的行动没有任何联系，并不是行动的替代物。一切真话都是能够充当行动的替代物的，而对一个有组织的社会来说，正如它不会过分允许行动自由一样，它也不会过分允许言论自由。对于行动自由，显然是没有拥护者的。当一个鼓动家因为没有言论自由而大声抱怨时，他仅仅是抱怨而已，因为他知道，倘若他身体力行，真的去尝试言论自由的话，他将会被阻止。他想通过他的言论自由来使其他人表现出行动自由——做他本人害怕做的某些事情。行为主义者，则是希望开发个体的世界，开发那个自出生那天起就生活于其中的世界，如此，他们的言论和行动能够很好地保持一致，在任何地方都能自由展示，而不与群体标准相冲突。

索　引

本索引所标页码为英文版页码,参见中文版边码

A

ABEL,埃布尔　83
Accessory reactions,examples of,附加反应的实例　145
Activity Stream,the,动作流　138
Adjustment,适应　14
Adjustments,personality,人格适应　9
Adrenal gland,肾上腺　82
"Affective" elements,"情感"元素　4
Afferent neurones,传入神经元　89
Alimentary tract,消化道　74
　　diagram of,～示意图　75
ANDERSON,JOHN E.,约翰·E. 安德森　116
ANGELL,J. R.,J. R. 安吉尔　1
ANREP,G. V.,G. V. 安雷普　29,32,223
Approach,behavioristic,行为主义取向　9
Arm movements,at birth,先天的手臂动作　123
Attitudes,态度　39
Axis-cylinder,轴突　64

B

Babinski reflex,巴宾斯基反射　124
BECHTEREW,别赫切列夫　35
Behaviorism,行为主义　1 ff.,10
　　definition of,～的定义　10
　　goal of,～的目标　18
　　is it a system of psychology? 它是一种心理学体系吗?　18
Behavior,行为 as foundation for Ethics,伦理学基础的～　303
　　of human infant,人类婴儿的～　116
　　intra-uterine,of human,人类子宫内的～　116
　　learned,习得的～　94
　　unlearned 非习得的～　94
Behaviorist,advent of,行为主义者～的出现　5
　　platform of,～的宣言　6
Behaviorists,problems of,行为主义者,～的问题　6
　　view of thought,～思维观　238
Behavioristic Equations,行为主义

的公式 22 ff.
BERKELEY,贝克莱 1
Birth equipment of human young,人类幼儿的出生资质 118
BLANTON, MARGARET,玛格丽特·布兰顿 118, 125, 226
Blinking,眨眼 129
Body, human,人类身体 48
Bones, function of,骨骼的功能 70
Bonus, effect of,奖赏的效果 21
Boomerang, lesson from,飞去来器的启示 111
BRIDGMAN, LAURA,劳拉·布里奇曼 241
BURNSIDE, LENOIR,勒努瓦·伯恩赛德 127

C

CANNON, WALTER B.,沃尔特·B.坎农 83
CASON, H.,H.卡森 36, 38
Cells,细胞, connective tissue,结缔组织 59
    different types of,不同类型的～ 50, 57
    interstitial,间质～ 85
    nerve,神经～ 61 ff.
    striped muscle,横纹肌～ 60
    unstriped muscle,无纹肌～ 61
Central Nervous System,中枢神经系统 49
Central neurones,中枢神经元 89
Chromosomes,染色体 52
Civilization, effect of,文明的影响 144
CO_2, effect of,二氧化碳的影响 22
Colic,绞痛 120
Complication of Emotional life,情绪生活的复杂化 158
"Conative" element,"意动"元素 4
Concept of instinct now useless,无用的本能概念 112
Conditioned emotional reactions,条件作用的情绪反应 38
    light responses,～的光反应 31
    reflex methods,～的反射方法 29
    salivary reactions,～的分泌唾液反应 28 ff.
    stimuli, number of,～的刺激量 24
Conditioning of stimuli,条件刺激 23
Conduction, in nervous system,神经系统的传导 64
Cones,锥体细胞 66
"Consciousness","意识" 3
    James' definition of,詹姆斯对～的界定 4
Corporal punishment,体罚 182
Corti, arches of,弓形的科蒂 66
COUÉE,库埃 2
Crawling,爬行 126
Cretin,呆小症患者 81
Criticisms of emotional experimentation,对情绪实验的批评 157
Crying,哭泣 119

conditioned,条件作用的～ 119

Cytoplasm,细胞质 52

D

DARROW, CLARENCE,克拉伦斯·达罗 185

DARWIN,CHARLES,查尔斯·达尔文 110,141

Defaecation,排便 121

Definition of behaviorism,行为主义的定义 10

Dendrites,树突 63

DEWEY,JOHN,约翰·杜威 1

Differential responses,差别反应 32,163 f.

Drugs,effect of,药物的效果 217

Dualism,二元论 3

Ductless glands,无管腺 35

conditioning of,～的条件作用 87

E

Early training, differences in,早期训练的差异 99,101

EDDY,MARY BAKER,玛丽·贝克·埃迪 2

Effector Organs,效应器官 69

Electric shock, use of,电击的使用 36

Elimination of children's fears, 168 ff.儿童恐惧的消除

Embryological reactions, unlearned,非习得的胚胎反应 92

Emotional equipment at birth,先天的情绪资质 167

reactions,～的反应 38

response,origin of,～的反应开始 148

responses, other types,～的其他类型反应 155

responses, transfer of,～的反应迁移 161

Emotions,情绪,current list of,当前流行的～列表 142

study of,对～的研究 140

Endocrine glands, 内分泌腺, enumeration of,～的列举 80

organs,～的器官 79

Environment,环境 74

and habit formation,～和习惯形成 197

Exercise,练习,of acquired functions,习得机能的～ 217,

effect of,～的效果 72

Experimental control,实验控制 21

methods,～的方法 39

Experiments on emotional conditioning,情绪调节的实验 158 ff.

Eye movements,眼动 122

F

Fear,恐惧 83,152 ff.

elimination through frequent application of stimulus,

通过频繁施加刺激以消除～ 170
elimination through introduction of social factors, 通过引入社会因素以消除～ 171
elimination through verbal organization, 通过言语的组织以消除～ 170
reactions, ～反应 156
responses ～反应 7
Fears, elimination of, 恐惧的消除 168 ff.
Feeding responses, 喂食反应 125
responses, conditioning of, 反应的条件作用 126
Flattery, susceptibility to, 对奉承的敏感性 289
Foetus, posture in uterus, 胎儿在子宫里的姿势 117
"Free" Speech, 言论"自由" 303
Freedom, 自由 304
FREUD, 弗洛伊德 4,262,296
Freudian, 弗洛伊德主义者 297
Freudians, 弗洛伊德主义者们 136,140,166,191,260,290,295

G

GALTON, 高尔顿 106
Genes, the, 基因 50 ff.
Genetic system, 遗传系统 52
GESELL, ARNOLD, 阿诺德·格塞尔 105,106,116,203
Gestalt, 格式塔 1
Gland, 腺体, adrenal, 肾上腺 82
parathyroid, 甲状旁腺 82
pineal, 松果腺 84
pituitary, 脑垂体 83
puberty, 青春期发育 85
thyroid, 甲状腺 80
Glands, 腺体, duct, 有导管的～ 78
ductless, 无导管的～ 79
role of, ～的作用 77
salivary, 唾液腺 29
structure of, ～的结构 58
Glandular reaction, 腺体反应, conditioned, 条件作用的～ 29
responses, ～反应 32
Glycogen, 糖原 83
Grasping, 抓握 128

H

Habit formation, 习惯形成 28,100
formation, final stage of, ～形成的最终阶段 219
formation, steps in, ～形成的阶段 201
Habits, manual, 肢体习惯 196
Hair cells, 毛细胞 66
Hand movements, at birth, 先天的手部动作 123
Handedness, 惯用手 130
probably socially conditioned, 可能受到社会影响的～ 133

Heritable differences,可遗传的差异 97
Hiccoughing,打喷嚏 118
HOBHOUSE,霍布豪斯 1
Holding up head,抬头 123
Home as a factor in emotional conditioning,家庭作为情绪调节的一个因素 176
Hormones,激素 80
How the behaviorist works on emotions,行为主义者如何研究情绪 147
How we think,我们如何思维 242
HUG-HELLMUTH,赫格-赫尔墨斯 263
HULL,CLARK,克拉克·赫尔 206
Human behavior, problems in,人类行为的问题 20
Human instincts,人类本能 93
Human young, birth equipment,人类幼儿的出生资质 118

I

Identical twins,同卵双生子 105
Images,表象 4
Infant carry-overs,婴儿的遗留物 9,292
Infants,婴儿, reactions to animals,～对动物的反应 149 ff.
    stimulation of,对～的刺激 7
    study of,对～的研究 114 ff.
Inheritance of "mental" traits,"心理"特质的遗传 97
Instincts,本能 17,93
    James' list of,詹姆斯～的列表 110
Integration,整合 27,90
Internal Environment,内部环境 198
Intra-uterine behavior,子宫内的行为 116
Introspection,内省 4
    field of,～的领域 39

J

JAMES,WILLIAM,威廉·詹姆斯 1,38,110,136,137,140,141,142,296
    theory of emotions,～的情绪理论 141
Jealousy,186 ff.,嫉妒
    against parents,对父母的～ 190
    sudden appearance of,突然出现的～ 191
JENNINGS,H. S.,H. S.詹宁斯 50 ff.,53,55,109
JOHNSON,BUFORD,比福德·约翰逊 116
JOHNSON,H. M.,H. M.约翰逊 283
JONES,MARY COVER,玛丽·科弗·琼斯 115,118,122,129,148,168,172,177,178

K

KALLEN,HORACE,霍勒斯·卡

伦 204
KANT,康德 291
Kidney,肾脏 79
KOFFKA,考夫卡 1
KÖHLER,苛勒 1

L

LANGE,兰格 141
Language,语言,habits,～习惯 225
　　nature of,～的本质 225
Larynx,喉结 225
LASHLEY,K. S.,K. S. 拉施里 33,40,214,239,255
Leg and foot movements, at birth,先天的腿部和足部的动作 124
Light effect of,光的影响 24
List of early words of child,儿童早期词语的列表 228
Liver,肝脏 78
Location of conditioned fears in children,确定儿童所具有的条件性的恐惧 168
LOMBROSO,隆布罗索 104
Love,爱 8,155
　　reactions,对～反应 156

M

McDOUGALL,WILLIAM,威廉·麦独孤 142,143
Magic,魔法 2
Manipulation,操纵 129,136
Manual habits,肢体习惯 196

responses,～反应 123
Masturbation,自慰 120
Meaning, in behaviorists' scheme,行为主义体系的意义 249 ff.
"Memory","记忆" 235,256
　　behaviorists' use of term,行为主义者使用的术语 220
　　test on nursing bottle,喂奶瓶的测试 261
"Mental" disease, Freudians' concept of,弗洛伊德学派的"心理"疾病的观念 295
Mental tests,心理测验 40
MEYER, ADOLPH,阿道夫·梅耶 26
MINKOWSKI,明科夫斯基 116
MORGAN,J. B.,J. B. 摩尔根 299
MOSS,F. A.,F. A. 莫斯 40,299
Motor neurones,运动神经元 89
MULLER, H. G., H. G. 穆勒 106,107
Muscle,肌肉,fatigue in,～疲劳 71
　　food of,～的营养 71
　　strain,～拉紧 72
Muscles, as working machines,肌肉,作为工作机器～ 71
　　striped,横纹肌 13
　　unstriped,无纹肌 13

N

Negative responses in children,儿童的消极反应 180 ff.

Nerve fibre,神经纤维 63
    ending,sensory,感觉末端的～ 68
Nervous impulse,神经冲动 49
    impulse,nature of,～冲动的本质 91
    system,the;～系统 65
    system,how made up,～系统如何构成 88
Neural impulse,神经冲动 69
Neurone,神经元 64
NEWMAN,纽曼 106,107,108

O

Observations,common sense,观察常识 44
Organization,组织,in infancy,婴儿期的～ 259
    manual;肢体～ 253 ff.
    verbal;言语～ 88,253 ff.
    visceral,253 ff.,内脏～
    without words,没有语言的 259
Organs,器官,of the body,身体～ 65
    of response,～反应 69
Orgasm,性高潮 35

P

Pain,疼痛 83
Pancreas,胰腺 78
Parathyroid gland,甲状旁腺 82
PAVLOV,巴甫洛夫 29,35
Penis,erection of,阴茎勃起 120

People,observation of,对人的观察 10
Personality,人格 269
    how to change,如何改变～ 301
    how to study,如何研究～278 ff.
    judgment,判断～ 275
    short cuts to the study of,～研究的捷径 286
    weakness of,～的弱点 287
Personalities,人格,"sick","病态的"～ 295
    unhealthy,不健康的～ 292
PETERSON,JOSEPH,约瑟夫·彼得森 206
Physiology,生理学 11
Pineal gland,松果体腺 84
Pituitary gland,脑垂体腺 83
Plain or unstriped muscles,平滑肌或无纹肌 72
Pricking,effect of,刺的效果 24
Prohibition,禁止 41
Problems,psychological analysis of,对问题的心理分析 20
Psychology,心理学,functional,机能的 1
    German American school of,德美学派的～ 4
    introspective,内省～ 1,10
    introspective,definition of,对内省的界定 4
Psychopathic dog,疯狗 298
Punishment for crime,对犯罪的惩罚 185

R

Rage, 愤怒 8, 83, 154 f.
 reactions, ～反应 156
Range of stimuli, 刺激的范围 13
Reaching, as test for handedness, 伸出用来测试惯用手 132
Reacting organs, 反应器官 65
Reactions, accessory, 附加反应 145
 blocked, ～阻碍 145
Reconditioning, 复原条件作用 172
Reflex arcs, 反射弧 89
 conditioned, 条件作用的～ 8
 patellar, 膝盖的～ 24
Rejuvenation, 恢复活力 85
Response, 反应 14
 conditioned, 条件作用的～ 17
 conditioned emotional, 条件性的情绪的～ 8
 differential, 分化的～ 32
 general classification of 16, ～的一般分类
 immediacy of, ～的即时性 15
 implicit, 内隐的～ 16
 in jealousy, 嫉妒的～ 188
 kinaesthetic, 动觉的～ 17
 learned, 习得的～ 16
 new, 新的～ 26
 substitution of, ～的替代 25
 unlearned, 非习得的～ 16
 visceral, 内脏的～ 17
 visual unlearned, 视觉非习得的～ 17
Results, of emotional experimentation, 情绪实验的结果 148
ROBINSON, E. S., E. S. 罗宾逊 157
Rods, 杆体细胞 66
RUSSELL, BERTRAND, 伯特兰·罗素 206, 281

S

Salivary gland, 唾液腺, human, conditioning of, 人类～的条件作用 34
 responses, ～的反应 34
Secretion responses, 分泌反应 79
 salivary, 唾液的～ 24
"Sensations", "感觉" 4
Sense, 感觉, muscle, 肌肉～ 17
 organ, general plan of, ～器官的一般图示 66
 organs, ～器官 65
Sex activity, 性行为 15
Shame, 羞耻 186
SHERMAN, DR. AND MRS., 舍曼博士夫妇 157, 158
Sialometer, 唾液量计 34
Situation, 情境 22
Situations, 情境, calling out jealous behavior, 引起嫉妒行为的～ 188
 which make children cry, 哪些使得儿童啼哭的～ 177
 which make children laugh, 哪些使得儿童发笑的～ 178

social,社会的～ 41
Smiling,微笑 122,136
Sneezing,打喷嚏 118
Social experimentation,社会实验 41,43
Soul,灵魂 3
Sounds,stimulus to fear reaction,引起恐惧反应的声音刺激 7
Standing,站立 127
STEINACH,施泰纳赫 86
Stimulation of sense organs,感觉器官的刺激 68
Stimuli,刺激,manipulation of,操纵～ 21
  range of,～的范围 13
Stimulus,刺激,definition of,～的界定 11
  substitution,对～替换 33
  substitution,summary of,～替代的总结 38
Stomach,diagram of,胃的图示 76
Stream of activity,动作流 138
Striped or skeletal muscles,横纹肌或骨骼肌 13,69
  conditioning of,～的条件作用 35
Structural differences,结构差异 100
Structure,hereditary,遗传的结构 97
Sublimated activity,纯化的活动 26
Substitution,替换 25
  of response,对反应的～ 25
  of stimuli,对刺激的替换～ 23

Summary,总结,of emotional experimen-tation,情绪研究的～ 164 ff.
  of studies on jealousy,嫉妒的～ 194 f.
SUMNER,萨姆纳 146
Support,loss of,支持的减少 7
Suspension,time of,停止的时间 131
Swimming,游泳 128
System,muscular,肌肉系统 13

T

Talent,才能 94
Technique of conditioning,条件作用的手段 23
Temperament,气质 94
Tendencies,inheritance of,遗传的倾向 93
Thinking,思维 224 ff.
  nature of,～的本质 237
  without words,无语言的～ 265
THOMAS,W. I.,W. I. 托马斯 241
THOMPSON,汤普森 203
THORNDIKE,E. L.,E. L. 桑代克 206
THORSON,AGNES M.,M. 阿格尼丝·索尔森 240
Thyroid gland,甲状腺 80
  secretion,effect on growth,～的分泌对生长的影响 81

Tissues, 组织 57
    epithelial, 上皮～ 58
    muscular, 肌肉～ 59
TITCHENER, E. B., E. B. 铁钦纳 1
Transfer, 迁移 28
    of conditioned emotional response, 条件性的情绪反应的～ 161
Trunk, leg, foot and toe movements, at birth, 先天的躯干、腿、足和脚趾的动作 124
Turning the head, 转头 123
Twins, identical, 完全相同的双胞胎 105
Types of emotional reactions, 情绪反应的类型 152

U

ULRICH, J. L., J. L. 乌尔里希 214
Unconditioned stimuli, 无条件刺激 24
Unconditioning, 无条件作用 172
Unlearned equipment, 非习得的资质 134
Unstriped muscles, 无纹肌 13
    conditioning of, ～的条件作用 37
Unverbalized organization, 非语言的组织 263
Urination, 排尿 35
Urine, voiding of, 排空尿液 121

V

VALENTINE, C. W., C. W. 瓦伦丁 158

Verbal conditioning, 语言的条件作用 226 ff
Viscera, 内脏 73
Visceral habits, 内脏的习惯 9
Vocal behavior, 发声的行为 128
    sounds in infant, 婴儿的声音 226
VORONOFF, 沃罗诺夫 85

W

Walking, 行走 127
WARDEN, C. J., C. J. 沃登 40
WATSON, ROSALIE R., 罗莎莉·R. 华生 214 ff., 217
WERTHEIMER, 韦特海默 1
Will, 意志 4
WILLIAMS, WHITRIDGE, 惠特里奇·威廉姆斯 117
Winking, conditioning of, 眨眼的条件作用 36
WOODWORTH, R. S., R. S. 伍德沃思 75
Word organization, final stages of, 语言组织的最终阶段 234
Words, 语言 and thinking, ～和思维 252
    as substitutes for objects, 作为替代对象的～ 233
WUNDT, 冯特 3

Y

Young, human, 人类幼儿 114

图书在版编目(CIP)数据

行为主义/(美)约翰·B.华生著;潘威,郭本禹译.
—北京:商务印书馆,2022
(汉译世界学术名著丛书)
ISBN 978-7-100-21260-1

Ⅰ.①行… Ⅱ.①约… ②潘… ③郭… Ⅲ.①行为主义 Ⅳ.①B84-063

中国版本图书馆 CIP 数据核字(2022)第095740号

权利保留,侵权必究。

汉译世界学术名著丛书
行为主义
〔美〕约翰·B.华生 著
潘威 郭本禹 译

商 务 印 书 馆 出 版
(北京王府井大街36号 邮政编码100710)
商 务 印 书 馆 发 行
北京市白帆印务有限公司印刷
ISBN 978-7-100-21260-1

2022年9月第1版 开本 850×1168 1/32
2022年9月北京第1次印刷 印张 10⅝
定价:56.00元